RECHERCHES EXPÉRIMENTALES

Sur les Propriétés et les Fonctions

DU

SYSTÈME NERVEUX

DANS LES ANIMAUX VERTÉBRES.

Ouvrages de M. Flourens

QUI SE TROUVENT CHEZ LE MÊME LIBRAIRE.

ANALYSE RAISONNÉE des travaux de G. Cuvier, précédée de son Éloge historique. Paris. 1841, in-12.   **3 fr. 50**

RÉSUMÉ ANALYTIQUE des observations de F. Cuvier sur l'instinct et l'intelligence des animaux. Paris, 1841, in-12.   **3 fr.**

Sous Presse :

RECHERCHES SUR LA STRUCTURE DU CERVEAU. In-4 avec vingt planches coloriées.

RECHERCHES SUR LE DÉVELOPPEMENT DES OS ET DES DENTS. In-4 avec neuf planches coloriées.

RECHERCHES SUR LA STRUCTURE DE LA PEAU ET DES MEMBRANES MUQUEUSES, suivies d'*Observations* sur le mécanisme de la rumination, sur la respiration des poissons, et sur les rapports de conformation entre les extrémités antérieures et postérieures. In-4, avec 12 planches coloriées.

PARIS,— IMPRIMERIE DE BOURGOGNE ET MARTINET,
RUE JACOB, 30.

RECHERCHES EXPÉRIMENTALES

Sur les Propriétés et les Fonctions

DU SYSTÈME NERVEUX

DANS

LES ANIMAUX VERTÉBRÉS,

PAR

P. FLOURENS,

Membre de l'Académie française, Secrétaire perpétuel de l'Académie
royale des Sciences (Institut de France),
Membre des Sociétés royales de Londres et d'Édimbourg, des Académies royales des Sciences
de Stockholm, de Turin, etc., etc., Professeur de physiologie comparée au
Muséum d'histoire naturelle de Paris.

—

Seconde Édition,

CORRIGÉE, AUGMENTÉE ET ENTIÈREMENT REFONDUE.

Homo interior, totus nervus.
VAN HELMONT.

A PARIS,

CHEZ J.-B. BAILLIÈRE,

LIBRAIRE DE L'ACADÉMIE ROYALE DE MÉDECINE,

RUE DE L'ÉCOLE-DE-MÉDECINE, 17;

LONDRES, CHEZ H. BAILLIÈRE, 219, REGENT-STREET.

1842.

PRÉFACE.

—

La première édition de cet ouvrage a paru en
1824. Il se composait alors des Mémoires que j'a-
vais lus à l'Académie royale des sciences de l'Institut, durant les années 1822 et 1823.

On le trouvera notablement changé dans cette
édition nouvelle. J'ai commencé par revoir tous
les anciens faits, par où j'ai donné plus de précision aux détails; j'ai ajouté ensuite beaucoup de
faits nouveaux, par où j'ai donné plus d'unité à
l'ensemble.

Le premier Chapitre a pour objet la détermination des *propriétés du système nerveux;* le second, la détermination du rôle que jouent les *diverses parties de ce système* dans les mouvements
de locomotion.

Le système nerveux se partage, d'abord, en trois parties principales : les nerfs, la moelle épinière et le cerveau. Le cerveau se subdivise, ensuite, en hémisphères cérébraux, cervelet, tubercules bijumeaux ou quadrijumeaux, et moelle allongée.

La structure de ces diverses parties est visiblement distincte : leurs fonctions le seraient-elles aussi? Bien des physiologistes l'ont cru; nul ne l'a démontré par des expériences précises.

Le point difficile est de porter la précision dans l'expérience. Or, nul physiologiste encore n'avait vu ce qu'il fallait faire pour porter la précision dans les expériences sur l'encéphale. On n'isolait point les unes des autres les parties soumises à l'expérience. On n'avait donc que des expériences confuses; et, par ces expériences confuses, que des phénomènes complexes; et par ces phénomènes complexes, que des conclusions vagues et incertaines.

Une autre cause d'erreur était de borner l'expérience à certaines parties du système nerveux, et d'attribuer ensuite à l'ensemble du système des effets qui, presque toujours, n'appartenaient qu'à telle ou telle de ses parties.

Ainsi, et parce qu'on ne soumettait que certaines parties à l'expérience, et parce qu'on n'isolait point convenablement les unes des autres les parties soumises à l'expérience, on n'obtenait, avec précision, les propriétés d'aucune.

C'est pour garantir mes expériences de ces deux écueils, que j'ai mis le soin le plus scrupuleux, d'abord, à n'oublier aucune partie essentielle de l'encéphale, et ensuite à n'intéresser chacune de ces parties que séparément des autres.

J'ai choisi, en général, des animaux encore jeunes pour mes expériences sur l'encéphale.

Il y a plusieurs raisons de ce choix. D'une part, les os dont se compose le crâne des jeunes animaux étant fort tendres, on éprouve bien moins de difficulté à les enlever; d'autre part, les animaux résistent d'autant mieux à certaines mutilations qu'ils sont plus jeunes; enfin, les sinus de la dure-mère étant, comparativement, fort peu développés dans les premiers âges, on a moins à craindre d'être embarrassé par le sang.

Au reste, il faut toujours respecter le plus possible les parties qui donnent du sang : 1° parce
que la perte du sang abrège beaucoup la vie de
l'animal, et qu'il importe essentiellement que
l'animal vive, sans quoi l'on n'aurait pas les résultats
de l'expérience; 2° parce que le sang, s'épanchant
dans la masse cérébrale, y produit des compressions dont les résultats se mêlent aux résultats
propres de l'expérience, les compliquent, souvent
même les dénaturent.

Généralement, on ne doit dénuder du cerveau
que la région sur laquelle on expérimente : par
exemple, la région des lobes cérébraux, quand il
s'agit de ces lobes; puis celle du cervelet, celle des
tubercules bijumeaux ou quadrijumeaux, et ainsi
du reste. L'animal résiste beaucoup mieux à ces
dénudations circonscrites et graduelles qu'à une
dénudation brusque et générale.

J'évite, à dessein, de me servir, dans ces expériences, d'irritants chimiques. On ne modère
point facilement l'action de ces irritants. L'effet
que produit un irritant chimique persiste d'ailleurs plus ou moins long-temps; il peut donc se

mêler aux effets qu'on provoque plus tard et les obscurcir.

C'est par un motif semblable que je réserve pour un autre ouvrage l'exposé de mes observations sur le galvanisme. Cet agent se conduit d'une manière trop spéciale pour qu'il soit permis d'en user confusément avec d'autres.

La dénudation préalable des parties soumises à l'expérience m'a toujours paru de rigueur. C'est le seul moyen de suivre à l'œil la marche, le progrès des opérations, et de s'assurer ainsi des limites dans lesquelles on les renferme.

Haller (1), Zinn (2), Lorry (3), Saucerotte (4), tous ceux qui sont venus après eux, se bornant à ouvrir le crâne par un trépan, et à enfoncer un trois-quarts ou un scalpel dans le cerveau par cette ouverture, ne savaient jamais réellement ni quelles parties ils blessaient, ni conséquemment à quelles

(1) *Mémoires sur les parties sensibles et irritables du corps animal.* Lausanne, 1760.

(2) God. Zinn, *Experimenta quædam circa corpus callosum, cerebellum, duram meningem in vivis animalibus instituta.* Gotting. 1749.

(3) Acad. des sciences : *Mém. des savants étrangers*, t. III.

(4) Académie royale de chirurgie : *Prix*, tom. IV.

parties il fallait rapporter les phénomènes qu'ils observaient.

Les compressions que ces observateurs employaient souvent, jettent encore bien du louche sur les résultats qu'ils nous ont laissés. Je ne connais pas de moyen plus propre à induire à erreur que celui des compressions ; car il est presque impossible de comprimer une partie du cerveau sans toucher aux autres.

L'ablation graduelle des parties soumises à l'expérience, isolant seule convenablement ces parties, peut visiblement seule conduire à la détermination rigoureuse de leurs fonctions.

Jetons maintenant un coup d'œil rapide sur les principaux résultats contenus dans les deux Chapitres dont il s'agit.

On a reconnu, de bonne heure, que le système nerveux est tout à la fois l'organe par lequel l'animal reçoit ses *sensations*, l'organe par lequel il exécute ou détermine ses *mouvements*, l'organe par lequel il *perçoit* et *veut*.

Mais la faculté de *vouloir* et de *percevoir* réside-t-elle dans les mêmes parties que la propriété de *sentir?* Mais la propriété de *sentir* réside-t-elle dans les mêmes parties que la propriété de *mouvoir?* Mais *penser*, *sentir*, *mouvoir*, ne sont-ils qu'une seule propriété? sont-ils trois propriétés diverses? les organes de l'une de ces propriétés sont-ils distincts des organes de l'autre?

Ces grandes questions, débattues depuis tant de siècles, attendaient encore leur solution.

Mes expériences montrent, de la manière la plus formelle, qu'il y a trois propriétés essentiellement diverses dans le système nerveux, l'une de *percevoir* et de *vouloir*, l'autre de *sentir*, l'autre de *mouvoir;* que ces trois propriétés diffèrent de siége comme d'effet; et qu'une limite précise sépare les organes de l'une des organes de l'autre.

Les nerfs, la moelle épinière, la moelle allongée, les tubercules bijumeaux ou quadrijumeaux, *excitent* seuls immédiatement la contraction musculaire; les lobes cérébraux se bornent à la *vouloir*, et ne l'*excitent* pas; de plus, dans la moelle épinière même, et dans les nerfs comme dans la moelle épinière, les parties qui *excitent* les mouvements ne sont pas celles qui sont *sensibles;*

celles qui *sentent* ne sont pas celles qui *excitent* le mouvement (1).

Il y a donc, dans le système nerveux, trois propriétés essentiellement distinctes :

L'une, de *percevoir* et de *vouloir;* c'est l'*intelligence*.

L'autre, de *recevoir* et de *transmettre* les *impressions;* c'est la *sensibilité*.

La troisième, d'*exciter immédiatement la contraction musculaire;* je propose de l'appeler *excitabilité*.

L'*irritabilité* ou *contractilité* est, comme chacun sait depuis Haller, la propriété, exclusive au muscle, de se *contracter* ou raccourcir avec effort, quand une *excitation* quelconque l'y détermine.

Enfin, dans le cervelet réside une propriété dont rien ne donnait encore l'idée en physiologie, et qui consiste à *coordonner* les mouvements *vou-*

______

(1) *Voyez,* dans le premier chapitre de cet ouvrage, p. 13, les vues admirables qui ont conduit M. Ch. Bell à distinguer, dans chaque nerf de la moelle épinière, deux nerfs, l'un pour le *sentiment,* l'autre pour le *mouvement,* et dans la moelle épinière même, deux moelles, l'une pour la *sensibilité*, l'autre pour la *motricité*.

lus par certaines parties du système nerveux, *excités* par d'autres.

D'un autre côté, chaque partie déterminée du système nerveux joue un rôle déterminé dans les *mouvements* de *locomotion*.

Le nerf *excite* directement la contraction musculaire ; la moelle épinière *lie* les diverses contractions partielles en mouvements d'ensemble ; le cervelet *coordonne* ces mouvements d'ensemble en mouvements réglés de locomotion, marche, course, vol, station, etc.; par les lobes cérébraux, l'animal *perçoit* et *veut*.

Ainsi donc, les *facultés intellectuelles et perceptives* résident dans les lobes cérébraux; la *coordination* des mouvements de locomotion, dans le cervelet; l'*excitation immédiate* des contractions musculaires, dans la moelle épinière et ses nerfs.

Tout montre donc une indépendance essentielle entre les facultés *intellectuelles* et les facultés *locomotrices;* entre la *coordination* des mouvements et l'*excitation* des contractions musculaires.

L'organe par lequel l'animal *perçoit* et *veut* ne

coordonne ni n'*excite* (1) : l'organe qui *coordonne* n'*excite* pas; et réciproquement celui qui *excite* ne *coordonne* pas.

Ainsi, par exemple, les irritations des lobes cérébraux ou du cervelet n'*excitent* jamais des contractions musculaires : la moelle épinière, qui excite toutes les contractions, et par ces contractions tous les mouvements, n'en *veut* ni n'en *coordonne* aucun. Un animal privé de ses lobes cérébraux perd toutes ses facultés intellectuelles, et conserve toute la régularité de ses mouvements; un animal privé de son cervelet, perd toute régularité dans ses mouvements, et conserve toutes ses facultés intellectuelles.

Et ceci même, ceci est le grand fait qui domine tous les autres faits de cet ouvrage. Une indépendance complète sépare les fonctions des lobes cérébraux de celles du cervelet; d'une part, l'intelligence réside exclusivement dans les *lobes cérébraux*; et, d'autre part, le principe qui coor-

____

(1) Je prends ici le mot *excite* dans un sens tout-à-fait spécial, et qui ne se rapporte qu'à *l'excitation immédiate des contractions musculaires.*

donne les mouvements de locomotion réside exclusivement dans le *cervelet*.

Les diverses parties du système nerveux ont
donc toutes des propriétés distinctes, des fonctions
spéciales, des rôles déterminés ; nulle n'empiète
sur l'autre. Le nerf *excite* ; la moelle épinière *lie* ;
le cervelet *coordonne* ; par les lobes cérébraux
l'animal *perçoit* et *veut*. De l'indépendance des
organes dérive l'indépendance des phénomènes.

Enfin, non seulement l'origine des *mouvements*
est distincte, dans la masse cérébrale, de l'origine
des *perceptions* ; l'origine même des *sens* s'y distingue de celle des *perceptions*.

L'ablation des lobes cérébraux, par exemple ,
fait perdre à l'instant la vue ; mais l'iris n'en
reste pas moins mobile ; le nerf optique, excitable ; la rétine , sensible. L'ablation, au contraire,
des tubercules bijumeaux ou quadrijumeaux abolit sur-le-champ la contractilité des iris, et l'action
de la rétine et du nerf optique. Dans le premier
cas, on n'avait détruit que la *perception* de la vue ;
on détruit le *sens* de la vue, dans le second.

Il y a donc, en dernière analyse, dans la masse

cérébrale, des organes distincts pour les *sens*, pour les *perceptions*, pour les *mouvements*.

J'avais conclu des expériences de ces deux premiers Chapitres, que dans les lobes cérébraux resident exclusivement toutes les *perceptions*.

Lorsqu'on enlève, en effet, le lobe d'un côté à un animal, il ne voit plus de l'œil du côté opposé; les deux lobes enlevés, il devient aveugle et n'entend plus. La vision et l'audition résident donc bien incontestablement dans ces lobes, puisqu'elles se perdent bien incontestablement par ces lobes.

Mais, pour les autres *perceptions*, il n'était pas, à beaucoup près, aussi aisé de décider d'abord si elles sont, ou non, pareillement perdues. On peut croire que l'animal, privé de ses lobes, ne *goûte* ou ne *flaire* pas dans le moment où on l'observe, uniquement parce qu'il n'en a pas actuellement envie, et que peut-être il *goûterait* ou *flairerait* plus tard : on sent combien il est difficile de discerner le cas où il *touche*, du cas où il est simplement *touché*, etc.

Un seul moyen m'a paru propre à lever ces difficultés, mais aussi ce moyen est-il, à mon avis, décisif ; ç'a été de faire survivre, le plus long-temps que j'ai pu, les animaux à l'opération.

Évidemment, l'animal, une fois guéri des suites immédiates de la lésion mécanique produite par l'ablation des lobes cérébraux, devait reprendre peu à peu toutes les facultés qui ne dérivaient pas essentiellement de ces lobes.

Or, les expériences auxquelles je me suis livré dans cette vue, et qui forment le sujet du troisième Chapitre de cet ouvrage, montrent clairement que, quelque temps que les animaux survivent à la perte de leurs lobes (j'en ai vu survivre près d'une année entière), ils restent constamment assoupis, n'usent plus d'aucun de leurs sens, ne *goûtent*, ne *flairent* plus ce qu'on leur fait manger, ne *mangent* plus d'eux-mêmes, ne touchent, c'est-à-dire n'*explorent* plus, enfin, ne veulent, ne se souviennent et ne jugent plus. Les animaux privés de leurs lobes cérébraux ont donc réellement perdu toutes leurs perceptions, tous leurs instincts, toutes leurs facultés intellectuelles ; toutes ces facultés, tous ces instincts, toutes ces perceptions, résident donc exclusivement dans ces lobes.

Ces premières difficultés levées, il s'en présentait une autre. Il était naturel de se demander si toutes ces perceptions, si toutes ces facultés que nous venons de voir résider exclusivement dans le même organe, y occupaient conjointement toutes le même siége ; ou s'il n'y avait pas, au contraire, pour chacune, un siége différent de celui des autres ?

Il suit des expériences de ce troisième Chapitre que, quelque graduée que soit l'ablation des lobes cérébraux, quels que soient le point, la direction, les limites dans lesquels on l'opère, dès qu'une perception est perdue, toutes le sont, dès qu'une faculté disparaît, toutes disparaissent ; et conséquemment que toutes ces facultés, toutes ces perceptions, tous ces instincts, ne constituent qu'une faculté essentiellement une, et résidant essentiellement dans un seul organe.

Un autre fait, et non moins important, résulte de ces expériences, c'est que les lobes cérébraux, le cervelet, les tubercules bijumeaux ou quadrijumeaux peuvent perdre une portion assez étendue de leur substance sans perdre l'exercice de leurs fonctions; c'est qu'ils peuvent réacquérir en entier ces fonctions après les avoir totalement perdues.

C'est une question qui a été bien souvent agitée, et qui n'était point encore résolue, de savoir quelles parties du système nerveux ont un *effet direct*, quelles, au contraire, un *effet croisé*. quel est surtout le rapport selon lequel les paralysies se joignent aux convulsions. Les expériences du quatrième Chapitre de cet ouvrage établissent que les lobes cérébraux, les tubercules bijumeaux ou quadrijumeaux et le cervelet, ont seuls un *effet croisé*; les moelles épinière et allongée seules, un *effet direct*; et que de la combinaison de ces divers *effets*, par la combinaison des lésions de ces diverses *parties*. se déduisent tous les cas possibles de croisement, de non-croisement, de conjonction, de disjonction des paralysies et des convulsions.

Les trois Chapitres qui suivent celui-ci, le cinquième, le sixième et le septième, sont consacrés à l'examen particulier des fonctions propres des lobes cérébraux, du cervelet et des tubercules bijumeaux ou quadrijumeaux.

Le huitième l'est à l'étude des *lésions céré-brales;* le neuvième, à l'étude de la *cicatrisation des plaies du cerveau.*

J'arrive au dixième.

On a vu que la masse cérébrale se partage en trois centres d'action essentiellement distincts : les tubercules bijumeaux ou quadrijumeaux, siége du principe primordial du jeu de l'iris et de l'action de la rétine; les lobes cérébraux, siége des facultés intellectuelles et perceptives; le cervelet, siége du principe coordonnateur des mouvements de locomotion.

Il restait à voir si les mouvements dits *de conservation,* n'avaient pas aussi quelque pareil principe d'action ou de coordination; et, ce principe supposé, quel pouvait en être le siége.

D'abord, il était évident que ces mouvements ne dérivent, du moins d'une manière directe et immédiate, d'aucune des parties que je viens de nommer; car toutes ces parties, les tubercules bijumeaux ou quadrijumeaux, les lobes cérébraux, le cervelet, peuvent être complétement détruites, et ces mouvements subsister encore.

Les expériences de ce dixième Chapitre établissent, en effet, que c'est dans la moelle allongée, et dans la moelle allongée seule, que réside le premier mobile ou le principe régulateur de ces mouvements.

Les expériences du onzième Chapitre vont plus loin encore; car elles marquent, dans la moelle allongée même, un point, un point très circonscrit, lequel est tout à la fois et le *point premier moteur* du mécanisme respiratoire et le *point central* et *vital* du système nerveux.

Lorry avait vu qu'il y a, dans la moelle épinière, un *point* où la section de cette moelle produit subitement la mort.

Le Gallois avait vu que ce *point* répond à l'origine de la huitième paire.

J'ai déterminé les limites précises de ce *point;* et j'ai fait voir que, dans les animaux de petite taille, dans le lapin par exemple, il a trois lignes à peine d'étendue. Ainsi donc, c'est d'un *point*, et d'un *point* unique, et d'un *point* qui a quelques lignes à peine d'étendue, que la respiration, l'exercice de l'action nerveuse, l'unité de cette action, la vie entière de l'animal, en un mot, dépendent.

L'*unité* du système nerveux est l'objet du douzième Chapitre.

L'influence du système nerveux sur la circulation est l'objet du treizième.

Le Gallois (1) avait déjà reconnu que la circulation, soutenue par l'insufflation, peut survivre à la destruction totale de l'encéphale; M. Philip (2), que la circulation, toujours soutenue par l'insufflation, survit à la destruction totale et de la moelle épinière et de l'encéphale.

On voit, par les expériences de ce treizième Chapitre, qu'à un âge donné, la circulation survit à la destruction totale du système nerveux cérébro-spinal, même sans le secours de l'insufflation.

La circulation ne dépend donc pas du système nerveux d'une *manière immédiate;* et ce n'est pas ce système qui l'ordonne et la détermine comme

(1) *Expériences sur le principe de la vie*, etc. Paris, 1812.
(2) *An exper. inquiry into the laws of the vital functions.* London, 1817.

il ordonne et détermine les mouvements de locomotion et de respiration.

Les expériences du quatorzième Chapitre montrent que le nerf grand-sympathique est doué de
sensibilité, sinon dans toute son étendue, du
moins dans l'un de ses principaux ganglions, dans
le ganglion *semi-lunaire*.

Le quinzième Chapitre est l'exposition des lois
de l'*action nerveuse*.

Le seizième est une *Application* des principaux
résultats de mes expériences à la pathologie, et
particulièrement à la *théorie des lésions de la tête
par contre-coup*.

Mais la pathologie n'est pas la seule branche
de la *science de l'homme et des animaux* que des
expériences rigoureuses de physiologie éclairent.
L'anatomie elle-même tire, en certains cas, de la
physiologie seule toute sa rigueur et toute sa certitude; il serait superflu d'ajouter qu'elle en tire
toute son utilité, car une anatomie sans physiologie serait une anatomie sans but.

L'anatomie n'est, en effet, que la *détermination* des organes. Or, cette *détermination* n'est pos-

sible, du moins pour les parties profondes et délicates de l'organisme, que par la physiologie.
Ainsi, depuis qu'on s'occupe du système nerveux,
par exemple, on dispute sans fin sur les limites
respectives de la moelle épinière, de la moelle
allongée, du cerveau proprement dit, etc.

Quelques anatomistes pensent que la moelle
épinière finit au trou occipital; quelques autres
l'étendent jusqu'à la protubérance annulaire; d'autres jusqu'aux tubercules bijumeaux ou quadrijumeaux; d'autres, jusqu'aux couches optiques, etc.

La moelle allongée a tour à tour été regardée
comme une continuation de la moelle épinière,
comme une partie intégrante de l'encéphale,
comme une partie distincte de la moelle épinière
et de l'encéphale, etc. Jusqu'ici les tubercules bijumeaux ou quarijumeaux avaient été pris, tantôt pour une partie des lobes cérébraux, tantôt
pour les couches optiques, etc., etc.

Il est évident que des expériences rigoureuses
de physiologie, déterminant seules les propriétés
et les fonctions de ces diverses parties, pouvaient
seules en fixer rigoureusement les limites et l'é-

tendue. Ainsi, de la délimitation même des propriétés de ces parties, établie par mes expériences, il suit que la moelle épinière finit à l'origine des nerfs de la huitième paire ; que la moelle allongée s'étend de cette origine aux tubercules bijumeaux ou quadrijumeaux ; que ces tubercules sont tout-à-fait distincts, quant à leur manière d'agir, des lobes cérébraux et du cervelet ; que, dans la moelle allongée même, le *point vital et central* du système nerveux n'occupe qu'un point déterminé et très circonscrit, etc., etc.

J'ai rassemblé, dans le dix-septième Chapitre, quelques faits nouveaux touchant la *réunion des nerfs*; le dix-huitième a pour objet la détermination du mécanisme selon lequel agissent les *épanchements cérébraux*; le dix-neuvième, la détermination du mécanisme selon lequel se forment les *exubérances cérébrales*; le vingtième est une théorie nouvelle des effets de l'*opération du trépan*.

Je fais connaître, dans le vingt et unième, le mécanisme, jusqu'ici demeuré si obscur, du *mouvement du cerveau*; et, dans le vingt-deuxième, le

mécanisme du *mouvement* ou *battement des artères*.

Le vingt-troisième et le vingt-quatrième sont consacrés à l'étude de l'action spécifique, ou exclusive, de certaines substances sur certaines parties du cerveau.

Je donne, dans le vingt-cinquième, la raison du fait, si singulier au premier aspect, de la survie des reptiles à la décapitation.

Le vingt-sixième a pour objet l'*encéphale des poissons*.

On sait combien la détermination des diverses parties qui constituent le cerveau des poissons est difficile, et jusqu'ici peu avancée. Toutes ces parties, dans les différents groupes de ces animaux, varient en effet de volume, de proportion, de nombre ; et, par le fait seul qu'elles varient de nombre, elles varient de position relative : et puisque tous ces caractères, le volume, la proportion, la position, le nombre, varient, il est clair qu'aucun ne peut conduire à une détermination absolue.

J'ai cru trouver dans l'expérience un moyen

de détermination plus sûr ; car l'expérience donne les propriétés ou les fonctions ; et les propriétés ou les fonctions ne quittent jamais un organe ; elles le suivent, le distinguent, et, si on peut dire ainsi, le décèlent sous quelque déguisement qu'il se cache ; et pour qu'elles disparaissent, il faut qu'il ait déjà disparu.

L'objet du vingt-septième Chapitre est la détermination des *conditions fondamentales de l'audition*.

Trois faits, d'un ordre élevé, résultent des expériences de ce Chapitre.

Le premier est celui qui sépare le *nerf des canaux semi-circulaires* du *nerf du limaçon* ; le second est celui qui place, dans le *nerf du limaçon*, le siége exclusif du sens de l'ouïe ; le troisième est celui qui place, dans le *nerf des canaux semi-circulaires*, le siége d'une force nouvelle, de la *force modératrice* des mouvements.

Le vingt-huitième et le vingt-neuvième Chapitre sont consacrés à l'étude des effets singuliers qui suivent la section des canaux semi-circulaires.

Le trentième Chapitre montre que ces effets singuliers des canaux semi-circulaires se rattachent aux effets des fibres de l'encéphale, et s'y rattachent par les nerfs mêmes de ces canaux.

Ces *nerfs des canaux semi-circulaires*, ces *nerfs* confondus jusqu'ici avec le *nerf acoustique* et qui en sont si distincts, ces *nerfs* dont l'action est si singulière, forment donc un *nerf* spécial et propre, une *paire* spéciale et propre de l'encéphale (1).

Le trente et unième Chapitre montre que tous les effets, soit des canaux semi-circulaires, soit des fibres de l'encéphale, tiennent à un ordre particulier de forces, à un ordre de forces inconnu jusqu'ici, à ces forces que je viens de nommer tout-à-l'heure, aux *forces modératrices* des mouvements.

Le trente-deuxième et dernier est un examen rapide de la *méthode* que j'ai employée dans mes expériences.

(1) Les deux nerfs des canaux semi-circulaires sont donc une *paire* nouvelle, une *paire* de plus à ajouter à la liste des paires de nerfs *crâniens* ou *encéphaliques*.

RECHERCHES

EXPÉRIMENTALES

SUR LES PROPRIÉTÉS ET LES FONCTIONS

DU SYSTÈME NERVEUX

DANS

LES ANIMAUX VERTÉBRÉS.

CHAPITRE PREMIER.

DÉTERMINATION DES PROPRIÉTÉS DU SYSTÈME
NERVEUX (1).

§ Ier.

1. Le système nerveux est tout à la fois l'origine des sensations et l'origine des mouvements. Il est le siége du principe qui veut, qui perçoit, qui se souvient, qui juge. Mais est-ce par une propriété unique ou par plusieurs propriétés diverses qu'il

(1) Mémoire lu à l'Académie des sciences de l'Institut, dans les séances des 4, 11 et 25 mars 1822.

détermine des phénomènes aussi distincts? Cette question, presque aussi ancienne que la science, n'a jamais été résolue d'une manière définitive.

L'opinion la plus générale a toujours été de n'attribuer au système nerveux qu'une propriété unique, en vertu de laquelle il détermine également et les sensations, et les mouvements, et le reste. Néanmoins, et à diverses reprises, quelques physiologistes ont soutenu l'opinion contraire, savoir, qu'il y a plusieurs propriétés distinctes, l'une pour les mouvements, l'autre pour les sensations, l'autre pour les perceptions, etc. Mais quand on en est venu à demander à ces physiologistes si toutes ces propriétés résident dans les mêmes parties ou dans des parties diverses, nul n'a répondu par des expériences directes; et ainsi cette opinion, tour à tour abandonnée ou reproduite dans la science, n'a jamais été ni complétement établie ni complétement réfutée.

Quelques faits acquis de bonne heure, en pathologie, ne laissent pourtant aucun doute que ces trois propriétés, l'une de *sentir*, l'autre de *mouvoir*, l'autre de *concevoir* et de *vouloir*, etc., ne soient essentiellement distinctes.

II. Le sentiment peut être aboli, et le mouvement conservé; réciproquement, le mouvement peut s'éteindre, et le sentiment survivre. Il n'est pas jusqu'à la faculté de *vouloir* et de *concevoir* qui ne puisse disparaître séparément des autres. Le sentiment, le mouvement, la perception, la volition, etc., ont donc, dans les masses nerveuses, des siéges divers et une origine distincte.

Le point de la question et de la difficulté n'est donc qu'à déterminer expérimentalement (car ce n'est qu'ainsi que l'on détermine) quelles parties du système nerveux servent exclusivement à la sensation, quelles à la contraction, quelles à la perception, etc.

Évidemment, l'expérience de chaque partie pouvait seule en donner la propriété. J'ai donc soumis à l'expérience, tour à tour et séparément, les nerfs, la moelle épinière, la moelle allongée, les tubercules quadrijumeaux, les lobes cérébraux et le cervelet.

§ II.

Expériences relatives à la détermination des propriétés des nerfs.

I. Lorsque l'on pince ou que l'on pique un nerf dans une certaine étendue de son trajet, il y a sur-le-champ une *réaction opérée* (1).

(1) Il ne s'agit ici que des nerfs rachidiens. On verra plus tard le résultat de mes recherches sur le grand sympathique.

Cette réaction a pour effets immédiats : d'une part, la *contraction* des parties musculaires auxquelles le nerf se rend ; et, d'autre part, la *sensation* éprouvée par l'animal.

Ainsi, *contraction* dans les muscles, *sensation* éprouvée par l'animal, voilà les deux effets ordinaires de l'irritation d'un nerf.

II. Je découvris le nerf sciatique, sur une grenouille : les irritations de ce nerf déterminèrent des contractions dans les muscles de la jambe, et un malaise général.

Je coupai ce nerf par une section transversale, à peu près vers le milieu de son trajet fémoral ; les irritations du tronc inférieur donnèrent long-temps encore des contractions dans les muscles de ce tronc ; mais je ne remarquai plus de malaise général, l'animal ne ressentait plus, c'est-à-dire ne *percevait* plus ces irritations. Les irritations du tronc supérieur provoquaient toujours, au contraire, des douleurs et des convulsions tout ensemble.

III. J'ai choisi le nerf sciatique pour sujet ordinaire des expériences de ce genre. Il est le plus gros et le plus long de tous les nerfs, l'un des plus faciles à découvrir, l'un de ceux dont les altérations compromettent le moins la vie générale de l'individu.

Je découvris ce nerf sur un jeune chien, par une incision qui se prolongeait du grand trochanter au jarret : lorsque je pinçais un peu fortement le nerf ainsi mis à nu, l'animal poussait des cris plaintifs; les muscles postérieurs de la jambe éprouvaient des contractions vives et partielles; l'animal se débattait et faisait des efforts pour s'échapper.

Je dépouillai bien exactement la portion supérieure du nerf de tous les rameaux qui en provenaient; j'interceptai cette portion entre deux ligatures; et, après que les douleurs déterminées par l'application de ces ligatures furent apaisées, je soumis tour à tour à des piqûres, à des pincements, à des tractions, la portion de nerf ainsi interceptée : il n'y eut plus ni sensation ni contraction, l'animal n'éprouva plus rien.

IV. Je supprimai la ligature supérieure (1), sans toucher à l'inférieure (2), et j'irritai de nouveau la portion de nerf précédemment irritée : l'animal cria et voulut se sauver; mais les muscles postérieurs de la jambe restèrent complétement immobiles.

(1) C'est-à-dire, celle placée vers le point d'insertion du nerf à la moelle épinière.

(2) C'est-à-dire, celle placée du côté des ramifications nerveuses dans les parties.

Je réappliquai la ligature supérieure, et j'enlevai l'inférieure; j'irritai fortement toujours la même portion du nerf: les muscles postérieurs de la jambe subirent des contractions violentes, mais l'animal ne ressentit ou ne *perçut* rien.

V. Enfin, je coupai ce nerf sciatique par une section transversale : les irritations du tronc supérieur n'excitèrent plus que des douleurs; celles du tronc inférieur, que des contractions.

VI. J'ai vingt fois répété de semblables expériences.

Lorsqu'on irrite la portion du nerf inférieure à la ligature ou à la section, le membre de l'animal se contracte et s'agite, mais l'animal n'en ressent absolument rien. Les parties situées au-dessous de la ligature forment une espèce de système isolé et étranger au système général de l'économie. On peut brûler ces parties, les dilacérer, y déterminer des convulsions violentes, l'animal reste doux et calme.

Au-dessus de la ligature, au contraire, la moindre irritation le tourmente et l'inquiète ; et c'est, pour le coup, le membre ligaturé qui devient à son tour étranger au trouble général de l'économie.

VII. J'ai coupé transversalement le nerf sciatique d'un pigeon dans sa portion fémorale ; j'ai irrité

le tronc inférieur un peu au-dessus de sa division
en *poplités* externe et interne, et il y a eu contraction de tous les muscles auxquels ce tronc ou
ces divisions se rendent.

J'ai coupé le *poplité* interne; je l'ai irrité par
son bout inférieur, et l'irritation est demeurée
confinée aux seules ramifications de cette branche
du sciatique.

J'ai poursuivi cette branche, de section en section, jusqu'à ses dernières ramifications. L'effet de
l'irritation a toujours été de plus en plus circonscrit et réduit; mais il a persisté jusque dans les
plus extrêmes subdivisions.

VIII. J'ai coupé, sur une grenouille, tout le
plexus nerveux qui va à la jambe. J'ai chagriné
l'animal: il a voulu s'enfuir, mais la jambe a refusé
de lui prêter son secours. J'ai irrité la moelle de
l'épine; il y a eu des convulsions par tout le corps,
à l'exception de la jambe dont j'avais coupé les
nerfs.

J'ai irrité le plexus nerveux de cette jambe :
toute la jambe a manifesté des mouvements
brusques et saccadés. J'ai coupé le nerf sciatique
à l'endroit où il se divise en *poplités* externe et interne. J'ai irrité le *poplité* externe, et il n'y a plus
eu de convulsions que dans les muscles de cette
branche irritée.

Enfin, j'ai poursuivi par des coupures successives les subdivisions du *poplité* externe jusqu'à
leurs derniers ramuscules : l'effet excitateur des
contractions a persisté jusque dans les ramuscules
les plus extrêmes.

IX. Ainsi, 1° un nerf, irrité dans un point quelconque de son trajet, provoque à l'instant des
douleurs et des contractions.

2° Une simple ligature ou une section, opérée
sur le trajet d'un nerf, y établit sur-le-champ
deux centres d'action, et s'y interpose entre deux
ordres de phénomènes : sensation au-dessus, et
contraction au-dessous. La contraction est donc
essentiellement distincte de la sensation; on peut
provoquer l'une séparément de l'autre; on peut
séparément les conserver, les abolir ou les reproduire.

X. Mais cette *sensation* que je sépare ici de la
contraction, cette *sensation* que *j'isole*, est-elle
un fait simple? Non sans doute. Cette *sensation*
est un fait complexe, et qui se compose tout à la
fois et de la *sensation proprement dite*, et de la
perception.

XI. Je laisse, pour le moment, ces deux derniers faits confondus ensemble. Je les dégagerai
bientôt l'un de l'autre.

§ III.

Expériences relatives à la détermination des propriétés de la moelle
épinière.

I. Je coupai, sur un jeune chat, tout l'arc supérieur des six dernières vertèbres dorsales ; je fendis ensuite la dure-mère, l'arachnoïde, la pie-
mère ; et la moelle épinière étant ainsi mise à
nu, je l'irritai alternativement par des piqûres
et par des pressions.

A chacune de ces irritations, l'animal criait ; il
subissait des convulsions qui ébranlaient tout son
corps ; et, devenu furieux par les douleurs qu'il
éprouvait, on avait toute la peine du monde à
se garantir de ses griffes et de ses dents.

Je divisai, par une section transversale, la portion de moelle dénudée : les irritations du tronc
antérieur continuèrent à exciter des contractions
et des douleurs violentes ; les irritations du tronc
postérieur n'excitèrent plus que des contractions.

II. Je découvris, comme ci-dessus, la région
dorsale de la moelle épinière, sur un jeune cochon d'Inde que j'avais rendu très familier. Je
divisai incontinent la moelle par une section transversale à peu près vers le milieu de cette région ;

et l'animal étant remis des douleurs et du trouble causés par l'opération, je lui offris à manger en le caressant, et il mangea en effet.

J'irritai alors le tronc postérieur de la moelle : toutes les parties qui recevaient leurs nerfs de ce tronc, les muscles des jambes, des cuisses, etc., toutes ces parties éprouvèrent des contractions vives et répétées; mais l'animal n'en ressentit rien, il continua à manger. J'irritai le tronc antérieur ; il poussa des cris pitoyables et voulut s'enfuir.

III. Je découvris, sur un pigeon, toute la portion de moelle qui s'étend du renflement des membres antérieurs au renflement des membres postérieurs.

Cela fait, j'irritai successivement divers points de cette portion de moelle dénudée, en comprimant tour à tour en avant ou en arrière des points irrités; et je provoquai tour à tour ou des douleurs et des contractions tout ensemble, ou des contractions seulement, selon que j'irritais en avant ou en arrière des points comprimés.

Par exemple, lorsque j'irritais la moelle en avant du point comprimé, les parties antérieures éprouvaient des convulsions, l'animal souffrait et voulait s'enfuir. Lorsque au contraire j'irritais la moelle en arrière du point comprimé, les parties postérieures éprouvaient bien des convulsions

aussi, mais l'animal ne souffrait plus et ne cherchait plus à s'enfuir.

IV. Je coupai, sur un autre pigeon, la moelle
épinière un peu au-dessus du renflement des membres antérieurs. Quelque point que j'irritasse en-
deçà de la section, toutes les parties situées
en-deçà subissaient des contractions, mais l'animal n'en ressentait rien.

Je fis une seconde section un peu en avant du
renflement des membres abdominanx. Les irritations du bout médullaire antérieur ne s'étendirent
plus qu'au train antérieur; celles du bout postérieur, qu'au train postérieur : l'animal ne ressentait ni les unes ni les autres.

Je pratiquai une troisième section vers le milieu
de la région dorsale. J'eus alors trois centres d'irritation parfaitement distincts et indépendants.
Les irritations d'un centre restaient étrangères
aux irritations de l'autre, et l'animal n'en percevait aucune.

V. J'interceptai, sur un lapin, par deux sections, une portion déterminée de la moelle épinière dorsale. Je détachai tous les nerfs de cette
portion; après quoi, j'irritai tour à tour, en avant,
en arrière, ou entre les deux sections.

Lorsque j'irritais en arrière, il n'y avait que des
convulsions; lorsque j'irritais en avant, les con-

vulsions s'accompagnaient de douleurs; lorsque j'irritais entre, il n'y avait ni convulsions ni douleurs.

VI. Ainsi, 1° lorsqu'on irrite une portion de moelle épinière convenablement préparée, en comprimant tour à tour en avant ou en arrière du point irrité, on détermine tour à tour et séparément des contractions ou des douleurs.

2° En interceptant, par des sections transversales, deux ou plusieurs portions de moelle épinière, on établit incontinent deux ou plusieurs centres d'irritation. Pareillement, en détachant un nerf de la moelle épinière, on localise incontinent ses irritations aux seules parties auxquelles il se rend.

C'est donc par la moelle épinière que s'effectue la dispersion, ou, si l'on veut, la *généralisation des irritations;* généralisation qui constitue précisément ce que les physiologistes ont appelé *sympathies.*

Communément on attribue ces sympathies au cerveau. Leur siége réel est la moelle épinière (et, comme on le verra plus tard, la moelle allongée); c'est elle qui les effectue, le cerveau ne fait que les percevoir.

La moelle épinière est donc l'organe ou l'instrument des *sympathies générales;* les nerfs ne sont que des instruments de *sympathies partielles*. La perception ou la conscience de ces *sympathies (communications d'irritation)* appartient exclusivement aux seules *parties centrales*, qui seront bientôt désignées comme siéges de la perception.

§ IV.

Expériences relatives au démêlement de l'*excitabilité* et de la *sensibilité* dans les nerfs et dans la moelle épinière (1).

I. Jusqu'ici je n'ai vu, dans la *moelle épinière* et dans les *nerfs*, que des organes simples. J'ai pris, dans mes expériences, le nerf tout entier ; j'ai piqué, j'ai coupé la moelle épinière tout entière. Aussi le fait que j'ai séparé ainsi de la contraction n'est pas un fait simple, ce n'est pas la *sensation* seule ; le fait que j'ai séparé est un fait complexe, et qui se compose tout à la fois, comme je l'ai déjà dit, de la *sensation* et de la *perception*.

II. Des expériences nouvelles, et dont la première idée est due à une vue admirable de M. Charles Bell (2), ont séparé dans le *nerf* même,

(1) Cet *article* est tout entier, je n'ai presque pas besoin d'en avertir, de cette seconde édition.

(2) Cette vue admirable de M. Bell, qui l'a conduit à distinguer la fonction propre de chaque *racine* des nerfs, et par suite à voir dans chaque nerf deux nerfs, l'un pour le sentiment, l'autre pour le

dans la *moelle épinière* même, le mouvement du sentiment, l'*excitabilité* de la *sensibilité*.

III. Si, sur un animal, on touche la *face postérieure* de la moelle épinière (1), l'animal témoigne de la douleur; si l'on touche la *face antérieure*, l'animal ne paraît point souffrir; si l'on coupe la *racine postérieure* de l'un des nerfs qui partent de cette moelle, l'animal perd aussitôt le *sentiment* dans toutes les parties auxquelles ce nerf se rend, mais le *mouvement* s'y conserve encore; si l'on coupe la *racine antérieure*, c'est, au contraire, le *mouvement* qui se perd, et le *sentiment* qui subsiste.

IV. Le *mouvement* peut donc être séparé du *sentiment;* l'un peut donc être aboli sans l'autre, et chacun a son siége propre : le *sentiment*, dans

mouvement, et dans la moelle épinière même deux moelles, l'une pour la sensibilité, l'autre pour la motilité; cette vue, fruit d'une analyse aussi profonde que fine, a été reprise et confirmée, d'abord en France par M. Magendie, puis en Allemagne par M. J. Muller, etc., et tout de nouveau, en France encore, et avec une grande habileté, par M. Longet.

(1) Je ne parle ici que des nerfs à *double racine*, et que des deux faisceaux, l'un *moteur*, l'autre *sensorial*, de la moelle épinière. M. Bell a distingué, avec non moins de précision, un troisième faisceau de la moelle épinière, lequel est le faisceau qui sert aux *mouvements* de la *respiration*, et un troisième ordre de nerfs, lesquels sont les *nerfs respiratoires*.

le *faisceau postérieur* de la moelle épinière et dans les *racines postérieures* des nerfs ; le *mouvement*, dans le *faisceau antérieur* de la moelle épinière et dans les *racines antérieures* des nerfs.

V. J'ai répété les expériences de M. Bell, et je les ai répétées avec une modification que mes vues particulières me suggéraient.

VI. J'ai commencé par mettre à nu le renflement postérieur de la moelle épinière, sur un chien ; puis, pinçant séparément les *racines anté-rieures* ou les *racines postérieures*, je provoquais séparément ou des contractions dans les muscles des jambes de derrière, ou des douleurs.

De plus, chaque fois que j'irritais la *face pos-térieure* de la moelle épinière, l'animal souffrait, et le témoignait par ses cris et ses efforts pour s'échapper.

J'ai retranché alors les lobes cérébraux tout entiers, et tous les effets de l'expérience ont con-tinué comme auparavant. Quand j'ai pincé les *racines antérieures*, les muscles des jambes de derrière se sont contractés ; quand j'ai pincé les *racines postérieures*, l'animal l'a senti, il a souffert, il s'est agité, il a crié : il a souffert, il s'est agité, il a crié de même, quand j'ai irrité la *face postérieure* de la moelle épinière.

VII. J'ai répété cette expérience compliquée

sur plusieurs chiens, et le résultat a été le même.

VIII. Ainsi donc, d'une part, la *sensation* survit au retranchement des lobes cérébraux, lobes dans lesquels la *perception* réside ; la *sensation* est donc distincte de la *perception*. D'autre part, la *sensation* a, dans la moelle épinière et dans les nerfs, un siége distinct de l'*excitabilité ;* la *sensibilité* est donc distincte de l'*excitabilité*. L'*excitabilité*, la *sensibilité*, la *perception,* sont donc trois propriétés distinctes.

§ V.

Expériences relatives aux limites de l'excitabilité.

I. J'ai découvert, sur un jeune chien, la moelle épinière, dans toute son étendue, depuis le sacrum jusqu'au crâne. Puis j'ai irrité, successivement, tous les points de cette moelle ainsi dénudée, à partir de l'extrémité caudale ; et j'ai provoqué par tous les points des phénomènes de contraction musculaire.

J'ai aussitôt ouvert le crâne, j'ai continué mes irritations sur la masse cérébrale, et j'ai bientôt rencontré un point où les phénomènes de contraction musculaire ont cessé.

II. Ensuite, et comme pour contre-épreuve,

j'ai commencé, sur un autre chien, par ouvrir le crâne ; j'ai irrité d'abord impunément tous les points des centres nerveux antérieurs : l'*excitabilité* (c'est-à-dire l'effet sur la contraction musculaire) n'a reparu qu'au point où, dans l'expérience précédente, elle avait cessé.

III. J'ai mis à nu, dans le même temps à peu près, toute la région dorsale de la moelle épinière sur un pigeon, toute la région cervicale sur une grenouille, toute la région lombaire sur un lapin. Partout, dans toute l'étendue de ces régions, sur tous ces animaux, les piqûres ou les pressions ont été suivies de *convulsions*.

IV. J'ai découvert la masse cérébrale sur trois autres individus de ces trois espèces. J'ai constamment trouvé, sur tous, un point où l'*excitabilité* a cessé ; et, sur tous, ce point a été le même.

A partir de ce point, la moindre irritation provoquait des convulsions ; de l'autre côté de ce point, j'avais beau dilacérer, piquer, brûler, nulle contraction n'avait lieu.

V. Il y a donc un point, dans le système nerveux, où finissent les phénomènes d'*excitabilité*, et il y en a un où ils commencent. *L'excitabilité*, c'est-à-dire la propriété de provoquer immédiatement des contractions musculaires, n'appartient donc pas à tout ce système.

§ VI.

Expériences relatives à la détermination des propriétés des diverses parties de la masse cérébrale.

I. J'enlevai, sur un petit lapin, les deux os frontaux : l'animal perdit peu de sang, et il allait tout aussi bien après l'opération qu'avant.

Je fendis la dure-mère des deux côtés; je fendis également l'arachnoïde, je les écartai toutes deux; je piquai ensuite les hémisphères cérébraux dans toute leur étendue, sans produire nulle part le moindre signe d'effet sur la contraction musculaire.

II. J'enlevai ces hémisphères, par couches successives, sur un pigeon : l'animal resta impassible.

III. Je découvris le cervelet sur un autre pigeon; je le perçai de part en part, et dans tous les sens, avec une aiguille; je le coupai par tranches successives : l'animal ne bougea pas.

Je passai aux hémisphères cérébraux : il ne bougea pas davantage. Je piquai les tubercules bijumeaux : il y eut un commencement de tremblement et de convulsions; et ce tremblement et ces convulsions s'accrurent d'autant plus que je pénétrai plus avant dans la moelle allongée.

IV. J'ai répété un nombre infini de fois cette expérience : le résultat a toujours été le même.

V. J'enlevai toute la paroi crânienne du côté gauche, sur un jeune chien ; je piquai, je déchirai les lobes cérébraux et le cervelet de ce côté : l'animal n'en fut ni troublé ni agité.

VI. Je piquai, sur un chien beaucoup plus âgé, les tubercules quadrijumeaux : tant que je ne blessai que les couches superficielles, c'est-à-dire que les seuls *tubercules*, je ne vis point de convulsions; dès que je touchai, au contraire, les couches profondes, c'est-à-dire les *pédoncules du cerveau*, sur lesquels reposent les *tubercules*, de faibles convulsions parurent. Je piquai la moelle allongée : il en survint de violentes.

VII. Je piquai d'abord, dans tous les sens, et j'enlevai ensuite en totalité, par tranches successives, sur un lapin, les corps striés et les couches optiques : nulle agitation n'accompagna cette double épreuve.

On a prétendu que la pression des couches optiques abolit la contraction des iris ; on l'a prétendu aussi de la pression des corps striés. La paralysie des iris n'a lieu, dans ces cas, que parce que les nerfs optiques, placés au-dessous de ces parties, sont comprimés avec elles.

VIII. Je piquai, dans tous les sens et sur tous les points, les corps striés et les couches optiques d'un pigeon : l'iris de ses yeux demeura immobile. Je piquai les tubercules bijumeaux, et il y eut sur-le-champ des contractions manifestes des deux iris.

IX J'enlevai tous les hémisphères cérébraux, y compris les couches optiques, sur un pigeon : l'iris conservait toute sa contractilité. Je n'avais qu'à piquer, ou les nerfs optiques, ou les tubercules bijumeaux, pour y décider des contractions vives et prolongées.

X. J'ai répété cette expérience sur plusieurs autres pigeons : le résultat a été le même.

XI. Ainsi : 1° les hémisphères cérébraux ne sont point susceptibles d'exciter immédiatement des contractions musculaires.

Haller et Zinn (1) l'avaient déjà reconnu pour les parties supérieures; Lorry (2) pour le corps calleux : je l'ai vérifié pour tout l'ensemble des

(1) *Mémoires sur la nature sensible et irritable des parties du corps animal.* Lausanne, 1756, tom. I et II.

(2) Académie des sciences : *Mémoires des savants étrangers*, tome III.

hémisphères, les corps striés et les couches optiques.

C'est à tort qu'on a attribué la paralysie des iris à la lésion de ces dernières parties. On peut les couper, ou les piquer sur tous les points, sans abolir comme sans provoquer la contractilité des iris.

Quelques observateurs ont cru exciter des contractions et des convulsions, dans les mammifères, par les piqûres du corps calleux ; c'est que ces piqûres s'étendaient jusqu'aux pédoncules cérébraux.

2° Le cervelet n'excite point non plus immédiatement des contractions musculaires.

Haller et Zinn (1) se sont trompés, quand ils ont dit que les blessures du cervelet causent des convulsions universelles : cela n'est vrai que de la moelle allongée placée au-dessous du cervelet, et probablement intéressée dans leurs expériences.

3° Dans les oiseaux, les tubercules bijumeaux excitent des convulsions.

Leur irritation, comme celle des nerfs optiques, provoque les contractions de l'iris. C'est avec ces tubercules que commence ou que finit, dans cette classe, *l'excitabilité*.

(1) Liv. cit.

4° La moelle allongée, comme la moelle épinière et comme les tubercules bijumeaux, excite des contractions.

A cette similitude de propriétés se joint une similitude parallèle d'organisation. La moelle épinière, la moelle allongée, qui n'est que la moelle épinière continuée, les tubercules bijumeaux, qui ne sont que la terminaison de cette moelle; toutes ces parties, c'est-à-dire toutes les parties excitatrices de contraction, ont la substance grise en dedans et la substance blanche en dehors.

Une disposition inverse de ces deux substances forme le caractère des parties non excitatrices, c'est-à-dire des lobes cérébraux et du cervelet.

On peut donc, *à priori*, juger des propriétés de ces parties par leur structure, et réciproquement de leur structure par leurs propriétés.

XII. Ces données fixeront définitivement, je pense, la détermination des tubercules bijumeaux.

Deux raisons m'ont porté, depuis long-temps, à les considérer comme la continuation et la terminaison des moelles épinière et allongée : 1° leur similitude de structure avec elles; 2° l'origine qu'ils donnent comme elles à des nerfs : les lobes cérébraux ni le cervelet ne sont effectivement l'origine directe d'aucun nerf.

Ainsi, même structure, même destination ; je

puis ajouter maintenant, mêmes propriétés : tels sont, dans les oiseaux, les caractères communs de la moelle épinière, de la moelle allongée et des tubercules bijumeaux.

XIII. Dans les mammifères, toute la portion supérieure des tubercules quadrijumeaux est impassible.

XIV. J'ai piqué, sur des chiens, sur des lapins, sur des cochons d'Inde, etc., toute la portion supérieure, toutes les couches superficielles des tubercules quadrijumeaux, sans exciter des contractions.

XV. J'en ai toujours excité, au contraire, quand j'ai piqué les couches profondes, c'est-à-dire les *pédoncules* mêmes du cerveau, sur lesquels les *tubercules quadrijumeaux* reposent.

XVI. L'*excitabilité* qui, dans les oiseaux, s'étend jusqu'aux *tubercules*, finit donc un peu plus tôt dans les mammifères. Voilà pour la limite des couches supérieures de l'encéphale. Quant à la limite des couches inférieures, elle est la même dans les deux classes : dans les oiseaux comme dans les mammifères, c'est avec les *pédoncules* du cerveau que l'*excitabilité* finit ou commence.

§ VII.

Expériences relatives au démêlement de la *sensation* et de la *perception*.

I. Partout, jusque dans les effets des organes mêmes des sens, la *sensation* proprement dite, la *sensibilité* générale, se distingue de la *perception* ou *intelligence*.

II. Une de mes expériences, que l'on verra bientôt, le démontre formellement.

Quand on enlève le *cerveau proprement dit* ou les lobes cérébraux à un animal, l'animal perd toute *intelligence*, et par conséquent toute perception ; mais, par rapport à l'œil, rien n'est changé : les objets continuent à se peindre sur la rétine, l'iris reste contractile, le nerf optique excitable. La rétine reste sensible à la lumière, car l'iris se ferme ou s'ouvre selon que la lumière est plus ou moins vive. Ainsi l'œil est *sensible*, et cependant l'animal ne voit plus. La *sensation* n'est donc pas la vision ; la vision n'est que la *perception* de la sensation.

§ VIII.

Détermination du siège précis de la perception.

Des expériences précédentes il suit 1° que le

système nerveux est doué de trois propriétés dis-tinctes, l'une d'*exciter* immédiatement les con-tractions musculaires, la seconde de *sentir* les impressions, la troisième de les *percevoir*.

2° Que les nerfs, la moelle épinière, la moelle allongée, les tubercules bijumeaux, les pédon-cules du cerveau possèdent, et la propriété d'ex-citer immédiatement des contractions musculai-res, et la propriété de ressentir les impressions.

Et 3° que ce n'est dans aucune de ces parties que réside la perception. Il ne reste donc plus à la chercher que dans les parties que nous n'avons pas encore vues, c'est-à-dire dans les lobes céré-braux et le cervelet. En traitant des fonctions propres de ces deux organes, la grande question du *siége précis de la perception* se trouvera donc traitée.

CHAPITRE II.

DÉTERMINATION DU RÔLE QUE JOUENT LES DIVERSES PARTIES DU SYSTÈME NERVEUX DANS LES MOUVEMENTS DE LOCOMOTION (1).

—

§ Ier.

I. Les faits réunis dans le chapitre précédent établissent, ce me semble, que l'*excitabilité*, la *sensibilité*, la *perception* ou *intelligence* sont trois *propriétés nerveuses distinctes;* qu'il y a des limites précises entre les organes de chacune d'elles, et que des expériences directes conduisent à ces limites.

La puissance nerveuse n'est donc pas unique, comme on l'a dit jusqu'ici. Il n'y a pas une seule propriété nerveuse, il y en a trois; et ces trois propriétés sont essentiellement distinctes et indépendantes entre elles.

II. Maintenant que le débrouillement, ou, si l'on peut ainsi dire, que le triage des parties

—

(1) Mémoire lu à l'Académie royale des sciences de l'Institut, dans les séances des 31 mars et 27 avril 1822.

excitatrices de contraction, des parties *sensibles*, des parties où réside la *perception*, est effectué, il s'agit d'assigner la part respective de chacune de ces parties dans les mouvements complexes, dans les mouvements de *translation* ou *locomotion*, qui résultent de leur concours. On connaît l'action propre et le jeu individuel de chacune d'elles ; il reste à les voir agir et jouer ensemble.

§ II.

Détermination du rôle du nerf.

I. L'irritation d'un nerf, séparé des centres nerveux par une section ou par une ligature, se borne à produire des contractions brusques et partielles dans les muscles où ce nerf se rend.

Il y a loin de ces contractions désordonnées et irrégulières à un mouvement d'ensemble régulier et coordonné. Les contractions musculaires ne sont que les éléments dont se compose ce mouvement ; et ce n'est pas dans le nerf que réside le principe qui coordonne et qui règle ces éléments.

II. Lorsque les principaux nerfs d'un membre restent unis par leur plexus, bien que ce plexus soit détaché de la moelle épinière, l'irritation de ce plexus, ou de l'un quelconque de ses nerfs, détermine des mouvements d'ensemble dans le membre.

Mais ces mouvements d'ensemble apparaissent surtout lorsque le plexus ou les nerfs sont encore unis à la moelle épinière.

J'ai intercepté, comme on l'a vu, sur divers animaux diverses régions de la moelle épinière; toutes les parties de chacune de ces régions formaient un système lié d'action et de mouvement. Par exemple, la région lombaire interceptée, tous les muscles des nerfs venus de cette région se mouvaient de concert et d'ensemble. Mais, ce qu'il importe de bien remarquer, ils ne se mouvaient plus ainsi qu'autant qu'on les irritait; ils ne se mouvaient plus ni spontanément ni volontairement.

III. Il y a donc trois choses essentielles à considérer dans un mouvement de *locomotion*, et particulièrement dans un mouvement de locomotion voulu : 1° les éléments mêmes qui le constituent : ce sont les contractions des muscles affectés à ce mouvement, contractions déterminées par l'excitabilité des nerfs de ces muscles; 2° la liaison de ces contractions en mouvements d'ensemble; liaison dont le principe réside dans les principaux troncs nerveux, les plexus et surtout les moelles épinière et allongée; et 3° la volition de ces mouvements, laquelle, ainsi que mes expériences le prouveront bientôt, réside exclusivement dans les lobes cérébraux.

Lorsque, en effet, j'irrite un animal privé des lobes cérébraux, pour l'exciter à des mouvements, je me substitue momentanément à ces lobes, et c'est mon irritation qui en tient la place.

Enfin, mes expériences montreront qu'il y a encore une quatrième chose à considérer, savoir, *la coordination des mouvements d'ensemble* en mouvements réglés et déterminés, saut, vol, marche, station, etc.; et elles montreront aussi que le principe de cette *coordination* réside dans le cervelet.

§ III.

Expériences relatives à la détermination du rôle que joue la moelle épinière dans les mouvements de locomotion.

I. J'ai coupé la moelle épinière, sur un pigeon, un peu au-dessus du renflement des membres abdominaux : les parties postérieures se mouvaient encore d'ensemble quand on les irritait; mais elles ne se mouvaient plus ni spontanément ni conséquemment aux volontés de l'animal : ses parties antérieures se mouvaient, au contraire, spontanément et conséquemment à ses volontés. L'animal ne se tenait plus sur ses pattes, ni ne pouvait marcher avec elles; il disposait au contraire, à son gré, de ses ailes pour se soutenir ou pour voler.

II. J'ai coupé, sur un autre pigeon, la moelle épinière un peu au-dessus du renflement des membres antérieurs : l'animal a perdu aussitôt la faculté de marcher, de voler et de se tenir debout. Toutes les parties situées en-deçà de la section ne se mouvaient plus que sous l'effet des irritations, bien qu'elles se mussent encore alors d'ensemble.

III. Enfin, sur un autre pigeon, j'ai coupé la moelle épinière au niveau de la troisième vertèbre cervicale. Sur-le-champ, la station, la marche et le vol ont été anéantis. Les parties affectées à ces mouvements conservaient néanmoins encore la faculté de se mouvoir, et de se mouvoir d'ensemble, quand on les irritait.

IV. J'ai répété ces expériences sur plusieurs autres pigeons : le résultat a été le même. On verra tout-à-l'heure les différences plus ou moins tranchées que m'ont présentées les mammifères et les reptiles : je fais abstraction, pour le moment, de ces différences; et je conclus que la faculté d'exciter des contractions musculaires, comme la faculté de lier ces contractions en mouvements d'ensemble, réside dans la moelle épinière.

Je conclus, en outre, que la volition ou la spontanéité des mouvements, non plus que la *coordination de ces mouvements* en saut, vol, marche, station, etc., n'y résident pas.

§ IV.

Expériences relatives à la détermination du rôle et des fonctions des lobes cérébraux.

1. J'ai enlevé le lobe cérébral droit sur un pigeon : incontinent, l'animal n'a plus vu de l'œil opposé à ce lobe ; la contractilité persistait néanmoins encore dans l'iris de cet œil. Je reviendrai bientôt sur ce fait, qui est capital ; je le laisse un moment de côté (1).

Il s'est manifesté une faiblesse assez marquée d'abord dans toutes les parties situées à gauche. Cette faiblesse du côté opposé au lobe retranché est du reste, quant à sa durée et à son intensité, un phénomène fort variable. Sur quelques animaux, cette faiblesse est très prononcée ; elle l'est très peu sur d'autres ; elle est presque inapercevable sur quelques uns. Sur tous, les forces ne tardent pas à reprendre leur équilibre, et la disproportion entre les deux côtés disparaît.

Quant à mon pigeon, il voyait très bien de l'œil

(1) J'en ai déjà dit un mot dans le chapitre précédent.

du côté du lobe enlevé; il entendait, se tenait debout, marchait, volait, et paraissait d'ailleurs assez calme.

Je remarque ici que certains animaux semblent d'abord très effrayés après une pareille mutilation; cette frayeur n'est pas de longue durée.

II. J'enlevai, sur un autre pigeon, les deux lobes cérébraux à la fois.

Ce retranchement est d'ordinaire suivi d'une faiblesse générale assez profonde; car, comme on le verra ci-après, il n'est pas une seule partie du système nerveux qui n'influe sur l'énergie de toutes les autres : on verra de plus que le degré de cette influence varie pour chacune d'elles.

Sur mon pigeon, cette faiblesse générale fut peu marquée : aussi survécut-il long-temps au retranchement de ses lobes.

Il se tenait très bien debout; il volait quand on le jetait en l'air; il marchait quand on le poussait; l'iris de ses deux yeux était très mobile, et pourtant il ne voyait pas; il n'entendait pas, ne se mouvait jamais spontanément, affectait presque toujours les allures d'un animal dormant ou assoupi; et quand on l'irritait, durant cette espèce de léthargie, il affectait encore les allures d'un animal qui se réveille.

Dans quelque position qu'on le mît, il reprenait parfaitement l'équilibre, et ne se reposait pas qu'il ne l'eût repris.

Je le plaçais sur le dos, et il se relevait; je lui mettais de l'eau dans le bec, et il l'avalait; il résistait aux efforts que je faisais pour lui ouvrir le bec; il se débattait quand je le gênais; il rendait ses excréments; la moindre irritation l'agitait et l'importunait.

Lorsque je l'abandonnais à lui seul, il restait calme et comme absorbé; dans aucun cas, il ne donnait aucun signe de volonté. En un mot, figurez-vous un animal condamné à un sommeil perpétuel, et privé de la faculté même de rêver durant ce sommeil : tel, à peu près, était devenu le pigeon auquel j'avais retranché les lobes cérébraux.

III. J'enlevai le lobe cérébral droit à un troisième pigeon : l'animal perdit aussitôt la vue de l'œil opposé. Du reste, il marchait, volait, se mouvait, comme auparavant; sauf un peu de faiblesse qui parut d'abord dans le côté gauche, et qui bientôt après disparut.

J'enlevai l'autre lobe : dès lors tous les mouvements spontanés (1) furent abolis sans retour; et

---

(1) C'est-à-dire, dus à une volonté expresse, à la volonté même de l'animal.

la vue fut perdue des deux yeux, bien que les deux iris restassent pourtant mobiles.

L'animal était calme et comme assoupi; il se tenait parfaitement d'aplomb sur ses pattes : si on le jetait en l'air, il volait; si on pinçait avec force les narines, qu'il avait, comme tous les animaux de son espèce, fort délicates, il se remuait, et faisait quelques pas, sans but ni détermination, mais avec un parfait équilibre, et s'arrêtait dès qu'on ne l'irritait plus.

On avait beau le piquer, le pincer, le brûler; il remuait, s'agitait, marchait, mais toujours sur la même place; il ne savait plus fuir. S'il rencontrait un obstacle, il le heurtait, et revenait le heurter sans cesse, sans jamais songer à l'éviter; tandis qu'il n'est pas de pigeon qui, dans l'état naturel, bien qu'on lui ait bandé les yeux, ne finisse, d'un ou d'autre biais, par échapper à l'obstacle qu'on lui oppose.

IV. J'enlevai l'un des deux lobes cérébraux à une grenouille : cette grenouille sautait, marchait, agissait d'elle-même, après ce retranchement.

V. J'enlevai les deux lobes cérébraux à une autre grenouille.

Cette grenouille perdit aussitôt toute *spontanéité* proprement dite de ses mouvements; elle ne bougeait pas, à moins qu'on ne l'irritât. Mais, sous l'influence des irritations extérieures, elle sautait et se débattait.

Placée sur le dos, elle se relevait, se consolidait sur ses pattes, et puis redevenait immobile.

VI. J'ai répété bien souvent ces expériences.

Elles me paraissent démontrer que les lobes cérébraux ne sont le siége ni du principe immédiat des mouvements musculaires, ni du principe qui coordonne ces mouvements en marche, saut, vol ou station. Mais elles me paraissent également démontrer qu'ils sont le siége exclusif de la volition et des perceptions.

Quant à la volition, il suffit sans doute d'avoir constaté que, les lobes cérébraux retranchés, il n'y a plus vestige de volonté; et quant aux perceptions, je prie que l'on me permette de revenir sur quelques circonstances des faits précédents.

VII. Un seul lobe cérébral enlevé, l'animal perd incontinent la vue de l'œil opposé : les deux lobes enlevés, il perd la vue des deux yeux.

La contractilité de l'iris n'en persiste pourtant pas moins encore. Pour peu même qu'on irrite la conjonctive, ou les nerfs optiques, ou les tubercules bijumeaux (1), cette contractilité devient convulsive.

Je ne conçois pas de fait plus propre à montrer,

(1) *Bijumeaux*, car il s'agit plus particulièrement, en ce lieu, de mes expériences sur les oiseaux.

dans tout son jour, la coïncidence singulière de la perte des perceptions avec la conservation ou l'exaltation même du mouvement.

Il y a tout ensemble, comme on voit, dans ce fait, convulsibilité de l'iris et perte de la vision. C'est que la vision n'est ni dans les contractions de l'iris, ni même dans les sensations de la rétine ou du nerf optique. Ces contractions et ces sensations n'en sont que des conditions. La vision est tout entière dans la perception des sensations de la rétine et du nerf optique, ou plutôt elle n'est que cette perception même.

Or, le principe de cette perception réside bien dans les lobes cérébraux; mais le principe de la contractilité de l'iris, pas plus que celui de la sensibilité du nerf optique ou de la rétine, n'y réside pas. Le retranchement des lobes cérébraux doit donc abolir la vision sans éteindre ni la sensibilité de la rétine, ni l'excitabilité des nerfs optiques, ni conséquemment la contractilité de l'iris.

VIII. Pareillement, un seul lobe enlevé, l'animal conserve le souvenir; les deux lobes enlevés, il le perd.

Un seul lobe enlevé, il entend; les deux lobes enlevés, il n'entend plus.

Il veut quand il conserve encore un lobe; il ne veut plus quand il l'a perdu.

La mémoire, la vision, l'audition, la volition,

en un mot toutes les perceptions, disparaissent avec les lobes cérébraux. Les lobes cérébraux sont donc l'organe unique des perceptions.

§ V.

Expériences relatives à la détermination du rôle et des fonctions du cervelet.

Je passe à l'examen des autres parties de la masse cérébrale.

I. J'ai supprimé le cervelet par couches successives, sur un pigeon. Durant l'ablation des premières couches, il n'a paru qu'un peu de faiblesse et de manque d'harmonie dans les mouvements.

Aux moyennes couches, il s'est manifesté une agitation presque universelle, bien qu'il ne s'y mêlât aucun signe de convulsion : l'animal opérait des mouvements brusques et déréglés; il entendait et voyait.

Au retranchement des dernières couches, l'animal, dont la faculté de sauter, de voler, de marcher, de se tenir debout, s'était de plus en plus altérée par les mutilations précédentes, perdit entièrement cette faculté.

Placé sur le dos, il ne savait plus se relever. Loin de rester calme et d'aplomb, comme il arrive aux pigeons privés des lobes cérébraux, il s'agitait follement et presque continuellement, mais il ne se mouvait jamais d'une manière ferme et déterminée.

Par exemple, il voyait le coup qui le menaçait, voulait l'éviter, faisait mille contorsions pour l'éviter, et ne l'évitait pas. Le plaçait-on sur le dos, il n'y voulait pas rester, s'épuisait en vains efforts pour se relever, et finissait par y rester malgré lui.

Finalement, la volition, les sensations, les perceptions, persistaient : la possibilité d'exécuter des *mouvements d'ensemble* persistait aussi ; mais la *coordination de ces mouvements* en mouvements de locomotion, réglés et déterminés, était perdue.

II. Je retranchai le cervelet d'un autre pigeon.

Arrivé aux couches moyennes, je touchai la moelle allongée, et il y eut un trémoussement convulsif.

Ce trémoussement dissipé, je continuai mon opération. Les mouvements désordonnés et impétueux reparurent aux mêmes couches que dans l'expérience précédente. L'animal perdit de même la faculté de se tenir en équilibre, de marcher et de voler : il était dans une agitation presque continuelle ; il voulait et se mouvait, mais il ne se mouvait jamais comme il le voulait.

III. Je perçai de part en part, avec une aiguille, sur un troisième pigeon, toute la région supérieure du cervelet : nul indice d'excitabilité, mais faiblesse, indétermination, et léger manque d'harmonie dans les mouvements.

Je pénétrai plus avant : la faiblesse, l'indétermination, le manque d'harmonie des mouvements, s'accrurent.

J'arrivai aux dernières couches : l'animal perdit presque entièrement l'équilibre ; ses mouvements étaient indécis, son agitation presque continuelle.

IV. J'enlevai, sur un quatrième pigeon, les couches supérieures du cervelet. Cette mutilation opérée, l'animal voyait et entendait très bien ; il se tenait aussi debout, marchait et volait, mais d'une manière indécise et mal assurée.

Je continuai mes retranchements : l'équilibre s'abolit presque entièrement. L'animal avait toute la peine du monde à se tenir debout, et encore n'y parvenait-il qu'en s'appuyant sur ses ailes et sur sa queue. Lorsqu'il marchait, ses pas chancelants et mal affermis lui donnaient tout-à-fait l'air d'un animal ivre ; ses ailes étaient obligées de venir au secours de ses jambes, et, malgré ce secours, il lui arrivait souvent de tomber et de rouler sur lui-même.

Au retranchement des dernières couches, toute espèce d'équilibre, c'est-à-dire toute harmonie entre les efforts, disparut. La marche, le vol, la station, furent totalement anéantis ; mais, ce que j'engage à bien remarquer, la volition de ces mouvements, et des tentatives réitérées pour les exécuter, n'en persistèrent pas moins toujours.

V. Je retranchai le cervelet sur un cinquième pigeon, par couches successives extrêmement minces, afin de suivre, jusque dans les derniers détails, tous les degrés et toutes les nuances par lesquels ce retranchement graduel devait faire passer mon pigeon d'un équilibre parfait à l'abolition complète du vol, de la marche et de la station.

C'est une chose surprenante de voir l'animal, à mesure qu'il perd son cervelet, perdre graduellement la faculté de voler, puis celle de marcher, puis enfin celle de se tenir debout.

Il n'y a pas jusqu'à cette faculté de se tenir debout qui ne s'altère petit à petit avant de se perdre complétement. L'animal commence par ne pouvoir rester long-temps d'aplomb sur ses jambes, il chancelle presque à chaque instant ; puis ses pieds ne suffisent plus à la station, et il est obligé de recourir à l'appui de ses ailes et de sa queue ; enfin, toute position fixe et stable devient impossible : l'animal fait d'incroyables efforts pour s'arrêter à une pareille position, et il n'y peut réussir.

La faculté de marcher s'évanouit également par degrés. L'animal conserve encore, d'abord, une démarche chancelante, et tout-à-fait comparable à la démarche bizarre de l'ivresse, puis il ne marche qu'avec le secours de ses ailes, et puis il ne sait plus marcher du tout.

On peut à volonté, par des coupes ménagées, ne supprimer que le vol ; ou supprimer le vol et la marche ; ou supprimer tout à la fois le vol, la marche et la station. En disposant du cervelet, on dispose de tous les *mouvements coordonnés de locomotion*, comme, en disposant des lobes cérébraux, on dispose de toutes les perceptions.

Le pigeon sur lequel j'étudiais ces singuliers développements n'éprouva, au retranchement des premières couches, qu'un peu de faiblesse et d'hésitation dans ses mouvements.

Je remarque ici, par rapport à la faiblesse, que le moment de la mutilation est toujours le moment où elle est le plus marquée, et qu'ensuite elle va diminuant de plus en plus jusqu'à une nouvelle mutilation.

Aux moyennes couches, mon pigeon voyait et entendait très bien ; il ne se plaignait aucunement ; son air était gai, sa tête alerte.

A sa bonne mine, personne n'eût assurément imaginé qu'il lui manquait déjà plus de la moitié de son cervelet ; mais, en revanche, sa démarche était très chancelante et très agitée ; et bientôt il ne marcha plus qu'avec le secours de ses ailes.

Je continuai mes retranchements ; l'animal perdit totalement la faculté de marcher. Ses pieds ne suffisaient plus à la station, et il ne parvenait à se soutenir qu'appuyé sur ses coudes, sa queue et ses ailes. Souvent il cherchait à s'envoler ou à marcher ; mais ces tentatives inefficaces se bornaient à rappeler, sous plus d'un rapport, les premiers essais de vol et de marche que font les petits oiseaux au sortir du nid.

Le poussait-on en avant, il roulait sur sa tête ; en arrière, il roulait sur sa queue.

Je portai plus loin encore mes retranchements. L'animal perdit jusqu'à la faculté de se tenir appuyé sur ses coudes, sa queue et ses ailes. Il roulait continuellement sur lui-même sans pouvoir s'arrêter à une position fixe.

A force de rouler ou de se débattre, il finissait par s'épuiser ; et, rendu de fatigue, il gardait alors un moment la position que le hasard lui avait donnée : tantôt il restait à plat sur le ventre, et tantôt sur le dos.

Cette position sur le dos, quelque pénible

qu'elle lui fût, et quelques efforts qu'il fît pour s'en dégager, il était pourtant réduit à la garder, parce qu'il ne savait plus s'en tirer.

Du reste, il voyait et il entendait très bien. Durant son repos, la moindre menace, le moindre bruit, la plus légère irritation, rouvraient la scène tumultueuse de ses contorsions.

Mais au milieu de toutes ces contorsions si déréglées, si fougueuses, si pétulantes, il n'y avait pas le moindre signe de convulsion.

VI. Les conséquences du retranchement du cervelet varient un peu selon les classes; on trouvera ci-après un tableau comparé de ces variations. Je commence par indiquer les effets obtenus sur une classe donnée; je comparerai ensuite ces effets aux effets obtenus sur les autres classes.

§ VI.

Expériences relatives à la détermination du rôle et des fonctions des tubercules bijumeaux (1).

I. J'enlevai, sur un pigeon, un seul des deux tubercules bijumeaux. Ce retranchement fut ac-

---

(1) Ces *tubercules* sont *doubles* dans les vertébrés ovipares les oiseaux, les reptiles, etc.) et *quadruples* dans les mammifères. C'est pourquoi je les nomme tantôt *bijumeaux* et tantôt *quadrijumeaux*.

compagné d'un trémoussement convulsif général, mais qui dura peu.

L'œil du côté opposé perdit sur-le-champ la vue; mais l'iris de cet œil resta long-temps encore mobile.

L'animal se tenait debout, marchait, volait, entendait, et poussait des gémissements.

Il tournait souvent sur lui-même, et particulièrement sur le côté du tubercule enlevé; il voyait aussi très bien de l'œil de ce côté.

L'irritation et la douleur produites par mon opération étant dissipées, l'animal resta calme et parfaitement d'aplomb sur ses jambes (1).

II. J'enlevai, sur un autre pigeon, le tubercule bijumeau gauche; il y eut également des trémoussements convulsifs généraux, perte de la vue de l'œil opposé, contractilité de l'iris persistant encore dans cet œil, et tournoiement de l'animal, principalement sur le côté du tubercule enlevé.

Je voulus m'assurer si ce tournoiement ne tenait pas uniquement à la perte de la vision dans

____

(1) Le retranchement d'un seul tubercule bijumeau, comme celui d'un seul lobe cérébral ou d'un seul côté du cervelet, s'accompagne d'abord d'une faiblesse marquée dans le côté opposé à la partie enlevée. Je néglige à dessein d'insister ici sur cet *effet croisé*, dont on trouvera, dans un autre chapitre, la cause et les limites.

un œil. Je bandai donc un œil à plusieurs pigeons : ces pigeons tournèrent en effet, d'abord presque tous, sur le côté de l'œil non bandé, mais bien moins brusquement et bien moins de temps que le pigeon mutilé.

Ce pigeon, ainsi que le précédent, voyait très bien de l'œil du côté du tubercule enlevé; il entendait, marchait, volait et se tenait d'aplomb comme à l'ordinaire. ?

III. Je retranchai successivement, sur un troisième pigeon, les deux tubercules bijumeaux. Les trémoussements convulsifs furent beaucoup plus violents et beaucoup plus prolongés après cette double extirpation qu'après l'extirpation d'un seul tubercule.

Au retranchement du tubercule droit, l'animal perdit la vue de l'œil gauche; et à celui du tubercule gauche, il perdit la vue de l'œil droit. La contractilité persistait dans l'iris des deux yeux.

La station, la marche, le vol, persistaient aussi. L'animal tournait souvent sur lui-même, puis il restait calme et d'aplomb, et puis il recommençait à tourner encore.

Tout cela se faisait spontanément. Quand dans sa marche l'animal rencontrait un obstacle, il le heurtait d'abord; mais à peine avait-il besoin de le toucher pour le deviner; et dès qu'il l'avait touché, ou il s'arrêtait, ou il s'en détournait avec une adresse et avec des précautions infinies. Il n'avançait jamais qu'avec une extrême circonspection, et presque toujours il revenait à tourner sur lui-même.

IV. On a vu qu'immédiatement après l'extirpation d'un seul tubercule la vision est perdue de l'œil opposé; et qu'après l'extirpation des deux tubercules, la vision est perdue des deux yeux.

Mais on a vu aussi que la contractilité de l'iris survit plus ou moins long-temps à la perte de la vision. Ce fait est remarquable; il montre que l'ablation des tuberbules n'agit sur les nerfs optiques que comme agissent sur les autres nerfs les sections ou les ligatures.

En effet, c'est par les tubercules bijumeaux que les nerfs optiques communiquent avec les lobes cérébraux. Ces tubercules enlevés, la vision doit donc être immédiatement abolie, mais non l'excitabilité des nerfs optiques, parce qu'une mutilation incomplète des tubercules ne détruit pas toutes les racines de ces nerfs; la section seule de ces nerfs abolit complétement la contractilité des iris (1).

(1) Les nerfs optiques survivant, du moins en partie, à une mutilation incomplète des tubercules, la contractilité des iris doit survivre aussi; mais la section complète des nerfs optiques, comme

V. Pour obtenir les effets des tubercules bi-jumeaux dans toute leur pureté, il ne faut pas en pousser l'extirpation jusqu'à leurs racines; car ces effets se compliquent alors des effets de la moelle allongée.

J'enlevai, sur un pigeon, jusqu'aux dernières couches des tubercules : il survint des convulsions violentes et prolongées. Je pénétrai plus avant : les convulsions se renouvelèrent et s'accrurent; mais, ce qu'il y avait de remarquable, c'est qu'au milieu de cet état convulsif universel, la contrac-tilité des iris était complétement abolie.

L'animal vécut très long-temps dans cet état.

VI. Je piquai la moelle allongée d'un pigeon : il y eut des convulsions universelles. Ces convul-sions s'opposaient à tout équilibre durable, et l'animal ne pouvait plus conséquemment ni mar-cher, ni voler, ni se tenir debout.

VII. Je déchirai la moelle allongée d'un autre pigeon : l'animal mourut dans des convulsions violentes.

a section complète des tubercules, abolit complétement la con-tractilité des iris (*).

(*) Ce fait a été nié. J'ai répété mes expériences sur plusieurs pigeons. Chaque fois que j'ai pincé le nerf optique, l'iris s'est vivement contracté ; chaque fois que je l'ai coupé, l'iris a été paralysé.

§ VII.

I. De tous ces faits rapprochés, il suit :

1º Que la faculté d'exciter des contractions musculaires, et de lier ces contractions en mouvements d'ensemble, réside dans la moelle épinière ;

2º Que la faculté de percevoir les impressions et de vouloir les mouvements réside dans les lobes cérébraux ;

3º Qu'aux tubercules bijumeaux appartient le principe primordial des contractions de l'iris : l'iris conserve, en effet, sa contractilité malgré l'ablation des lobes cérébraux et du cervelet ; il ne la perd qu'en perdant les tubercules bijumeaux (1) ;

4º Que la moelle allongée est absolument indispensable à l'exécution des mouvements réguliers de locomotion (2) ;

5º Il suit, enfin, que la faculté de coordonner

---

(1) Ou plus exactement, qu'*en perdant les nerfs optiques ;* car, encore un coup, la suppression des tubercules ne supprime la contractilité des iris, que lorsqu'elle est assez complète pour détruire toutes les racines des nerfs optiques.

(2) On en verra surtout la raison dans un autre chapitre.

ces mouvements en marche, saut, vol ou station, dérive exclusivement du cervelet.

II. D'un autre côté, les lobes cérébraux enlevés, la vision est perdue, car l'animal ne voit plus; la volition, car il ne veut plus; la mémoire, car il ne se souvient plus; le jugement, car il ne juge plus. Il se heurte vingt fois contre le même objet, sans qu'il lui vienne l'idée de s'en détourner; il trépigne sous les coups qu'on lui porte, sans qu'il lui vienne l'idée de fuir.

Un mouvement est-il commencé, il le continue, mais il ne le commence jamais spontanément; il ne vole que lorsqu'on le jette en l'air; il ne marche qu'autant qu'on le pousse; il n'avale qu'autant qu'on lui enfonce l'aliment dans le bec. Mais, ce qu'on ne saurait trop admirer, le vol, la marche, la déglutition commencés, tout cela continue et s'effectue avec une régularité et une justesse parfaites.

Tous les phénomènes de l'intelligence et de la volonté sont éteints, et tous les phénomènes du mouvement n'en persistent pas moins encore.

L'animal ne voit plus, mais l'iris de ses yeux est *mobile;* le nerf optique, *excitable,* et quand on l'excite, l'iris se meut.

L'animal ne veut plus voler; mais il vole quand on l'y pousse.

Ce n'est plus sa volition qui détermine ses mouvements; mais une irritation extérieure peut suppléer à sa volition et les déterminer comme elle.

Rien ne prouve mieux assurément combien l'*intelligence* et la *volonté* sont distinctes de l'*excitabilité*, et les parties où elles résident des parties qui excitent la *contraction*.

§ VIII.

Comparaison des effets obtenus sur les oiseaux aux effets obtenus sur les reptiles et les mammifères.

I. Des expériences précédentes sur les oiseaux, j'ai conclu que l'excitation des contractions musculaires dépendait immédiatement du nerf; la liaison de ces contractions en mouvements d'ensemble, de la moelle épinière; la coordination de ces mouvements en saut, vol, marche ou station, du cervelet; et la volition de ces mouvements, des lobes cérébraux.

Il importait de savoir jusqu'à quel point de semblables expériences sur les reptiles et les mammifères reproduiraient ces résultats, et par conséquent les confirmeraient.

II. J'ai coupé la moelle épinière, sur une grenouille, un peu au-dessus du renflement des membres abdominaux : sur-le-champ, la grenouille a perdu l'usage de ses pattes de derrière, et n'a plus marché qu'avec ses pattes de devant.

III. J'ai coupé, sur une autre grenouille, la moelle épinière au-dessus du renflement antérieur : le saut, la marche et la station ont été perdus aussitôt. L'animal ne mouvait plus volontairement et coordonnément que le cou et la tête.

IV. J'ai enlevé, sur une grenouille, le lobe cérébral droit : la grenouille a sauté et marché d'elle-même, comme auparavant; elle avait perdu la vue de l'œil gauche.

V. J'ai enlevé les deux lobes sur une autre grenouille : perte absolue et soudaine de toute perception, de toute volition, de tout mouvement spontané; mais, sous l'effet des irritations, saut et marche parfaitement réguliers et coordonnés.

VI. J'ai retranché, sur une grenouille, la couche optique droite : la grenouille a tourné long-temps et irrésistiblement sur le côté droit.

VII. J'ai retranché, sur une autre grenouille, la couche optique gauche : la grenouille a tourné sur le côté gauche.

VIII. J'ai retranché, sur une grenouille, le tubercule bijumeau droit : l'animal a tourné sur le côté gauche.

IX. J'ai retranché, sur une autre grenouille, le

tubercule gauche : l'animal a tourné sur le côté droit.

X. Ainsi, premièrement, les reptiles, comme les oiseaux, perdent toute volition et toute perception en perdant les lobes cérébraux.

Secondement, sur les uns comme sur les autres, la suppression d'un lobe cérébral fait perdre la vue de l'œil opposé; troisièmement enfin, et ceci est particulier aux reptiles, la perte d'une couche optique fait tourner l'animal du côté de la *couche* enlevée, tandis que la perte d'un tubercule bijumeau détermine, au contraire, un tournoiement sur le côté opposé au *tubercule* enlevé (1).

XI. Passons aux mammifères.

XII. J'ai enlevé le lobe cérébral gauche sur un cochon-d'inde. L'animal est tombé d'abord dans un affaissement profond.

Revenu de sa première stupeur, il paraissait plus faible du côté opposé au lobe enlevé; et il ne voyait plus de l'œil de ce côté.

(1) Ce croisement d'effet entre la *couche optique* et le *tubercule bijumeau* de la grenouille est curieux. J'y reviendrai dans un autre chapitre. Quant aux effets du cervelet, j'avoue qu'ils me paraissent peu marqués sur les reptiles dont j'ai pu disposer jusqu'ici : le cervelet de ces reptiles est trop petit. Il faudrait pouvoir soumettre à l'expérience des reptiles à cervelet plus développé. Dans nos reptiles ordinaires, l'ablation du cervelet a surtout pour effet d'affaiblir, de ralentir, et, à parler plus exactement encore, d'*alourdir* les mouvements de locomotion.

Du reste, il entendait et se tenait debout ; il marchait et courait spontanément.

XIII. J'enlevai, sur un autre cochon-d'inde, les deux lobes cérébraux à la fois.

Cette mutilation fut suivie d'abord d'un tel affaissement, que l'animal parut assez long-temps comme mort.

Cet affaissement s'étant enfin dissipé, l'animal se releva et se tint d'aplomb sur ses pattes.

Il marchait, il sautait, il trépignait quand on l'irritait ; et dès qu'on ne l'irritait plus, il ne bougeait plus.

L'audition, la vision, la volition, toutes les perceptions étaient abolies.

XIV. Je commençai par retrancher, sur un cochon-d'inde, les couches superficielles du cervelet. L'équilibre de la marche et de la station fut légèrement altéré.

Je passai aux couches centrales : l'animal fut bientôt réduit à la démarche chancelante et désordonnée de l'ivresse. Ses pattes se mouvaient brusquement et maladroitement ; il s'embarrassait dans ses mouvements, tombait, et faisait des efforts plus maladroits encore pour se relever.

J'arrivai aux dernières couches : l'animal perdit totalement la faculté de marcher et de se tenir debout. Couché sur le ventre ou sur le côté, il remuait souvent ses pattes comme pour marcher ou courir. Il faisait mille efforts infructueux pour se relever; et s'il réussissait quelquefois à se relever, ce n'était que pour retomber encore.

XV. Sur un autre cochon-d'inde, j'ai porté, du premier coup, l'instrument jusque vers les dernières couches du cervelet.

Le saut, la marche, la station, ont été perdus sur-le-champ.

Cet animal n'ayant point été affaibli, comme le précédent, par des mutilations successives et répétées, faisait aussi des efforts beaucoup plus violents, mais non moins impuissants, pour ressaisir l'équilibre.

Je remarque, en outre, que l'affaissement, suite ordinaire des mutilations du cervelet, était beaucoup plus marqué sur ces deux cochons-d'inde qu'il ne l'est sur les pigeons.

XVI. Je touchai la moelle allongée, sur un cochon-d'inde, à diverses reprises assez éloignées entre elles pour que l'effet d'une irritation ne se compliquât pas avec l'effet d'une autre. A chaque reprise, il y eut des convulsions violentes et générales.

Je déchirai cette moelle; l'animal mourut dans les convulsions.

§ VI.

Conclusion générale de ce chapitre.

I. Les résultats obtenus sur les reptiles et les mammifères reproduisent donc et confirment les résultats donnés par les oiseaux :

Avec la perte des lobes cérébraux coïncide constamment la perte de la volition et des perceptions ;

Avec la perte d'un seul lobe, la perte de la vue de l'œil opposé ;

Avec la perte du cervelet, la perte du saut, du vol, de la marche, de la station, etc.;

Avec la perte de la moelle allongée, de la moelle épinière, ou des nerfs, la perte des contractions musculaires, et par suite la perte du mouvement, et par suite la mort.

II. Les contractions, l'excitation immédiate des contractions, la liaison de ces contractions en mouvements d'ensemble, la coordination de ces mouvements en saut, vol, marche, ou station, etc., la volition de ces mouvements, les sensations, les perceptions, tous ces phénomènes sont donc des phénomènes indépendants ; les organes d'où ils dérivent, distincts ; leur isolement, manifeste ; leur localisation, démontrée.

III. Le système nerveux n'est point un système homogène. Les lobes cérébraux n'agissent point comme le cervelet, ni le cervelet comme la moelle épinière, ni la moelle épinière absolument comme les nerfs.

IV. Mais il est un système unique.

Toutes ses parties concourent, conspirent, consentent. Ce qui les distingue, c'est une manière d'agir propre et déterminée; ce qui les unit, c'est une action réciproque sur leur énergie commune.

V. La suppression des lobes cérébraux diminue l'énergie du cervelet; la suppression du cervelet diminue l'énergie de la moelle épinière; celle de la moelle épinière, l'énergie des nerfs.

VI. On a déjà vu combien cette énervation immédiate est plus marquée sur les mammifères que sur les oiseaux, et sur les oiseaux que sur les reptiles. On a vu aussi qu'elle ne se manifeste point de même sur tous.

Par exemple, le retranchement d'un lobe cérébral, dans les mammifères, ou dans les oiseaux, est suivi d'une faiblesse plus prononcée du côté opposé. Ce croisement n'a point lieu, ou du moins n'a pas lieu d'une manière sensible, dans les reptiles.

VII. Un autre chapitre aura pour objet d'indiquer la cause de cet effet croisé, de montrer à quelles parties il se borne, et à quelles il est remplacé par l'effet direct.

VIII. Dans les deux qui précèdent, après avoir rigoureusement démêlé l'*excitabilité* de la *sensibilité* et la *sensibilité* de la *perception* ou *intelligence*, j'ai montré que ces trois propriétés sont trois *propriétés nerveuses*, et pourtant *toutes trois distinctes*.

Puis, expérimentant séparément sur chaque partie du système nerveux, j'ai séparé les propriétés de chacune d'elles; j'ai tour à tour reconnu et assigné le rôle du nerf, celui de la moelle épinière, celui du cervelet, des tubercules bijumeaux ou quadrijumeaux, et des lobes cérébraux.

IX. Ce rôle présentement connu et assigné, tout le monde conçoit la possibilité de déduire l'altération des parties de l'altération des propriétés, et, réciproquement, la lésion des propriétés de la lésion des parties; ce qui est le but et la fin de toute physiologie et de toute pathologie.

Par exemple, qu'une blessure de la masse cérébrale détermine la perte de la marche et de la station, et j'en conclus la lésion du cervelet; qu'elle détermine des convulsions générales et universelles, et j'en conclus la lésion de la moelle allongée; qu'elle produise simplement ou la stupeur, ou la perte des perceptions, de l'intelligence, et j'en conclus la lésion des lobes cérébraux.

X. J'enfonçai un poinçon dans la boîte crânienne d'un cochon-d'inde : l'animal perdit tout-à-coup la faculté de marcher et de se tenir debout. J'ouvris le crâne, et je trouvai le cervelet profondément altéré.

XI. J'enfonçai un poinçon très fin dans le crâne d'une grenouille : l'animal tourna long-temps sur le côté gauche ; le tubercule bijumeau droit avait seul été compromis.

XII. Je perçai le crâne d'un pigeon : il mourut dans des convulsions universelles ; la moelle allongée se trouva déchirée.

XIII. On pourra donc enfin soumettre à des règles fixes et positives l'observation encore si embrouillée des lésions cérébrales.

On pourra concilier tant de résultats opposés, ou contradictoires, ou inconcevables en apparence, de tant d'expériences célèbres.

On verra pourquoi Rédi, et Zinn, et Haller, et Lorry, et les autres, ont observé des phénomènes si confus sur les animaux qu'ils mutilaient si aveuglément, et sans savoir sur quelles parties portaient leurs mutilations, et surtout sans avoir, par une analyse expérimentale préalable, déterminé l'expression propre de chacune de ces parties.

On concevra comment les effets des apoplexies varient selon que varie le siége de l'épanchement.

Et l'on comprendra, enfin, comment il peut se manifester des paralysies ou pertes distinctes du sentiment, du mouvement, de l'intelligence.

XIV. Je ne pousserai pas plus loin ces conséquences; je laisse aux esprits judicieux le soin de les développer et de les étendre.

RAPPORT DE M. CUVIER (1).

Sur le Mémoire qui comprenait, dans la première édition de cet ouvrage, les deux chapitres précédents.

—

L'Académie nous a chargés, MM. Portal, le comte Berthollet, Pinel, Duméril et moi, de lui rendre compte d'un mémoire de M. Flourens, intitulé : *Détermination des propriétés du système nerveux*, ou *Recherches physiques sur l'irritabilité et la sensibilité.*

Ce mémoire peut être considéré sous trois aspects : les expériences faites par l'auteur, les conséquences qu'il en tire, le langage dans lequel il les exprime.

Il a répété devant nous ses principales expériences, et elles nous ont paru exactes. Nous avons suivi ses raisonnements avec attention, et le plus grand nombre nous a semblé juste ; mais le langage dont il s'est servi s'écarte en quelques points importants de l'usage le plus généralement reçu,

(1) Fait à l'Académie royale des sciences de l'Institut, dans la séance du lundi 22 juillet 1822.

et donnerait lieu à des objections et à des malentendus, si nous ne nous occupions d'abord de le rectifier. C'est même dans l'intention d'être utiles à l'auteur, de rendre ses résultats avec plus de clarté, que nous commencerons ce rapport par quelque critique de sa nomenclature.

Lorsque l'on pince ou que l'on pique un nerf, les muscles où il se rend se contractent avec plus ou moins de violence, et en même temps l'animal éprouve des douleurs plus ou moins fortes. Lorsqu'un nerf est séparé du reste du système nerveux par une ligature ou une section, et qu'on agit sur lui de la même manière, au-dessous de la ligature ou de la section, il se produit encore des contractions dans le muscle ; mais il n'y a plus de douleur dans l'animal, et l'animal perd en même temps le pouvoir de commander ces contractions au muscle que ce nerf anime. Ces faits sont connus depuis que l'on s'occupe d'expériences de physiologie. Hérophile et Érasistrate les ont éprouvés, Galien les a laissés par écrit ; et c'est sur eux que repose cette proposition fondamentale, que *les nerfs sont les organes par lesquels l'animal reçoit les sensations et exerce les mouvements volontaires.*

Une plus grande attention donnée aux divers mouvements qui ont lieu dans le corps animal a fait reconnaître, de plus, que ce n'est point par

une traction mécanique que le nerf fait contracter
le muscle. Au contraire, le nerf, lors de cette action,
demeure dans une immobilité parfaite, et même
il n'est pas nécessaire d'employer son intermédiaire. Une piqûre, une irritation immédiate sur
le muscle, le fait contracter. Cet effet a lieu, pendant quelque temps, même sur le muscle dont on
a coupé le nerf, même sur le muscle détaché du
corps.

C'est cette propriété sur laquelle Glisson et
Frédéric Hoffmann avaient déjà attiré l'attention,
et qui devint, vers le milieu du dix-huitième
siècle, l'objet des nombreuses expériences de
Haller, que l'on connaît aujourd'hui sous le nom
d'*irritabilité*.

Ces expériences firent voir que cette propriété
de se contracter avec force, soit par l'irritation
immédiate, soit conséquemment à l'irritation du
nerf, existe dans les fibres musculaires, et qu'elle
n'existe dans aucun autre élément du corps animal.
Leur importance excita un vif intérêt; les élèves
de ce grand physiologiste les répétèrent, et en
exagérèrent même les conséquences.

Comme l'irritabilité n'est pas proportionnelle
à la grandeur des nerfs qui se rendent dans chaque
muscle, et comme l'on croyait alors qu'il existait
des parties musculaires entièrement ou presque

entièrement dénuées de nerfs, quelques uns en vinrent à penser que cette propriété appartient à la fibre par elle-même, et indépendamment du concours du nerf; que le nerf peut bien être un des agents irritateurs, mais que les autres irritants agiraient sans lui. Ce serait à tort, cependant, que l'on attribuerait d'une manière absolue cette opinion à Haller lui-même. Plusieurs passages très formels montrent qu'il n'ignorait nullement la coopération du nerf dans les phénomènes de l'irritabilité; et plus on a étudié ces phénomènes, plus on s'est convaincu de cette coopération. Aujourd'hui que l'on connaît les nerfs de toutes les parties musculaires, aujourd'hui que l'on ne peut concevoir de fibre musculaire qui ne soit en rapport avec un filet nerveux, personne n'oserait plus soutenir que ce filet nerveux reste passif lors de la contraction. Tout ce qui est bien prouvé, c'est que la contraction peut se faire indépendamment de toute sensation dans l'animal, et de toute volonté que cette sensation aurait produite.

Or, cette dernière proposition, que Haller, le premier, sut mettre dans tout son jour, et l'application naturelle qui s'en faisait aux mouvements involontaires, tels que ceux du cœur et des viscères, renversait de fond en comble un système physiologique qui avait été long-temps en vogue, celui de Stahl, lequel faisait de l'âme l'auteur de tous les mouvements du corps, non seulement de ceux que nous sentons et voulons, mais encore de ceux dont nous n'avons pas même le sentiment. Déjà oublié en Allemagne, où les systèmes disparaissent avec autant de facilité qu'ils y naissent, le stahlianisme venait d'être introduit à Montpellier par Sauvages. On voulut l'y soutenir contre l'école de Haller; mais on ne parut le défendre qu'en le dénaturant, et en introduisant dans le langage une innovation qui, pendant long-temps, a semblé faire de la physiologie, non seulement la plus difficile, mais la plus mystérieuse, la plus contradictoire de toutes les sciences. Cette innovation consista à généraliser l'idée de sensibilité, au point de donner ce nom à toute coopération nerveuse accompagnée de mouvement, même lorsque l'animal n'en avait aucune perception. On établit ainsi des sensibilités organiques, des sensibilités locales, sur lesquelles on raisonna, comme s'il s'était agi de la sensibilité ordinaire et générale. L'estomac, le cœur, la matrice, selon ces physiologistes, sentirent et voulurent; et chaque organe devint à lui seul une sorte de petit animal doué des facultés du grand.

Cette interversion dans l'usage des termes fut singulièrement favorisée et même augmentée par

le double sens que la plupart de ces termes avaient
dans notre langue. En effet, *sensible*, en français,
signifie à la fois ce qui peut éprouver des sensations, ce qui peut en donner, ce qui peut en conduire. C'est dans le premier sens qu'on dit, l'animal
est un être sensible; dans le second, que l'on
parle d'un bruit, d'une lumière sensibles; dans le
troisième, que les physiologistes disent, les nerfs
sont sensibles.

Des écrivains de beaucoup d'esprit se sont fait
illusion à eux-mêmes par l'emploi de ce langage
figuré et de ces mots à double sens, au point qu'ils
ont cru avoir expliqué les phénomènes lorsqu'ils
n'ont fait qu'en traduire l'expression en style méta-
phorique; et l'on doit avouer que cette illusion
s'est communiquée à un grand nombre de leurs
lecteurs. Heureusement, elle n'a point séduit les
hommes habitués à des raisonnements rigoureux;
ils donnent à chaque expression un sens fixé par
une définition positive, et ils évitent avec le plus
grand soin de l'employer dans une autre acception,
parce qu'ils savent que par là ils s'exposent à
tomber dans ce genre de sophisme, l'un des plus
communs de tous, que les logiciens ont désigné
sous le nom de syllogisme à quatre termes.

Or, il nous semble que ce besoin de la science
avait été suffisamment rempli dans ces derniers

temps par les physiologistes rigoureux, en ce qui concerne les propriétés qui nous occupent, et qu'il n'était pas nécessaire de changer à cet égard le langage établi par eux. Lorsqu'ils disent, *la fibre musculaire est irritable*, ils entendent qu'elle seule peut se contracter à la suite des irritations ; lorsqu'ils disent, *le nerf n'est pas irritable*, ils entendent que les irritations ne le contractent pas ; mais, certes, ils ne prétendent pas pour cela qu'il ne puisse produire des irritations dans le muscle : il n'en est pas un parmi eux qui n'ait toujours su le contraire. Lorsqu'ils disent, *le nerf est sensible*, ils entendent que l'animal reçoit toutes les sensations par la voie des nerfs ; mais ils ne prétendent assurément pas que le nerf séparé du corps puisse continuer de donner des sensations à l'animal, et encore moins qu'il puisse en avoir lui-même.

Nous commencerons donc par engager M. Flourens à écarter de son beau travail une première partie relative à cette nomenclature, et qui ne peut qu'embrouiller les idées, sans aucun avantage pour le fond de la science (1).

(1) M. Cuvier avait complétement raison : aussi toute ma nomenclature est changée. Je substitue au mot *irritabilité*, le mot *excitabilité* ; au mot *sensation*, le mot *perception*. Il y a ainsi trois facultés distinctes : l'*excitabilité*, la *sensibilité*, et la faculté de

Ainsi, de ce que le nerf piqué produit des contractions dans le muscle, il en conclut que le nerf est *irritable*: il est bien clair que, dans cette proposition, il ne nous apprend rien de nouveau, mais qu'il change seulement le sens du mot *irritable*. De ce que le nerf séparé du système ne donne plus de sensation à l'animal, il en conclut que le nerf n'est pas *sensible*: c'est encore là un simple changement de mot, qui ne nous dit rien de plus que ce que nous savions déjà.

M. Flourens reconnaît lui-même qu'il introduit un nouveau langage ; car il dit : « J'appelle *irritabilité* la propriété qu'a le nerf de provoquer le sentiment et le mouvement, sans les éprouver luimême. » Or, donner à un mot connu un sens nouveau, est toujours un procédé dangereux; et si l'on avait besoin d'exprimer une idée nouvelle, il vaudrait encore mieux inventer un nouveau terme que d'en détourner ainsi un ancien (1).

Ce qui est vrai en ce genre, ce qui est indépendant de toute querelle de mots, c'est que la fibre se contracte, soit lorsqu'on l'irrite immédiatement,

percevoir ou l'*intelligence*. Chaque fait a sa dénomination propre ; et la confusion n'est plus possible, du moins dans les termes.

(1) On vient de voir (dans la note précédente) que je propose le mot *excitabilité*, pour exprimer un fait qui, étant nouveau, exigeait effectivement une dénomination nouvelle.

soit lorsqu'on irrite le nerf; que le nerf est, par conséquent, un *conducteur d'irritation ;* c'est que l'animal sent les impressions faites sur les nerfs, quand ceux-ci sont en communication libre avec l'encéphale; que, par conséquent, le nerf est un *conducteur de sensation.*

Voilà les termes dont on pourrait se servir, si l'on voulait renchérir encore sur la rigueur du langage reçu; et ce sont, en effet, ceux dont nous ferons usage dans le reste de ce rapport.

Pour exprimer donc, dans le langage général, les vraies questions que s'est proposées M. Flourens, et qui ne sont peut-être pas assez clairement déterminées dans le titre de son mémoire, nous dirons qu'il a cherché à reconnaître par l'expérience :

1° De quels points du système nerveux l'irritation artificielle peut partir pour arriver au muscle;

2° Jusqu'à quels points de ce système l'impression doit se propager pour produire sensation;

3° De quels points descend l'irritation volontaire, et quelles parties du système doivent être intactes pour la produire régulièrement.

Nous ajouterons que, dans cette première partie, il n'a considéré ces questions que relativement aux animaux vertébrés et à leur système

nerveux de la vie animale, c'est-à-dire au cerveau, à la moelle épinière, et aux nerfs qui en
sortent.

Pour les résoudre, l'auteur commence par les
nerfs; et, répétant à leur égard les expériences
connues, il établit les deux effets généraux de leur
irritation, tels que nous venons de les énoncer; il
montre d'une manière précise que, pour qu'il y
ait contraction, il faut une communication libre
et continue du nerf avec le muscle; et que pour
la sensation, c'est une communication libre et
continue avec l'encéphale qui est nécessaire : il
en conclut que, ni la contraction, ni la sensation,
n'appartiennent au nerf; que ces deux effets sont
distincts; qu'ils peuvent se provoquer indépendamment l'un de l'autre, et que ces propositions
sont vraies, à quelque endroit, à quelque rameau
du nerf que la communication soit interceptée.

Usant de la même méthode pour la moelle
épinière, il arrive à des résultats semblables.
Quand on l'irrite en un point, elle donne des
contractions à tous les muscles qui prennent leurs
nerfs au-dessous de ce point, si les communications sont demeurées libres; elle n'en donne plus,
si la communication est coupée. C'est exactement
l'inverse pour les sensations; et comme, dans les
nerfs, l'empire de la volonté a besoin de la même

liberté de communication que la sensation, les muscles au-dessous de l'endroit intercepté n'obéissent plus à l'animal, et il ne les sent plus. Enfin, si l'on intercepte la moelle en deux points différents, et que l'on irrite l'intervalle compris entre les deux points, les muscles qui reçoivent leurs nerfs de cet intervalle éprouvent seuls des contractions; mais l'animal ne leur commande plus et n'en reçoit aucune sensation.

Nous ne rapporterons pas toutes les combinaisons d'après lesquelles M. Flourens a varié les expériences de cet article; il nous suffit de dire qu'elles conduisent toutes au résultat que nous venons d'exprimer.

L'auteur en conclut que la sensation et la contraction n'appartiennent pas plus à la moelle épinière qu'aux nerfs; et cette conclusion est certaine pour les animaux entiers. Ce serait une grande question de savoir si elle l'est également pour les animaux qui ont perdu leur encéphale, et qui, dans certaines classes, paraissent loin de perdre sur-le-champ toutes leurs fonctions animales; mais c'est une question à laquelle nous aurons occasion de revenir dans la suite de ce rapport, même à l'égard des animaux à sang chaud.

M. Flourens conclut encore d'une partie de ces expériences que c'est par la communication établie entre tous les nerfs au moyen de la moelle épinière que s'établit ce qu'il appelle la dispersion ou la généralisation des irritations, ou, en d'autres termes, les sympathies générales; mais il n'a pas assez développé cette proposition pour que nous puissions apprécier les raisonnements sur lesquels il l'appuie.

Il arrive enfin à l'encéphale, et c'était dans cette partie centrale du système que l'on pouvait attendre des lumières nouvelles d'expériences mieux dirigées que celles des physiologistes antérieurs.

En effet, bien que Haller et son école aient fait beaucoup d'essais sur le cerveau, pour reconnaître ses propriétés vitales et ce qu'il peut y avoir de spécial dans les fonctions des diverses parties dont cet organe compliqué se compose, on peut dire que ces essais n'ont point donné des résultats assez rigoureux, parce que, d'une part, on ne connaissait pas suffisamment, à cette époque, la connexion des parties de l'encéphale, ni les directions et les communications de leurs fibres médullaires, et que, de l'autre, on ne les isolait point assez dans les expériences. Lorsque l'on comprimait le cerveau, par exemple, on ne savait pas bien sur quel point de l'intérieur la compression avait porté plus fortement; lorsqu'on y faisait pénétrer un instrument, on n'examinait pas assez jusqu'à quelle profondeur, jusque dans quel organe il s'était introduit. M. Flourens a fait, avec quelque raison, ce reproche aux expériences de Haller, de Zinn et de Lorry, et il a cherché à s'en garantir en opérant principalement par la voie de l'ablation, c'est-à-dire en enlevant, toutes les fois que cela était possible, la partie dont il voulait bien connaître la fonction spéciale.

Pour faire mieux entendre les faits qu'il a obtenus, nous rappellerons en peu de mots l'ensemble et les rapports mutuels des parties dont il s'agit.

On sait aujourd'hui, et surtout par les dernières recherches de MM. Gall et Spurzheim, que la *moelle épinière* est une masse de matière médullaire, blanche à l'extérieur, grise à l'intérieur, divisée longitudinalement en dessus et en dessous par des sillons, dont les deux faisceaux communiquent ensemble au moyen de fibres médullaires transversales; qu'elle est renflée d'espace en espace; qu'elle donne, de chaque renflement, une paire de nerfs; que la *moelle allongée* est la partie supérieure de la moelle épinière enfermée dans le crâne, laquelle donne aussi plusieurs paires de nerfs; que les fibres de communication de ses deux faisceaux s'y entre-croisent, de manière que celles du droit montent dans le gauche, et réciproquement ; que ces faisceaux, après s'être renflés une première fois dans les mammifères par un mélange de matière grise, et avoir formé la proéminence connue sous le nom de *pont de Varole*, se séparent et prennent le nom de *jambes du cerveau*, en continuant de donner des nerfs ; qu'ils se renflent une autre fois par un nouveau mélange de matière grise pour former les masses appelées vulgairement *couches optiques*, et une troisième fois, pour former celles que l'on nomme *corps cannelés* ; que de tout le bord externe de ces derniers renflements naît une lame plus ou moins épaisse, plus ou moins plissée à l'extérieur, selon les espèces, toute revêtue de matière grise, qui revient en dessus pour les recouvrir, en formant ce que l'on nomme les *hémisphères*, et qui, après s'être recourbée dans leur milieu, s'unit à celle du côté opposé par une ou plusieurs commissures ou faisceaux de fibres transverses, dont la plus considérable, qui n'existe que dans les mammifères, prend le nom de *corps calleux*. On sait encore que sur les jambes du cerveau, en arrière des couches optiques, sont une ou deux paires de renflements plus petits, con-nus, lorsqu'il y en a deux paires, comme dans

les mammifères, sous le nom de *tubercules qua-*
drijumeaux, et des premiers desquels paraissent
naître les nerfs optiques; que le nerf olfactif est
le seul qui ne prenne pas sensiblement son origine
dans la moelle ou dans ses piliers; enfin, que le
cervelet, masse impaire, blanche au-dedans et
cendrée au-dehors, comme les hémisphères, mais
souvent beaucoup plus divisée par des plis extérieurs, est posé en travers, derrière les tubercules quadrijumeaux, et sur la moelle allongée,
à laquelle il s'unit par des faisceaux transversaux
qui se nomment les *jambes du cervelet*, et qui s'y
insèrent aux côtés du pont de Varole.

C'était dans ces masses si diverses et si compli-
quées qu'il fallait aller chercher le lieu de départ
de l'irritation et le lieu d'arrivée de la sensation;
c'était de leur coopération respective dans les
actes de la volonté qu'il fallait s'assurer; et c'est ce
que M. Flourens a surtout cherché à faire.

Il a examiné d'abord jusqu'où l'on peut remonter pour produire des irritations efficaces sur
le système musculaire, et il a trouvé un point où
ces irritations restaient impuissantes; prenant
alors l'encéphale par sa partie opposée, il l'a
irrité de plus en plus profondément, tant qu'il
n'agissait pas sur les muscles; et lorsqu'il a commencé à agir, il s'est retrouvé au même endroit

où son action s'était arrêtée en remontant. Cet endroit est aussi celui où s'arrête la sensation des excitations portées sur le système nerveux ; au-dessus, les piqûres, les blessures s'exercent sans douleur.

Ainsi, M. Flourens a piqué les *hémisphères* sans produire ni contraction dans les muscles, ni apparence de douleur dans l'animal. Il les a enlevés par couches successives ; il a fait la même opération sur le *cervelet ;* il a enlevé à la fois les hémisphères et le cervelet : l'animal est resté impassible. Les *corps cannelés*, les *couches optiques* furent attaqués, enlevés, sans plus d'effet ; il n'en résulta pas même de contraction de l'iris, et l'iris n'en fut pas non plus paralysé.

Mais lorsqu'il piqua les *tubercules quadriju-meaux*, il y eut un commencement de tremblement et de convulsions, et ce tremblement, ces convulsions s'accrurent d'autant plus qu'il pénétra plus avant dans la moelle allongée. La piqûre de ces tubercules, ainsi que celle du nerf optique, produisit dans l'iris des contractions vives et prolongées.

Ces expériences s'accordent avec celles de Lorry, imprimées dans le IIIe volume des *Mémoires des savants étrangers*. « Ni les irritations du cerveau, dit ce médecin, ni celles du corps calleux lui-même, ne produisent de convulsions. On peut l'emporter même impunément ; la seule partie entre celles qui sont contenues dans le cerveau, qui ait paru capable uniformément et universellement d'exciter des convulsions, c'est la moelle allongée. C'est elle qui les produit, à l'exclusion de toutes les autres parties. »

Elles contredisent celles de Haller et de Zinn, en ce qui concerne le cervelet ; mais, d'après ce que M. Flourens a vu et nous a fait voir, il paraît que ces physiologistes avaient touché à la moelle allongée sans s'en apercevoir.

Dans son langage, M. Flourens en conclut que la moelle allongée et les tubercules sont irritables ; ce qui, dans le nôtre, signifie qu'ils sont des conducteurs d'irritations, comme la moelle de l'épine et comme les nerfs ; mais que ni le cerveau ni le cervelet n'ont cette propriété. L'auteur en conclut aussi que ces tubercules forment la continuation et la terminaison supérieure des moelles épinière et allongée, et cette conclusion est bien conforme à ce qu'annonçaient leurs liaisons et leurs connexions anatomiques.

Les blessures du cerveau et du cervelet ne produisent pas plus de douleurs que de convulsions, et, dans le langage ordinaire, on en conclurait que le cerveau et le cervelet sont insensibles ; mais

M. Flourens dit, au contraire, que ce sont les parties sensibles du système nerveux ; ce qui signifie simplement que c'est à elles que l'impression reçue par les organes sensibles doit arriver, pour que l'animal éprouve une sensation.

M. Flourens nous a paru bien prouver cette proposition, par rapport aux sens de la vue et de l'ouïe : quand on enlève le lobe cérébral d'un côté à un animal, il ne voit plus de l'œil du côté opposé, bien que l'iris de cet œil conserve sa mobilité ; quand on enlève les deux lobes, il devient aveugle, il n'entend plus.

Mais nous ne trouvons pas qu'il l'ait aussi bien prouvée pour les autres sens. D'abord, il n'a fait ni pu faire aucune expérience touchant l'odorat et le goût ; ensuite, pour le tact même, ses expériences ne nous paraissent pas concluantes. A la vérité, l'animal ainsi mutilé prend l'air assoupi, il n'a plus de volonté par lui-même, il ne se livre à aucun mouvement spontané ; mais, quand on le frappe, quand on le pique, il affecte encore les allures d'un animal qui se réveille. Dans quelque position qu'on le place, il reprend l'équilibre. Si on le couche sur le dos, il se relève ; il marche si on le pousse. Quand c'est une grenouille, elle saute si on la touche ; quand c'est un oiseau, il vole si on le jette en l'air ; il se débat quand on le gêne; si on lui verse de l'eau dans le bec, il l'avale.

Sans doute, on aura peine à croire que toutes ces actions s'opèrent sans être provoquées par aucune sensation. Il est bien vrai qu'elles ne sont pas raisonnées. L'animal s'échappe sans but; il n'a plus de mémoire, et va se choquer à plusieurs reprises contre le même obstacle : mais cela prouve tout au plus, et ce sont les expressions mêmes de M. Flourens, qu'un tel animal est dans un état de sommeil; or il agit comme fait un homme qui dort : mais nous sommes aussi bien éloignés de croire qu'un homme qui dort, qui se remue en dormant, qui sait prendre dans cet état une position plus commode, soit absolument privé de sensations; et de ce que la perception n'en a pas été distincte et de ce qu'il n'en a pas conservé la mémoire, ce n'est pas une preuve qu'il ne les ait pas eues. Ainsi, au lieu de dire, comme l'auteur, que les lobes cérébraux sont l'organe unique des sensations, nous nous restreindrions dans les faits observés, et nous nous bornerions à dire que ces lobes sont le réceptacle unique où les sensations de la vue et de l'ouïe puissent être consommées et devenir perceptibles pour l'animal (1). Que si nous

(1) Je le répète : M. Cuvier, dans tout ce qu'il dit ici, a com-

voulions encore ajouter à cette attribution, nous dirions qu'ils sont aussi celui où toutes les sensations prennent une forme distincte et laissent des traces et des souvenirs durables; qu'ils servent, en un mot, de siége à la mémoire, propriété au moyen de laquelle ils fournissent à l'animal les matériaux de ses jugements. Cette conclusion, ainsi réduite à de justes termes, deviendrait d'autant plus probable qu'outre la vraisemblance que lui donnent la structure de ces lobes et leurs connexions avec le reste du système, l'anatomie comparée en offre une autre confirmation dans la proportion constante de leur volume avec le degré d'intelligence des animaux.

Après les effets de l'ablation du cerveau proprement dit, M. Flourens examine ceux de l'extirpation des tubercules quadrijumeaux. L'enlèvement de l'un des deux, après un mouvement convulsif qui cesse bientôt, produit pour résultat durable la cécité de l'œil opposé et un tournoiement involontaire; celui des deux tubercules rend la cécité complète et le tournoiement plus

plétement raison. Je substitue, dans cette édition, au mot *sensation*, le mot *perception;* et toutes les difficultés disparaissent. L'animal qui a perdu ses lobes cérébraux n'a pas perdu sa *sensibilité;* il la conserve tout entière; il n'a perdu que la *perception* de ses sensations, il n'a perdu que l'*intelligence.*

violent et plus prolongé. Cependant l'animal conserve toutes ses facultés, et l'iris continue d'être contractile. L'extirpation profonde du tubercule, ou la section du nerf optique, paralysent seules l'iris ; d'où M. Flourens conclut que l'ablation du tubercule n'agit que comme ferait la section du nerf, que ce tubercule n'est pour la vision qu'un conducteur, et que le lobe cérébral seul est le terme de la sensation et le lieu où elle se consomme, en se convertissant en perception.

Il fait remarquer, au reste, qu'en poussant trop profondément cette extirpation des tubercules, on vient à intéresser la moelle allongée, et qu'il naît alors des convulsions violentes et qui durent long-temps.

Ce que les expériences de M. Flourens nous paraissent avoir de plus curieux et de plus nouveau, c'est ce qui concerne les fonctions du cervelet.

Durant l'ablation des premières couches, il n'a paru qu'un peu de faiblesse et de manque d'harmonie dans les mouvements.

Aux couches moyennes, il s'est manifesté une agitation presque générale. L'animal, tout en continuant de voir et d'entendre, n'exécutait que de mouvements brusques et déréglés. Sa faculté de voler, de marcher, de se tenir debout, se per d ai par degrés. Lorsque le cervelet fut retranché, cette faculté d'exécuter des mouvements réglés avait entièrement disparu.

Mis sur le dos, l'animal ne se relevait plus ; il voyait cependant le coup qui le menaçait, il entendait les cris, il cherchait à éviter le danger, et faisait mille efforts pour cela, sans y parvenir : en un mot, il avait conservé la faculté de sentir, celle de vouloir ; mais il avait perdu celle de faire obéir ses muscles à sa volonté. A peine réussissait-il à se tenir debout, en s'appuyant sur ses ailes et sur sa queue.

En le privant de son cerveau, on l'avait mis dans un état de sommeil. En le privant de son cervelet, on le mettait dans un état d'ivresse.

« C'est une chose surprenante, dit M. Flourens, de voir le pigeon, à mesure qu'il perd son cervelet, perdre graduellement la faculté de voler ; puis, celle de marcher ; puis, enfin, celle de se tenir debout ; celle-ci même ne se perd que par degrés. L'animal commence par ne pouvoir pas rester d'aplomb sur ses jambes ; puis, ses pieds ne suffisent plus à le soutenir. Enfin, toute position fixe lui devient impossible ; il fait des efforts incroyables pour arriver à quelque pareille position, sans en venir à bout ;... et cependant, lorsque épuisé de fatigue, il semblait vouloir prendre quelque repos, ses sens étaient si ouverts, que le moindre geste lui faisait recommencer ses contorsions, sans que toutefois il s'y mêlât le moindre mouvement convulsif, aussi long-temps que l'on ne touchait ni sa moelle allongée, ni ses tubercules. »

Nous ne nous souvenons point qu'aucun physiologiste ait fait connaître rien qui ressemblât à ces singuliers phénomènes. Les expériences sur le cervelet des quadrupèdes, et surtout des adultes, sont fort difficiles, à cause des grandes parties osseuses qu'il est nécessaire d'enlever et des grands vaisseaux qu'il faut ouvrir. La plupart des expérimentateurs opéraient, d'ailleurs, d'après quelque système conçu d'avance, et voyaient un peu trop ce qu'ils voulaient voir; et certainement personne ne s'était encore douté que le cervelet fût en quelque sorte le balancier, le régulateur des mouvements de translation de l'animal. Cette découverte, si des expériences répétées avec toutes les précautions convenables en établissent la généralité, ne peut que faire le plus grand honneur au jeune observateur dont nous venons d'analyser le travail.

Au reste, l'Académie a pu juger, comme nous, qu'indépendamment des mutations superflues de langage, et des faits connus que l'auteur était

obligé de reproduire pour donner de l'ensemble
à son travail, ce mémoire offre, sur plusieurs de
ces anciens faits, des détails plus précis que ceux
qu'on possédait, et qu'il en contient d'autres aussi
nouveaux que précieux pour la science.

L'intégrité des lobes cérébraux est nécessaire à
l'exercice de la vision et de l'ouïe ; lorsqu'ils sont
enlevés, la volonté ne se manifeste plus par des
actes spontanés. Cependant quand on excite immédiatement l'animal, il exécute des mouvements
de translation réguliers, comme s'il cherchait in-
stantanément à fuir la douleur et le malaise ; mais
ces mouvements ne le conduisent point à ce but,
très probablement parce que sa mémoire, qui a
disparu avec les lobes qui en étaient le siége, ne
fournit plus de base ni d'éléments à ses jugements.
Ces mouvements n'ont point de suite par la même
raison ; parce que l'impression qui les a causés ne
laisse ni souvenir, ni volonté durable. L'intégrité
du cervelet est nécessaire à la régularité des mouvements de translation : que le cerveau subsiste,
l'animal verra, entendra, aura des volontés fort
apparentes et très énergiques ; mais, si on lui enlève son cervelet, il ne trouvera jamais l'équilibre
nécessaire à sa locomotion. Du reste, l'irritabilité
subsiste long-temps dans les parties, sans que le
cerveau ni le cervelet lui soient nécessaires. Toute

irritation d'un nerf la met en jeu dans les muscles
où il se rend. Toute irritation de la moelle la met
en jeu dans les membres placés au-dessous de
l'endroit irrité. C'est tout-à-fait dans le haut de la
moelle allongée, à l'endroit où les tubercules quadrijumeaux lui adhèrent, que cesse cette faculté
de recevoir et de propager, d'une part l'irritation, et de l'autre la douleur. C'est à cet endroit
au moins que doivent arriver les sensations pour
être perçues. C'est de là au moins que doivent
partir les ordres de la volonté. Ainsi, la continuité
de l'organe nerveux, depuis cet endroit jusqu'aux
parties, est nécessaire à l'exécution des mouvements spontanés, à la perception des impressions,
soit intérieures, soit extérieures.

Toutes ces conclusions ne sont pas identiques
avec celles de l'auteur, et surtout elles ne sont
pas rendues dans les mêmes termes. Mais ce
sont celles qui nous ont paru résulter le plus rigoureusement des faits qu'il a si bien constatés ;
elles suffisent sans doute pour vous faire juger de
l'importance de ces faits, pour vous engager à té-
moigner votre satisfaction à l'auteur, et pour que
vous l'invitiez à continuer de vous communiquer
la suite d'un travail aussi plein d'intérêt.

CHAPITRE III.

NOUVELLES RECHERCHES SUR LES PROPRIÉTÉS
ET LES FONCTIONS DES DIVERSES PARTIES QUI COMPOSENT
LA MASSE CÉRÉBRALE (1).

§ Iᵉʳ.

I. J'avais conclu de mes premières expériences touchant les fonctions des lobes cérébraux, que ces lobes sont le réceptacle unique des perceptions.

» L'auteur, » dit à cette occasion M. Cuvier, dans le Rapport qu'on vient de lire sur ces expériences, « l'auteur nous a paru bien prouver cette » proposition pour ce qui concerne les perceptions » de la vue et de l'ouïe... Mais nous ne trouvons pas » qu'il l'ait aussi bien prouvée pour les autres sens. » D'abord il n'a fait ni pu faire aucune expérience

(1) Mémoire lu à l'Académie royale des sciences de l'Institut, dans la séance du 15 septembre 1823.

» touchant l'odorat et le goût; ensuite, pour le
» tact même, ses expériences ne nous paraissent
» pas concluantes. »

II. Ce qui manquait donc à ma proposition
pour être complétement prouvée, c'étaient d'a-
bord des expériences directes sur le goût et sur
l'odorat, et ensuite des expériences plus concluantes pour le toucher.

Or, ce sont ces nouvelles expériences qui feront
e principal sujet de ce chapitre.

III. Tout le monde aperçoit d'abord l'importance dont il était de laisser vivre, au moins
un certain temps, les animaux soumis à l'ablation
des lobes cérébraux, afin d'obtenir les résultats de
l'expérience dans toute leur plénitude.

En effet, on peut bien s'assurer immédiatement de la perte de certains sens, mais il en est
d'autres dont la perte ne devient évidente que
par la suite. Ainsi, dès qu'un animal a perdu ses
lobes cérébraux, il est manifeste qu'il ne voit ni
n'entend plus. Mais comment se convaincre directement qu'il ne flaire ou ne goûte plus ?

Dès qu'un animal, au contraire, a survécu plusieurs mois à l'opération, il est clair, s'il n'use plus
d'aucun de ses sens, qu'il les a tous perdus : si
l'odorat ne l'avertit plus du voisinage de la nourriture, c'est qu'il n'a plus d'odorat; si le goût ne

l'excite plus à avaler ce qu'on lui met sur la lan
gue ou sur le bout du bec, s'il ne l'avertit plus de
la qualité de ce qu'on y met, il a perdu le goût.

§ II.

I. J'enlevai les deux lobes cérébraux à la fois
sur une belle et vigoureuse poule.

Cette poule, privée de ses deux lobes, a vécu
dix mois entiers dans la plus parfaite santé, et
vivrait sûrement encore, si, au moment de mon
retour à Paris, je n'avais été obligé de l'aban-
donner.

Durant tout ce temps, je ne l'ai pas perdue un
seul jour de vue ; j'ai passé, chaque jour, bien des
heures à l'observer ; je l'ai étudiée dans toutes ses
habitudes ; je l'ai suivie dans toutes ses démar-
ches ; j'ai noté toutes ses allures : et voici le résumé des observations que m'a fournies cette longue étude.

II. A peine eus-je enlevé les deux lobes cérébraux, que la vue fut soudain perdue des deux
yeux. L'animal n'entendait plus, ne donnait plus
aucun signe de volonté ; mais il se tenait parfaitement d'aplomb sur ses jambes ; il marchait quand
on l'irritait ou qu'on le poussait ; quand on le jetait

en l'air, il volait; il avalait l'eau qu'on lui versait dans le bec.

Du reste, il ne bougeait plus dès qu'on ne l'irritait plus. Quand on le mettait sur ses pattes, il restait sur ses pattes; quand on le couchait sur le ventre, à la manière des poules qui dorment ou qui reposent, il restait couché sur le ventre. Constamment, il était plongé dans une espèce d'assoupissement que ni le bruit, ni la lumière, mais les seules irritations immédiates, telles que le pincement, les coups, les piqûres, pouvaient interrompre.

Six heures après l'opération, la poule prend l'attitude d'un sommeil plein et profond, c'est-à-dire qu'elle détourne son cou, le porte en arrière, et cache sa tête sous les plumes du bord supérieur de son aile, comme font les animaux de son espèce qui vont dormir.

Je la laisse à peu près un demi-quart d'heure dans cet état, je l'irrite alors brusquement, et elle s'éveille comme en sursaut. Mais à peine est-elle éveillée qu'elle retombe encore dans un sommeil profond.

Onze heures après l'opération, je fais manger ma poule, en lui ouvrant le bec, et y enfonçant de la nourriture qu'elle avale très bien.

Le lendemain. — La poule sort peu du sommeil où elle est plongée; et quand elle en sort, c'est avec toutes les allures d'une poule qui se réveille.

Elle secoue sa tête, agite ses plumes, quelquefois même les aiguise et les nettoie avec le bec; quelquefois elle change de patte, car souvent elle ne dort que sur une seule, comme dorment assez communément les oiseaux.

Dans tous ces cas, on dirait un homme endormi qui, sans s'éveiller tout-à-fait, et à demi endormi encore, change de place, se repose en une autre de la fatigue occasionnée par la précédente, en prend une plus commode, souvent s'étend, allonge ses membres, bâille, se secoue un peu et se rendort ou reste ainsi assoupi.

Le troisième jour, la poule n'est plus aussi calme qu'à l'ordinaire. Elle va et vient, mais sans motif et sans but; et si elle rencontre un obstacle sur son chemin, elle ne sait ni l'éviter, ni s'en détourner. Ses caroncules sont rouge-de-feu, sa peau brûlante, une fièvre aiguë la dévore; je me borne à la gorger d'eau.

Du reste, nul signe de convulsions, nulle désharmonie dans les mouvements; et deux jours après, il n'y a plus ni agitation ni fièvre : la poule redevient calme et assoupie comme à l'ordinaire.

III. Je saute maintenant plusieurs articles de mon journal, et j'arrive tout d'un coup au deuxième mois de l'opération.

La poule jouit d'une santé parfaite : comme je la nourris avec beaucoup de soin, elle a beaucoup engraissé. Elle dort toujours beaucoup, et quand elle ne dort pas pleinement, elle est assoupie.

Depuis plusieurs jours, les fragments osseux du crâne, exposés à l'air, s'exfolient et tombent. La cicatrice fait des progrès rapides.

IV. Cinq mois après l'opération.—Je n'ai jamais vu de poule plus grasse ni plus fraîche que celle-ci. La plaie du crâne est entièrement cicatrisée : une peau fine, blanche et lisse en revêt toute la surface; et au-dessous de cette peau se forme une nouvelle couche osseuse qui, quoique encore mince, est pourtant solide.

V. J'ai laissé jeûner cette poule à plusieurs reprises jusqu'à trois jours entiers. Puis, j'ai porté de la nourriture sous ses narines, j'ai enfoncé son bec dans le grain, je lui ai mis du grain dans le bout du bec, j'ai plongé son bec dans l'eau, je l'ai placée sur des tas de blé. Elle n'a point odoré, elle n'a point avalé, elle n'a point bu, elle est restée immobile sur ces tas de blé, et y serait assurément morte de faim si je n'eusse pris le parti de revenir à la faire manger moi-même.

Vingt fois, au lieu de grain, j'ai mis des cailloux dans le fond de son bec; elle a avalé ces cailloux comme elle eût avalé du grain.

Enfin, quand cette poule rencontre un obstacle sur ses pas, elle le heurte, et ce choc l'arrête et l'ébranle; mais choquer un corps n'est pas le toucher. Jamais la poule ne palpe, ne tâtonne, n'hésite dans sa marche; elle est choquée et choque, mais ne touche pas.

Ainsi donc, la poule sans lobes a réellement perdu, avec la vue et l'ouïe, l'odorat, le goût et le tact. Cependant nul de ces sens, ou, pour mieux dire, nul organe de ces sens n'a été directement atteint. L'œil est parfaitement clair, net, et son iris mobile. Il n'a été touché ni à l'organe de l'ouïe, ni à celui du goût (1), ni à celui du tact. Chose admirable! tous les organes des sens subsistent, et toutes les perceptions sont perdues. Ce n'est donc pas dans ces organes que résident les perceptions (2).

Finalement, la poule sans lobes a donc perdu tous ses sens : car elle ne voit, ni n'entend, ni

___

(1) On verra plus loin les précautions que j'ai prises, sur d'autres poules, en enlevant les lobes cérébraux, pour ne point blesser les bulbes olfactifs, siége présumé du sens de l'odorat.

(2) Même pour les actions propres de ces organes.

n'odore, ni ne goûte, ni ne touche absolument rien.

Elle a perdu tous ses instincts : car elle ne mange plus d'elle-même à quelque jeûne qu'on la soumette, elle ne se remise plus à quelque intempérie qu'on l'expose, jamais elle ne se défend contre les autres poules, elle ne sait plus ni fuir, ni combattre, il n'y a plus d'attrait pour la génération, les caresses du mâle sont ou indifférentes ou inaperçues;

Elle a perdu toute intelligence : car elle ne veut, ni ne se souvient, ni ne juge plus;

Les lobes cérébraux sont donc le réceptacle unique des perceptions, des instincts, de l'intelligence.

VI. J'oppose tout de suite à cette longue observation, celle d'une poule rendue aveugle par l'extirpation des seuls tubercules bijumeaux.

VII. Quoique complétement privée de sa vue, cette poule, les trois ou quatre premiers jours de l'opération passés, allait, venait, se dirigeait, entendait, se souvenait, cherchait sa nourriture, la choisissait, grimpait tous les soirs vers la même heure sur la même table pour s'y coucher; elle recevait les caresses du mâle et y répondait; elle se détournait des objets qu'elle rencontrait, et, à moins qu'on ne l'effrayât, elle prenait si bien ses mesures, et avançait avec tant de précaution qu'elle semblait sentir les objets avant même de les atteindre.

Elle becquetait en marchant (une poule privée de ses lobes ne becquète plus) : en becquetant, rencontrait-elle un bon grain, elle l'avalait ; un mauvais, elle le rejetait.

Elle connaissait très bien les endroits où le manger était ordinairement placé, se souvenait des heures où il y était porté, et ne manquait pas de s'y rendre dès qu'elle avait faim. Si je déplaçais le manger, elle n'avait plus de repos qu'elle n'eût reconnu le nouvel endroit où je l'avais mis.

Ce curieux animal se conduisait, en un mot, dans toutes les circonstances, avec une intelligence d'autant plus fine, plus continue, plus apparente, qu'ayant perdu la vue, il était obligé de suppléer à cette perte par tout ce que ses autres sens, guidés par ses facultés intellectuelles, lui pouvaient fournir de ressources.

VIII. Rien, ce me semble, ne prouve mieux que cette opposition de tous points complète entre la poule privée de ses tubercules et la poule privée de ses lobes, combien, en perdant les premiers, on ne perd que la vue, et combien, en perdant les seconds, on perd tout à la fois, au contraire, toutes les perceptions et toutes les facultés intellectuelles.

IX. On a déjà vu, dans un précédent chapitre, cette opposition frappante manifestée par deux pigeons, privés, l'un de ses lobes, et l'autre de ses tubercules.

X. Pour soumette cette opposition à une nouvelle épreuve, je retranchai les deux lobes cérébraux sur deux pigeons, et les deux tubercules bijumeaux sur deux autres.

Je plaçai ensuite ces quatre pigeons dans le même appartement, que j'eus soin de tenir bien approvisionné.

Les deux premiers pigeons se laissèrent mourir de faim ; les deux autres surent très bien trouver leur nourriture, la choisir, et en manger beaucoup.

XI. J'enlevai, sur une poule, le lobe cérébral droit ; soudain la vue fut perdue de l'œil gauche. j'enlevai le tubercule bijumeau gauche, et la vue fut perdue de l'œil droit.

Cette poule, ainsi rendue aveugle, d'un côté par l'ablation du lobe cérébral, par l'ablation du tubercule bijumeau de l'autre, vécut à peu près deux mois.

Elle entendait bien ; donnait les signes les plus

évidents d'intelligence et de volonté raisonnée;
ne marchait que très rarement; et quand on l'excitait à marcher, se bornait à faire quelques pas
avec une circonspection extrême, le cou tendu, la
tête fixe, tout le corps attentif à la plus légère
impression des objets extérieurs.

Du reste, elle savait trouver sa nourriture, la
choisir, et se nourrir conséquemment d'elle-
même.

XII. On pouvait objecter aux expériences qui
précèdent de n'être pas tout-à-fait concluantes
pour le sens de l'odorat, vu que les bulbes olfactifs, en lesquels ce sens réside, perdent toujours
leurs racines par l'ablation complète des lobes cérébraux.

XIII. J'enlevai donc, sur une poule, les deux
lobes cérébraux, en respectant avec le plus grand
soin les couches inférieures de ces lobes auxquelles
les racines des bulbes olfactifs adhèrent.

Cette poule, ainsi privée de ses lobes, a vécu
plus de six mois; et, à quelque épreuve que je
l'aie soumise durant tout ce temps, il n'a jamais
paru dans toute sa conduite le moindre indice
d'où l'on pût conclure qu'elle odorât.

On trouvera l'histoire de cette poule dans un
autre chapitre; et l'on verra tout-à-l'heure, en outre, que les animaux auxquels on n'a enlevé que les

parties supérieures des lobes cérébraux, et sur lesquels par conséquent les bulbes olfactifs sont restés entiers, n'en perdent pas moins l'odorat avec tous les autres sens, pourvu toutefois que l'ablation dépasse certaines limites.

Au surplus, la poule sans lobes dont il est ici question, ne becquetait, ni ne mangeait, ni ne voyait, ni n'entendait, ni ne donnait aucun signe de volonté : cependant, une excitation immédiate l'ébranlait toujours, et cette excitation, lorsqu'elle était assez forte, déterminait des mouvements réglés et coordonnés.

Mais ces mouvements, quelque réglés qu'ils fussent, étaient toujours sans but, sans suite, sans résultat.

XIV. On sait que les oiseaux essaient presque toujours leur nourriture par le bout du bec avant de la porter dans l'arrière-bouche ; non seulement les oiseaux, privés de leurs lobes cérébraux, ne font plus de pareils essais, mais ils ne mangent plus, ils ne becquètent même plus.

XV. On sait encore que les animaux, surtout les carnassiers, ont l'habitude, en courant de côté et d'autre, de flairer partout ; dès qu'ils ont perdu leurs lobes, ils ne flairent plus.

XVI. On juge qu'un animal ne jouit plus d'un sens, quand il n'use plus de ce sens.

Un animal ne voit plus, quand il va se heurter contre tout ce qu'il rencontre ; il n'entend plus, quand aucun bruit ne l'émeut ; il n'odore plus, quand aucune odeur ne l'attire ou ne le repousse ; il ne goûte plus, quand aucune saveur ne le flatte ou ne le chagrine ; il ne tâte, il ne palpe, il ne touche plus enfin, quand il ne distingue plus aucun corps, se heurte obstinément contre tous, et marche ou s'avance sur tous indifféremment.

Un animal qui touche réellement un corps, le juge ; un animal qui ne juge plus ne touche donc plus.

XVII. Les animaux, privés de leurs lobes cérébraux, n'ont donc plus ni perception, ni jugement, ni souvenir, ni volonté : car il n'y a volonté qu'autant qu'il y a jugement ; jugement, qu'autant qu'il y a souvenir ; souvenir, qu'autant qu'il y a eu perception. Les lobes cérébraux sont donc le siége exclusif de toutes les perceptions et de toutes les facultés intellectuelles.

XVIII. Mais toutes ces perceptions et toutes ces facultés occupent-elles le même siége dans ces organes ? ou bien y a-t-il, pour chacune d'elles, un siége différent de celui des autres ?

XIX. Voici quelques expériences qui résolvent pleinement, à ce qu'il me semble, cette difficulté.

§ III.

I. J'enlevai, sur un pigeon, par couches successives et ménagées, toute la portion antérieure du lobe cérébral droit, et toute la portion supérieure et moyenne du gauche.

La vue s'affaiblit de plus en plus et petit à petit, à mesure que j'avançai, et ne fut totalement perdue des deux côtés qu'à la suppression des couches voisines du noyau central des deux lobes.

Mais, du moment qu'elle fut perdue, l'audition le fut aussi; et, avec l'audition et la vue, toutes les facultés intellectuelles et perceptives.

II. J'enlevai sur un autre pigeon, par couches également successives et ménagées, toute la portion extérieure et postérieure des deux lobes cérébraux, jusqu'à quelques lignes du noyau central de ces lobes.

A mesure qu'avançait cette ablation, la vue s'affaiblissait graduellement et sensiblement; l'audition s'affaiblissait comme la vue; toutes les autres facultés, comme l'audition et la vue; et dès que l'une d'elles fut tout-à-fait perdue, elles le furent toutes.

III. Enfin, sur un troisième pigeon, je dépouillai, pour ainsi dire, et je mis à nu le noyau central des deux lobes, par l'ablation successive et graduelle de toutes les couches supérieures, postérieures et antérieures.

A chaque nouvelle couche, la vue perdit de son énergie ; et dès que l'animal ne vit plus, il n'entendit plus, il ne voulut plus, ne se souvint plus, ne jugea plus, et fut absolument dans le même cas qu'un animal totalement privé de ses lobes.

IV. Ainsi, 1° on peut retrancher, soit par devant, soit par derrière, soit par en haut, soit par côté, une portion assez étendue des lobes cérébraux, sans que leurs fonctions soient perdues. Une portion assez restreinte de ces lobes suffit donc à l'exercice de leurs fonctions.

2° A mesure que ce retranchement s'opère, toutes les fonctions s'affaiblissent et s'éteignent graduellement ; et, passé cetaines limites, elles sont tout-à-fait éteintes. Les lobes cérébraux concourent donc par tout leur ensemble à l'exercice plein et entier de leurs fonctions.

3° Enfin, dès qu'une perception est perdue, toutes le sont ; dès qu'une faculté disparaît, toutes disparaissent. Il n'y a donc point de siéges divers ni pour les diverses facultés, ni pour les diverses perceptions. La faculté de percevoir, de juger, de vouloir une chose, réside dans le même lieu que celle d'en percevoir, d'en juger, d'en vouloir une autre; et conséquemment cette faculté, essentiellement une, réside essentiellement dans un seul organe.

V. Les divers organes des sens n'en ont pas moins chacun une origine distincte dans la masse cérébrale. On a déjà vu que le principe primordial de l'action de la rétine et du jeu de l'iris dérive des tubercules bijumeaux. Pareillement, les sens du goût, de l'odorat, de l'ouïe, tirent, comme la vue, leur origine particulière du renflement particulier qui donne naissance à leurs nerfs.

VI. On peut donc, en détruisant séparément chacune de ces origines particulières, détruire séparément chacun des quatre sens qui dérivent d'elles; et l'on peut, au contraire, détruire, sinon tous ces sens, du moins tout leur résultat, d'un seul coup, par la seule destruction de l'organe central où leurs sensations se transforment en perceptions.

§ IV.

I. On vient de voir qu'il est possible de retrancher une certaine portion des lobes cérébraux, sans que ces lobes perdent complétement leurs fonctions; il y a plus : ils peuvent les recouvrer en entier après les avoir complétement perdues.

II. Je dépouillai, sur un pigeon, le noyau central des deux lobes, par couches graduelles et successives; et je m'arrêtai aussitôt que, par l'effet de cette dénudation, l'animal eut perdu l'usage de tous ses sens et de toutes ses facultés intellectuelles.

Dès le premier jour, les deux lobes cérébraux mutilés devinrent énormes : leur tuméfaction diminua dès le second ; elle avait presque disparu dès le troisième. Le pigeon commença dès lors à réacquérir peu à peu la vue, l'ouïe, le jugement, la volition, et le reste : au bout de six jours il eut réacquis le tout; et, ce qui doit surtout être remarqué, dès qu'il eut recouvré l'une de ses facultés, il les eut recouvrées toutes.

III. Sur un autre pigeon, je portai un peu plus loin ce dépouillement : l'animal perdit, comme le précédent, toutes ses facultés intellectuelles et perceptives; mais il ne les recouvra plus jamais qu'imparfaitement.

IV. Sur un troisième pigeon, je poussai ce dépouillement plus loin encore : et, pour le coup, toutes ces facultés furent sans retour perdues.

V. Ainsi, pourvu que la perte de substance éprouvée par les lobes cérébraux ne dépasse pas certaines limites, ces lobes recouvrent, au bout d'un certain temps, l'exercice de leurs fonctions ; passé ces premières limites, ils ne le recouvrent plus qu'imparfaitement; et passé ces nouvelles limites encore, ils ne le recouvrent plus du tout. Enfin, dès qu'une perception revient, toutes reviennent ; dès qu'une faculté reparaît, toutes reparaissent.

§ V.

I. J'enlevai, par couches successives, toute la moitié supérieure du cervelet sur un jeune coq.

L'animal perdit aussitôt toute stabilité, toute régularité dans ses mouvements ; et sa démarche chancelante et bizarre rappelait tout-à-fait la démarche de l'ivresse.

Quatre jours après, l'équilibre était moins troublé, la démarche plus ferme et plus assurée.

Quinze jours après, l'équilibre était totalement rétabli.

II. J'enlevai, sur un pigeon, à peu près la moitié du cervelet ; et je retranchai cet organe en entier sur une poule.

Au bout de quelque temps, le pigeon eut repris tout son équilibre ; la poule ne le reprit jamais : elle survécut pourtant plus de quatre mois à l'opération.

III. J'enlevai les couches supérieures du tuber-

cule bijumeau droit sur un pigeon, et les cou
ches supérieures du gauche sur un autre.

Dès le quatrième jour, chacun de ces pigeons
vit un peu de l'œil qu'il avait perdu; à dater de
cette époque, il en vit chaque jour davantage; il
en vit tout-à-fait quelques jours après.

IV. Les tubercules bijumeaux et le cervelet
partagent donc, avec les lobes cérébraux, le
double privilége et de réacquérir leurs facultés
après les avoir perdues, et de les réacquérir inté-
gralement, quoiqu'ils ne soient plus entiers.

§ VI.

I. En résultat final, cette dégradation immédiatement complète de l'organe par une seule
de ses parties; cette restitution complète de la
fonction par une seule partie de l'organe; tout
cela montre bien que chacun de ces organes ne
forme qu'un seul organe : car l'altération d'un
seul point altère tout, et la conservation d'un seul
point restitue tout.

II. Tout cela est, en outre, une contre-épreuve
bien décisive de mes premières expériences. Puisque chaque fonction se maintient, s'altère ou se
restitue avec un organe donné, elle appartient
donc à cet organe : puisque chaque organe n'altère,

ne maintient ou ne restitue qu'une seule fonction propre et déterminée, il n'y a donc que celle-là qui lui appartienne. Les fonctions de ces organes sont donc bien distinctes ; ils sont donc bien distincts aussi ; et chaque organe, comme chaque fonction, constitue un organe ou une fonction bien propre et bien spécifique.

§ VII.

1. Je mis à nu les deux lobes cérébraux, à la fois, sur une forte poule.

Je fendis ensuite le droit en travers et le gauche en long ; mais tous deux également dans toute leur étendue, dans toute leur profondeur, et tous deux également dans leur région moyenne.

L'animal éprouva sur-le-champ les mêmes phénomènes que s'il eût été totalement privé de ses deux lobes ; c'est-à-dire qu'il perdit aussitôt toute perception et toute faculté intellectuelle.

Durant les six premiers jours, il n'entendait, ni ne voyait, ni ne donnait aucun signe de volition. Presque toujours endormi ou assoupi, il ne bougeait qu'autant qu'on l'irritait.

Les deux lobes étaient très tuméfiés.

Le septième jour, l'animal commençait à aller et venir de lui-même ; il entendait déjà, quoique faiblement : il voyait un peu de l'œil droit, c'est-à-dire de l'œil opposé au lobe fendu longitudinalement, mais il ne voyait point du gauche.

La tuméfaction des lobes avait diminué beaucoup.

Le huitième jour, la poule reprend l'usage de ses sens et de ses facultés avec une rapidité étonnante ; elle entend déjà très bien, voit très bien de l'œil droit, mais non du gauche ; elle marche beaucoup, est moins souvent et moins long-temps endormie : jusqu'ici il avait fallu la nourrir, maintenant elle commence à chercher sa vie ; elle becquète et boit.

La tuméfaction des lobes est dissipée.

Le douzième jour, la poule a repris tous ses sens et toutes ses facultés, hors la vue de l'œil gauche.

Le cinquantième jour, la poule ne diffère en aucune manière d'une poule qui n'aurait subi aucune opération. Une seule chose lui manque toujours, c'est la vue de l'œil gauche ; vue qu'elle n'a jamais recouvrée, bien qu'elle ait survécu plus de six mois à l'opération.

II. On a vu plus haut combien d'un seul sens perdu par le fait des lobes cérébraux, on peut conclure infailliblement la perte de tous les autres sens et de toutes les facultés intellectuelles.

Il n'y avait donc pas à douter ici que le lobe opposé à l'œil dont la poule ne voyait plus, ne fût aussi totalement privé du reste de ses fonctions.

En effet, j'enlevai le lobe opposé à l'œil dont il voyait ; et l'animal fut tout aussitôt dans le même cas qu'un animal qui a perdu ses deux lobes.

III. Je fis, sur une autre poule, l'expérience inverse. Je fendis le lobe cérébral droit longitudinalement, et d'un bout à l'autre : l'animal perdit soudain la vue de l'œil gauche. Mais, dès le septième jour, il commença à revoir de cet œil ; il en voyait tout-à-fait bien le huitième.

Je supprimai alors le lobe cérébral gauche en entier.

En reprenant la vue de l'œil gauche, l'animal avait aussi repris en même temps et tous ses autres sens et toutes ses facultés intellectuelles.

IV. Sur un jeune coq, je fendis longitudinalement et d'un bout à l'autre les deux lobes cérébraux.

Tout aussitôt ces deux lobes se tuméfièrent énormément, et l'animal perdit toutes ses facultés intellectuelles et perceptives.

Puis la tuméfaction se dissipa peu à peu ; l'animal reprit peu à peu toutes les facultés qu'il avait perdues : au bout de sept à huit jours, il les eut toutes reprises.

V. Sur un autre jeune coq, je fendis les deux lobes cérébraux transversalement, toujours dans leur région moyenne, et toujours d'un bout à l'autre.

L'animal perdit soudain tous ses sens et toutes ses facultés, et tous ces sens et toutes ces facultés furent perdus sans retour. Il survécut pourtant plusieurs mois à l'opération.

VI. Je fendis, sur un pigeon, le cervelet en long; je le fendis en travers sur un autre.

Sur ces deux pigeons, le cervelet se tuméfia d'abord beaucoup; l'équilibre de la marche, de la station, du vol, fut d'abord singulièrement troublé : mais, au bout de quelques jours, la tuméfaction disparut; l'équilibre se rétablit; et les deux pigeons marchèrent, volèrent, se tinrent debout comme à l'ordinaire.

VII. Je fendis transversalement le cervelet d'une poule : elle perdit aussitôt l'équilibre; elle l'avait réacquis douze jours après.

VIII. Sur une autre poule, je fendis le cervelet longitudinalement. L'animal perdit d'abord l'équilibre; il le réacquit ensuite.

IX. Ainsi, les sections longitudinales des lobes cérébraux, quels qu'en soient le siége et l'étendue, sont bientôt suivies de réunion de l'organe avec restitution entière de la fonction; tandis que les sections transversales ne sont jamais suivies ni de la réunion de l'organe ni du retour de la fonction, lorsqu'elles dépassent une certaine étendue et occupent un certain siége.

Les sections transversales du cervelet, au contraire, sont tout aussi bien suivies de restitution parfaite et de l'organe et de la fonction que les sections longitudinales.

X. La raison de cette différence est palpable : une section transversale des lobes cérébraux, quand elle est complète (et il ne s'agit ici que de celles-là), sépare complétement une portion de l'organe de ses racines ; et cette portion, ainsi séparée, meurt. Une pareille section équivaut donc à une véritable perte de substance ; et, comme on l'a déjà vu, une perte de substance quand elle dépasse certaines limites, destitue sans retour l'organe de ses fonctions.

XI. Dans le cervelet, au contraire, une section transversale ne sépare pas plus une portion de l'organe de ses racines que ne le ferait une section longitudinale : les deux portions divisées transversalement peuvent donc aussi se rejoindre, et cette jonction ramener l'exercice de la fonction.

§ VIII.

I. Il me resterait bien des faits à joindre à ceux qui précèdent.

II. J'ajoute seulement ici que tout ce qu'on a dit d'une prétendue régénération de substance, dans les plaies du cerveau, n'est aucunement fondé. Ce qui sans doute a pu faire imaginer une pareille régénération, c'est la tuméfaction énorme qu'éprouvent d'abord les parties cérébrales blessées : tuméfaction telle qu'on dirait, au premier aspect, que plus on retranche de ces parties, plus il en pousse. Mais, au bout de quelque temps, la tuméfaction disparaît; les parties reviennent à leur volume naturel ; et l'on voit bien alors que tout ce qui a été enlevé manque, et ne se reproduit plus, quelque temps que l'animal survive à l'opération.

§ IX.

Conclusion générale de ce chapitre.

1° Les lobes cérébraux sont le siége exclusif des perceptions et des volitions.

2° Toutes ces perceptions, toutes ces volitions, occupent le même siége dans ces organes; la faculté de percevoir, de concevoir, de vouloir, ne constitue donc qu'une faculté essentiellement une.

3° Les lobes cérébraux, le cervelet, les tubercules bijumeaux, peuvent perdre une portion de leur substance sans perdre l'exercice de leurs fonctions : ils peuvent le réacquérir après l'avoir totalement perdu.

4° En dernière analyse, les lobes cérébraux, le cervelet, les tubercules bijumeaux, la moelle allongée, la moelle épinière, les nerfs, toutes ces parties essentiellement diverses du système nerveux ont toutes des propriétés spécifiques, des fonctions propres, des effets distincts; et, malgré cette merveilleuse diversité de propriétés, de fonctions, d'effets, elles n'en constituent pas moins un système unique.

Un point excité du système nerveux excite tous les autres; un point énervé les énerve tous; il y a communauté de réaction, d'altération, d'énergie. L'unité est le grand principe qui règne : il est partout, il domine tout. Le système nerveux ne forme donc qu'un système unique.

CHAPITRE IV.

DÉLIMITATION DE L'EFFET CROISÉ DANS LE SYSTÈME
NERVEUX.

§ Ier.

I. C'est une opinion, depuis Hippocrate si générale qu'on peut la dire presque universelle, que, dans les plaies du cerveau, la convulsion est toujours du côté blessé, et la paralysie, au contraire, du côté opposé à la blessure.

II. Haller a cru cette opinion d'Hippocrate confirmée par ses expériences. Il ajoute pourtant, avec sa savante réserve accoutumée : « Je souhai- » terais que cette partie de mes expériences fût » plus constatée, et je ne hasarderais pas encore » de la donner pour évidente (1). »

III. Lorry semble plus sûr de ce qu'il avance, lorsqu'il dit que, dans les blessures de la moelle allongée, la convulsion est toujours du côté piqué, et la paralysie de l'autre (2).

(1) *Mémoires sur la nature sensib. et irritab. des parties du corps anim.*; tom. I, pag. 205.

(2) Acad. des sciences; *Mémoires des sav. étr.*, tom. III.

IV. On verra bientôt, par ce qui va suivre, combien le doute de Haller était fondé, l'expérience de Lorry incomplète, les observations d'Hippocrate complexes et conséquemment équivoques.

§ II.

I. Le retranchement d'un seul lobe cérébral s'accompagne toujours, ainsi qu'on l'a déjà vu, d'une faiblesse plus marquée dans le côté du corps opposé à ce lobe.

Avec le retranchement du lobe cérébral droit, par exemple, coïncide constamment une plus grande faiblesse du côté gauche; et, avec le retranchement du lobe gauche, une plus grande faiblesse du côté droit.

II. Il importait de savoir si cet *effet croisé* s'étend à tout le système nerveux; ou, s'il ne s'y étend pas, à quelles parties il se borne, et à quelles il est remplacé par l'*effet direct*.

Tel a été l'objet des expériences suivantes.

§ III.

I. J'ai mis à nu, sur un pigeon, tout le renflement médullaire postérieur; après quoi j'ai irrité, tour à tour et séparément, les deux moitiés latérales de ce renflement.

A l'irritation de la moitié latérale droite ont constamment répondu des convulsions dans la jambe droite; et à l'irritation de la moitié latérale gauche, des convulsions dans la jambe gauche.

Les irritations du centre en déterminaient surtout dans la région médiane et caudale.

II. J'ai découvert le renflement antérieur, sur un autre pigeon, et puis j'en ai irrité séparément les deux moitiés latérales.

A l'irritation de la moitié droite a constamment répondu l'agitation de l'aile droite; à celle de la moitié gauche, l'agitation de l'aile gauche; à l'irritation du centre, l'agitation des parties caudales.

III. J'ai mis à nu, sur un troisième pigeon, toute l'étendue de moelle épinière comprise entre les deux renflements.

Pareillement, les irritations de la moitié droite ont toujours provoqué des convulsions à droite; celles de la moitié gauche, à gauche; celles du centre, au centre.

De plus, lorsque j'irritais à une égale distance des deux renflements, les convulsions se manifestaient également aux jambes et aux ailes;

Lorsque, au contraire, j'irritais en-deçà ou au-delà de ce point mitoyen, les convulsions prédominaient, ou même, si l'irritation était légère, se bornaient aussitôt ou aux jambes ou aux ailes, selon que le point irrité était plus voisin des unes ou des autres (1).

IV. J'ai découvert, sur un quatrième pigeon, toute la moelle cervicale, depuis le renflement antérieur jusqu'à l'occiput.

Les irritations d'à droite ont toujours répondu à droite; celles d'à gauche, à gauche; et celles du centre, au centre.

V. La convulsion est donc toujours du *côté irrité* dans la moelle épinière.

§ IV.

I. J'ai mis derechef à nu, sur un autre pigeon, le renflement médullaire postérieur; j'en ai complétement isolé les deux moitiés latérales par une section médiane, et puis j'ai coupé toute la moitié droite en respectant la gauche : la jambe droite seule a été perdue.

II. J'ai coupé la moitié gauche seulement, sur un autre pigeon : la jambe gauche seule a été perdue.

III. J'ai mis le renflement antérieur à nu : la

(1) C'est ce qui a toujours lieu. L'effet de l'irritation *remonte* aussi bien qu'il *descend* dans la moelle épinière; et c'est pourquoi la moelle épinière est, ainsi que je l'ai dit ci-devant, l'instrument des *sympathies générales*.

section de la moitié droite a paralysé l'aile droite;
et la section de la moitié gauche, la gauche.

IV. La paralysie est donc toujours du côté mutilé, comme la contraction du côté irrité; il n'y a
donc point d'*effet croisé* dans la moelle épinière.

§ V.

I. Je passe à l'examen de la masse cérébrale.

II. Le cervelet d'un pigeon étant mis à nu, j'ai
soumis à des piqûres superficielles tout le côté
droit de ce cervelet. Il a paru sur-le-champ une
faiblesse assez marquée du côté gauche.

III. J'ai retranché, par couches successives, tout
le côté gauche du cervelet d'un second pigeon.
La faiblesse du côté droit s'est accrue visiblement
comme s'aggravaient les mutilations.

IV. J'ai, sur un troisième pigeon, borné la
mutilation aux parties médianes du cervelet.
L'affaiblissement a été à peu près égal des deux
côtés.

V. Je ne reviendrai pas ici sur le croisement de
faiblesse qui, comme on l'a déjà vu, accompagne
toujours le retranchement d'un seul lobe cérébral.
Ce croisement est suffisamment connu par mes
précédentes expériences.

VI. J'ai enlevé le tubercule bijumeau gauche,

sur un pigeon; et la faiblesse a prédominé du côté droit.

VII. J'ai enlevé le tubercule droit, sur un autre pigeon; et la faiblesse a prédominé du côté gauche.

VIII. J'ajoute que les irritations du tubercule droit déterminaient toujours aussi des convulsions à gauche, et celles du gauche à droite.

IX. J'ai découvert enfin la moelle allongée, sur un pigeon, par le retranchement préalable, du cervelet, et j'en ai ensuite irrité séparément les deux moitiés latérales.

Les irritations de la moitié droite ont constamment provoqué des convulsions à droite; celles de la moitié gauche, à gauche; celles du centre, à la queue.

X. J'ajoute pareillement que les mutilations de la moitié droite affaiblissaient surtout le côté droit; celles de la moitié gauche, le côté gauche; celles du centre, la queue.

XI. Pour bien mettre dans tout son jour cette singulière opposition d'effet entre la moelle allongée et les tubercules bijumeaux, je découvris, sur un pigeon, cette moelle et ces tubercules, en enlevant le cervelet qui recouvre la première, et la portion postérieure des lobes cérébraux qui cache les seconds.

Cela fait, j'irritai tour à tour et séparément ces diverses parties.

Or, voici ce que j'observai.

Quand j'irritais le tubercule d'un côté, je provoquais toujours des convulsions du côté opposé ; quand j'irritais, au contraire, la moelle d'un côté, c'était toujours du même côté que s'opéraient les convulsions.

Par exemple, les irritations du tubercule droit ne décidaient des convulsions qu'à gauche ; celles du gauche, qu'à droite ; et les irritations, au contraire, de la moelle droite n'en déterminaient qu'à droite, et celles de la gauche qu'à gauche.

XII. « Dans les piqûres de la moelle allongée, » dit Lorry, j'ai toujours vu un commencement » de paralysie se former du côté opposé à celui où » était la blessure, et des convulsions du côté qu'on » avait irrité (1). »

Tout le monde voit maintenant l'explication de ce fait si remarquable et si long-temps révoqué en doute par les physiologistes. Dans ses expériences, Lorry produisait tout à la fois *paralysie du côté opposé à la piqûre, et convulsion du côté piqué*, parce qu'il n'isolait point la moelle allongée du cervelet : *l'effet croisé* du cervelet devait

_____

(1) *Mémoires des sav. étr.*, tom. III, pag. 375.

donc se mêler, dans ses expériences, à l'*effet direct* de la moelle allongée.

Pour exprimer un fait sous tous les rapports exact, Lorry devait dire : Dans les *blessures combinées* de la moelle allongée et du cervelet, j'ai toujours vu la paralysie du côté opposé à la piqûre, et la convulsion du côté piqué.

L'assertion particulière de Lorry, comme la proposition générale d'Hippocrate, ne s'applique donc qu'à des lésions complexes : l'assertion de Lorry, aux seules lésions combinées de la moelle allongée et du cervelet; la proposition d'Hippocrate, à tous les cas de combinaison possibles de la lésion d'une partie à *effet direct* avec la lésion d'une partie à *effet croisé*.

XIII. Ainsi, 1° le retranchement d'un seul lobe cérébral, d'un seul côté du cervelet, ou d'un seul tubercule bijumeau, produit constamment une faiblesse plus marquée dans le côté du corps opposé au lobe, au tubercule, ou au côté du cervelet enlevé ;

Les lobes, le cervelet, les tubercules ont donc un *effet croisé ;* et les lobes et les tubercules, un *effet croisé double :* en avant, sur les yeux; en arrière, sur les autres parties du corps.

2° L'irritation d'une seule moitié latérale, soit de la moelle allongée, soit de la moelle épinière, détermine toujours des convulsions du même côté ;

Et pareillement, la mutilation d'un seul côté de la moelle épinière ou de la moelle allongée **ne** paralyse que les parties de ce côté ;

La moelle épinière et la moelle allongée n'ont donc qu'un *effet direct* (1).

3° L'*effet croisé* se borne donc à certaines parties du système nerveux ; dans d'autres, il est remplacé par l'*effet direct :* l'expérience de ces diverses parties pouvait seule constater le *genre d'effet* propre à chacune d'elles ;

4° Enfin, la lésion d'une partie *excitatrice de contraction* et à *effet direct* (les moelles épinière ou allongée par exemple), combinée avec la lésion d'une partie *non excitatrice de contraction* et à *effet croisé* (le cervelet ou les lobes cérébraux par exemple), donne le *rapport selon lequel les paralysies se joignent aux convulsions :* rapport jusqu'ici tellement inconnu et méconnu, que le principal fait sur lequel il repose, c'est-à-dire le fait d'où était parti Hippocrate et qu'a reproduit Lorry, est encore révoqué en doute par la plupart des physiologistes.

----

(1) Tout le monde connait aujourd'hui le fait correspondant offert par l'anatomie, savoir, que les faisceaux de la moelle épinière ne s'*entre-croisent* qu'à un seul point, point où elle finit et où commence l'encéphale.

XIV. En résumé, les lobes cérébraux et le cervelet ont *un effet croisé et simplement de paralysie;* les moelles épinière et allongée, *un effet direct double et de convulsion et de paralysie;* les tubercules bijumeaux, *un effet croisé double et de paralysie et de convulsion.*

XV. Ainsi, qu'un seul lobe cérébral, ou qu'un seul côté du cervelet soit atteint, il y aura simplement paralysie du côté opposé à la partie blessée; qu'on ne blesse qu'un seul côté des moelles épinière ou allongée, il y aura (selon le degré de la lésion) paralysie ou convulsion du côté lésé; qu'on ne blesse qu'un seul tubercule bijumeau, et il y aura (selon le degré de la lésion encore)(1) paralysie ou convulsion du côté opposé à la blessure.

Au contraire, qu'on blesse tout à la fois et un lobe cérébral et le côté correspondant de la moelle allongée (2), il y aura tout à la fois paralysie du

(1) Je dis *selon le degré de la lésion*, parce que, comme on vient de le voir, une lésion déterminée des *parties excitatrices de contraction* (c'est-à-dire, de la moelle épinière, de la moelle allongée et des tubercules bijumeaux) excite la contraction; tandis qu'une lésion assez profonde pour détruire le tissu de ces parties la paralyse et l'abolit.

(2) Bien entendu que la *lésion* n'ira pas jusqu'à détruire le tissu de la moelle allongée; cas auquel, comme je viens de le dire, ce serait la paralysie, et non la convulsion, qui serait la suite de cette *lésion*, ou, plus exactement, de cette *destruction*.

côté opposé à la piqûre et convulsion du côté piqué; qu'on blesse un seul côté du cervelet et un
seul côté de la moelle allongée (toujours la correspondance de côté observée), il y aura encore paralysie du côté opposé à la lésion et convulsion du
côté lésé; qu'on blesse enfin, ou un seul lobe cérébral, ou un seul côté du cervelet, conjointement avec le tubercule bijumeau du même côté,
et la paralysie et la convulsion seront toutes deux
du côté opposé à la blessure.

XVI. La paralysie peut donc exister seule; elle
peut se joindre aux convulsions; elle peut être
directe ou croisée, du même côté ou du côté opposé à la convulsion (1) : le genre d'effet propre
à la lésion de chaque partie une fois connu, tous
les cas de combinaison possibles des diverses lésions se conçoivent et s'expliquent.

§ VI.

I. Les mammifères sont, quant au *croisement
d'effet*, soumis aux mêmes règles que les oiseaux.

(1) Voyez les Mémoires de Lapeyronie (*Acad. des sciences*,
année 1741), de Saucerotte, Sabouraut, Chopart (*Acad. roy. de
chirur.*, tom. IV des Prix); les Observations de Louis, Pourfour-
Petit, Petit de Namur, Valsalva, Morgagni, etc., etc., etc. Voyez,
plus loin, l'application de mes expériences et de leurs résultats à
la pathologie.

Dans les uns comme dans les autres, la moelle épinière et la moelle allongée n'ont qu'un *effet direct ;* dans les uns comme dans les autres, le cervelet, les lobes cérébraux et les tubercules ont seuls, au contraire, un *effet croisé.*

§ VII.

I. La moelle épinière des reptiles n'offre nulle part, non plus, de *croisement d'effet.* Partout la paralysie et les convulsions répondent au côté lésé.

On a vu qu'une couche optique enlevée fait tourner l'animal sur le côté de cette *couche,* et qu'un tubercule bijumeau enlevé le fait tourner, au contraire, sur le côté opposé à ce *tubercule.*

Pour les lobes cérébraux et le cervelet, les effets n'en sont pas assez sensibles, pour qu'il soit bien décidé s'il y a ou non croisement d'effet, ni qu'il soit même bien important de le décider.

CHAPITRE V.

FONCTIONS DU CERVEAU PROPREMENT DIT (HÉMISPHÈRES
OU LOBES CÉRÉBRAUX.

§ Ier.

Pour ne pas compliquer la marche des idées,
je n'ai rapporté jusqu'ici que les faits absolument nécessaires à l'établissement des résultats.
Dans le récit de ces faits, comme dans la déduc-
tion de ces résultats, je n'ai guère insisté même
que sur les circonstances fondamentales.

Presque toujours je me suis borné aux expériences faites sur une espèce donnée de chaque
classe ; mais ces expériences, je les avais toujours
répétées sur plusieurs autres espèces.

Je vais réunir ici quelques unes de ces expériences comparatives.

§ II.

Expériences sur les oiseaux.

Exp. I. Sur une poule.

J'enlevai, sur une poule, les deux lobes cérébraux à la fois, en respectant soigneusement les couches inférieures de ces lobes auxquelles les racines des bulbes olfactifs adhèrent.

Cette poule devint, à l'instant, sourde et aveugle; prit l'air assoupi d'abord, et bientôt s'endormit tout-à-fait.

Le lendemain, elle n'avait presque pas bougé de la place où je l'avais laissée la veille, et se trouvait encore faible. Je me bornai à la faire boire.

Le surlendemain, elle avait déjà repris des forces ; je la fis boire et manger.

Quelques jours après, elle allait parfaitement bien. Quinze jours plus tard, son embonpoint s'était accru d'une manière sensible.

Elle survécut ainsi plus de six mois et demi à la perte de ses lobes ; mais à cette époque, l'ayant mise avec d'autres poules, dans le dessein de voir comment elle s'y prendrait pour vivre avec elles, celles-ci la maltraitèrent tellement qu'elle en mourut bientôt.

Du reste, jamais elle ne donnait aucun signe de volonté manifeste. Les caresses du mâle étaient indifférentes ; elle ne savait ni s'abriter ni manger d'elle-même.

Vainement approchait-on la nourriture de son bec ou de ses narines ; vainement la lui mettait-on dans le bout du bec : la poule n'*odorait*, ni ne *goûtait*, ni n'*avalait :* la nourriture restait dans le bout du bec.

S'il se rencontrait quelque obstacle sur sa route, l'animal ne savait ni l'éviter ni s'en détourner.

Digérer ce qu'on lui faisait manger, dormir en digérant, faire de temps en temps quelques pas sans but, changer machinalement de place, opérer, de loin en loin, quelques mouvements déterminés par la seule fatigue de ses jambes : voilà ce qui composait toute son existence, et ce qui a composé l'existence de tous ses jours durant plus de six mois entiers.

Mais cet animal, destitué de toute perception, de toute intelligence, n'en conservait pas moins toutes ses facultés locomotrices; et, pourvu qu'on l'y excitât, il courait, volait, sautait, marchait, avec une régularité parfaite.

—

1° L'animal, privé de ses lobes cérébraux, a donc perdu l'usage de tous ses sens; car, quelque temps qu'il survive à l'opération, il est bien constant qu'il n'use plus d'aucun.

2° D'un autre côté, si, durant des mois entiers qu'il survit à l'opération, l'animal ne donne plus aucun signe de volonté; s'il ne sait pas même manger, s'abriter, fuir ou se défendre, il a perdu toute intelligence.

3° Enfin, s'il reste constamment assoupi, si sa stupidité va jusqu'à ne plus bouger qu'autant qu'on l'y excite; mais si, quand on l'excite, il se meut avec la plus parfaite régularité, les facultés perceptives et intellectuelles sont bien essentiellement distinctes des facultés locomotrices.

Au reste, cette indépendance complète des facultés locomotrices et des facultés intellectuelles ressort de toutes mes expériences. La perte des lobes cérébraux ne fait rien perdre aux premières; réciproquement la perte du cervelet ne fait rien perdre aux secondes : il y a donc, comme je viens de le dire, entre les unes et les autres une indépendance complète.

4° J'ai dit ci-devant que l'animal privé de ses lobes cérébraux ne mange plus, même lorsqu'on lui met la nourriture sur la langue ou sur le bout du bec; et, d'un autre côté, j'ai dit qu'il avale parfaitement la nourriture qu'on lui enfonce dans la bouche. Ceci demande une explication.

Lorsqu'on met un grain de blé dans le bout du bec d'une poule, comme lorsqu'on lui met le bec dans l'eau, si elle happait le grain, ou humait l'eau, ce serait une preuve qu'elle a *perçu*, et qu'elle a *voulu* : aussi ne boit-elle ni ne mange-t-elle alors;

mais, au contraire, quand on lui verse l'eau, ou qu'on lui enfonce l'aliment dans le fond de la bouche, elle avale, parce que l'action d'avaler, en soi, ne dépend ni de la volonté ni d'un sentiment raisonné, et qu'il suffit qu'un corps touche le pharynx pour qu'aussitôt la déglutition s'opère. Ce n'est donc encore ici qu'un mouvement commencé qui s'achève : il a commencé sans la volonté de l'animal, puisque c'est une main étrangère qui a porté l'aliment dans sa bouche ; il s'achève sans sa volonté, puisque, en soi, le phénomène de la déglutition ne dépend pas de la volonté.

Exp. II. Sur un coq.

J'enlevai les deux lobes cérébraux à la fois sur un coq.

Cet animal venait de manger beaucoup au moment où je l'opérai ; aussi survécut-il à peine quatre heures à l'opération.

—

1° On ne doit jamais opérer des animaux qui soient restés trop long-temps sans prendre de la nourriture, ou qui aient encore l'estomac plein de celle qu'ils viennent de prendre : dans les deux cas, ils meurent presque toujours, et très promptement.

Il y a un singulier moyen de remédier à la trop grande réplétion des oiseaux, lorsqu'ils menacent de périr durant l'opération même : c'est de leur ouvrir le jabot, et d'en extraire les aliments ; on les voit aussitôt reprendre des forces, et résister quelquefois à l'expérience.

2° Une autre remarque assez curieuse, c'est que l'ablation des lobes cérébraux (1), coïncidant avec une trop forte réplétion, est toujours plus funeste qu'une pareille réplétion coïncidant avec l'ablation du cervelet.

Exp. III. Sur une poule, sur un pigeon et sur un canard.

J'enlevai le seul lobe cérébral droit à une poule, le seul lobe gauche à un pigeon, et le seul droit à un canard.

Ces trois animaux survécurent fort long-temps, et conservèrent toujours tous leurs sens et toutes leurs facultés intellectuelles, hors la vue de l'œil opposé au lobe enlevé.

Exp. IV. Sur un dindon.

J'enlevai, sur un dindon, les deux lobes cérébraux à la fois. L'animal ne vit plus, n'entendit plus, ne donna plus aucun signe de volition ni

(1) L'animal, après l'ablation des lobes cérébraux, s'il a le jabot plein, est presque toujours pris de vomissements.

de perception; mais il conservait parfaitement son aplomb et son équilibre : il se tenait parfaitement sur ses pattes; et, quand on le poussait ou qu'on l'irritait, il marchait parfaitement aussi.

§ III.

Expériences sur les mammifères.

Exp. I. Sur une souris.

J'enlevai les deux lobes cérébraux sur une souris.

Ce petit animal, habituellement si vif, devint aussitôt immobile; il ne voyait plus, n'entendait plus, ne cherchait plus à fuir : il avait perdu toutes ses facultés intellectuelles et perceptives.

Exp. II. Sur une taupe.

Cette taupe, en perdant ses lobes cérébraux, perdit jusqu'aux deux instincts qui dominent toutes ses allures, celui de flairer et celui de fouir.

Une taupe, placée sur un tas de terre, cherche aussitôt à y creuser ou fouir un trou; placée hors de terre, elle flaire et explore tout avec son long nez : la taupe sans lobes ne flairait ni ne fouissait plus.

Exp. III. Sur un chien.

Les deux lobes cérébraux enlevés, perte absolue et soudaine des facultés intellectuelles et perceptives; conservation parfaite des facultés locomotrices.

Exp. IV. Sur un chat.

Ce chat, durant l'ablation des parois crâniennes, était devenu furieux; à peine les deux lobes cérébraux furent-ils enlevés, qu'à la fureur succéda le calme.

On avait beau l'irriter, le piquer, le blesser alors, il s'agitait bien encore, mais sans changer presque de place, mais sans savoir fuir, mais sans songer à se défendre.

———

Ainsi, 1° non seulement les animaux, privés de leurs lobes cérébraux, perdent toute perception, toute intelligence en général; ils perdent encore jusqu'à ces instincts propres, inhérents à chaque espèce et si tenaces en chacune d'elles : la poule ne becquète plus, la taupe ne fouit plus; le chat reste calme, lors même qu'on l'irrite, etc.

2° D'un autre côté, nul de ces instincts, comme nulle des facultés intellectuelles et perceptives, ne se perd ni par le cervelet ni par les tubercules bijumeaux.

Tous ces instincts, comme toutes ces facultés, appartiennent donc bien exclusivement aux lobes cérébraux.

§ IV.

Expériences sur les reptiles.

Exp. I. Sur une grenouille.

J'enlevai les deux lobes cérébraux à une grenouille. Cette grenouille vécut plus de quatre mois dans un état de stupidité complète : elle ne bougeait presque plus, à moins qu'on ne l'irritât; elle n'entendait ni ne voyait ni ne donnait plus aucun signe de volition ou d'intelligence.

Exp. II. Sur un lézard vert.

Les lobes cérébraux enlevés, l'animal ne bougea presque plus de lui-même; mais, si on le pinçait ou si on l'irritait, il se mouvait très régulièrement. Avant d'avoir perdu ses lobes, dès qu'on le pinçait, il cherchait à mordre; on avait beau le pincer et l'irriter après qu'il les eut perdus, il ne cherchait plus à mordre.

§ V.

Il est inutile d'ajouter de nouvelles expériences, car elles ne sont toutes qu'une répétition les unes des autres.

Mais cette exacte conformité même des phénomènes ne saurait laisser aucun doute :

1° Que les lobes cérébraux ne soient le siége exclusif de toute perception, de toute volition, de toute faculté intellectuelle;

2° Que non seulement avec les lobes cérébraux se perdent toute perception et toute intelligence en général, mais encore ces formes particulières d'intelligence qui déterminent les allures propres des diverses espèces;

3° Que la faculté de percevoir et de vouloir ne soit absolument distincte de la faculté d'*exciter* et de *coordonner* le mouvement;

4° Que la conservation d'un seul lobe cérébral ne suffise à la conservation de toutes les perceptions et de toutes les facultés intellectuelles, hors à la conservation de la vue de l'œil opposé au lobe enlevé;

Et 5° enfin, que cette disposition des organes et des fonctions du système nerveux ne soit une loi générale et constitutive du grand embranchement des animaux vertébrés.

CHAPITRE VI.

FONCTIONS DU CERVELET.

—

§ I.

Expériences sur les oiseaux.

Exp. I. Sur un dindon.

Je retranchai le cervelet, par couches successives, sur un dindon. Aux premières couches, hésitation et manque d'harmonie dans les mouvements; aux moyennes couches, démarche chancelante et embarrassée; aux dernières couches, perte de tout équilibre et de toute locomotion régulière.

Exp. II. Sur une hirondelle.

J'enlevai le cervelet petit à petit sur une hirondelle.

Cet oiseau fut bientôt réduit à ne voler que de la manière la plus singulière et la plus bizarre;

il reculait au lieu d'avancer; il roulait sur lui-même en volant; son vol avait toutes les allures de l'ivresse la plus fougueuse.

Du reste, cet animal, comme le précédent, comme tous les suivants, conservait toutes ses facultés intellectuelles et perceptives.

Exp. III. Sur un moineau.

J'enlevai, sur un moineau, le cervelet par couches successives.

L'animal perdit peu à peu la faculté de voler et de marcher, tout en conservant parfaitement l'usage de sa vue, de son ouïe, de tous ses sens, de toutes ses facultés intellectuelles.

Ce petit oiseau offrait le spectacle le plus curieux par sa démarche chancelante et bizarre. Après être resté un moment comme indécis, il s'élançait et faisait trois ou quatre pas (quelquefois en avant, beaucoup plus souvent en arrière) avec une précipitation incroyable, et tout cela se terminait par une chute ou par un roulement sur lui-même.

Mais ce qu'il y avait de plus singulier, c'était la manière dont il volait : une fois en l'air, il semblait rouler encore sur lui-même, ne pouvait plus se diriger comme il le voulait, s'élançait dans un

sens et tournait vers l'autre, et finissait bientôt
par tomber.

Ce vol représentait complétement, en un mot,
la marche de l'ivresse. Il y a donc un vol, comme
il y a une marche d'ivresse.

Exp. IV. Sur une effraie.

Je retranchai à peu près toute la moitié supérieure du cervelet, par couches successives, sur
une effraie. Aux premières couches, il ne se ma-
nifesta qu'une légère hésitation dans les mouvements; aux couches suivantes, toutes les allures
de l'ivresse parurent dans la démarche : l'animal
volait pourtant encore assez bien. Aux moyennes
couches, il ne volait presque plus; il avait la plus
grande peine à se tenir un moment debout sans
chanceler; sa démarche était irrégulière et désordonnée, tous ses mouvements déréglés et inco-
hérents.

Il entendait, il voyait; il se mettait même en
défense dès qu'on voulait l'attraper, c'est-à-dire
qu'il se jetait aussitôt sur le dos, en présentant
son bec et ses griffes; et, comme il n'y avait plus
d'équilibre ni d'aplomb dans ses mouvements,
en voulant prendre cette attitude il tombait souvent, ou tout-à-fait sur le dos ou sur le côté, et

il roulait alors jusqu'à ce qu'il pût se redresser sur ses pattes, ce à quoi il parvenait toujours fort difficilement.

Quand il prenait l'essor pour éviter un objet, il lui arrivait souvent d'aller au contraire (faute de pouvoir maîtriser et diriger ses mouvements) se heurter contre cet objet ; quand il voulait aller en avant, il allait presque toujours en arrière ; quand il voulait prendre sa nourriture, il avait toute la difficulté imaginable à la saisir.

Exp. V. Sur un canard.

Je détruisis, par couches successives, le cervelet sur un fort gros canard. Aux premières couches, l'animal perdit l'harmonie de ses mouvements, et sa démarche, comme toutes ses autres allures, ressemblait de tout point à celle de l'ivresse. Je poussai mes retranchements plus loin : l'animal avait toute la peine du monde, ou à faire quelques pas chancelants, terminés bientôt par une chute, ou à se tenir appuyé sur ses coudes et sur ses ailes.

Je parvins aux dernières couches : l'animal perdit tout équilibre ; il ne pouvait plus, quelque effort qu'il fît, ni faire un seul pas régulier, ni se tenir d'aplomb ; il reculait et roulait sur lui-même quand il voulait se mouvoir; enfin, épuisé de fatigue, il se reposait sur un côté, ou sur le dos, ou sur le ventre, selon la position où l'avait amené son dernier effort.

Placé dans l'eau, le jeu de ses pattes effectuait tout aussitôt, mais d'une manière incohérente, le mouvement du canard pour la natation.

En un mot, tout équilibre, tout mouvement coordonné étaient perdus. Il est superflu d'ajouter, au point où nous sommes, qu'il conservait tous ses sens et toutes ses facultés intellectuelles.

§ II.

Expériences sur les mammifères.

Exp. I. Sur un lérot.

J'enlevai, sur un lérot que je conservais depuis quelque temps, le cervelet, par couches successives.

Cet animal, dont on connaît l'extrême vivacité, la légèreté, la souplesse de mouvements, commença par chanceler sur ses pattes, et finit bientôt par ne pouvoir plus s'en servir du tout d'une manière régulière et coordonnée.

Mais il conserva constamment ses sens et son intelligence. Quand on l'irritait avec un bâton, par exemple, il s'élançait sur le bâton, et s'il l'atteignait, il le mordait avec colère; il entendait aussi bien qu'il voyait, et n'avait, en un mot, perdu que l'équilibre et la régularité de ses mouvements.

Exp. II. Sur un chat.

Je mutilai, de plus en plus profondément, le cervelet sur un chat. L'animal perdit peu à peu l'équilibre; bientôt il ne lui resta plus que la démarche chancelante de l'ivresse. Il perdit enfin jusqu'à cette démarche même, ainsi que toute faculté de station et de locomotion régulières. Mais il conservait tous ses sens, toute son intelligence, et sa férocité naturelle s'était tellement accrue par les douleurs de l'opération, qu'il y aurait eu tout à craindre de ses dents et de ses griffes, s'il eût conservé l'adresse et la précision de ses mouvements.

Exp. III. Sur une taupe.

J'enlevai, sur une taupe, le cervelet, par couches graduelles : l'animal perdit graduellement la faculté de se mouvoir d'une manière régulière et coordonnée.

Je le portai sur un tas de terre où il avait coutume de se réfugier; il s'y reconnut très bien, et redoubla d'activité pour creuser un trou et s'y cacher : mais il ne sut plus creuser; ses pattes ne se remuaient plus convenablement; il s'y prenait comme s'y fût pris un animal ivre, et, après quelques efforts inutiles, il finissait bientôt par reculer, tomber et rouler sur lui-même.

Exp. IV. Sur un chien.

J'enlevai, sur un chien, jeune encore mais vigoureux, le cervelet, par des retranchements de plus en plus profonds. L'animal perdit de plus en plus la faculté de se mouvoir avec ordre et régularité. Bientôt il ne marcha plus qu'en chancelant et par zigzags. Il reculait quand il voulait avancer; quand il voulait tourner à droite, il tournait à gauche. Comme il faisait de grands efforts pour se mouvoir, et ne pouvait plus modérer ces efforts, il s'élançait avec impétuosité et ne tardait pas à tomber ou à rouler sur lui-même. Trouvait-il un objet sur sa route, il ne pouvait, quelque dessein qu'il en eût, l'éviter; il se heurtait à droite et à gauche; cependant il voyait et entendait très bien; quand on l'irritait, il cherchait à mordre, et mordait en effet l'objet qu'on lui présentait, quand il pouvait le rencontrer, mais il ne disposait plus de ses mouvements avec assez de précision pour le rencontrer souvent. Il avait toutes ses facultés intellectuelles, tous ses sens; il n'était privé que de la faculté de coordonner et de régulariser ses mouvements.

Je retranchai jusqu'aux dernières couches du cervelet; l'animal perdit toute mobilité, toute stabilité régulières.

§ III.

Je n'ajouterai pas ici de nouvelles expériences; l'exacte conformité de celles qu'on vient de voir rend toute répétition inutile.

Ainsi, 1° sur les mammifères comme sur les oiseaux, une altération légère du cervelet produit une légère désharmonie dans les mouvements; la désharmonie s'accroît avec l'altération; enfin, la perte totale du cervelet entraîne la perte totale des facultés régulatrices du mouvement.

2° Cependant il y a, même sur cette régularité et cette répétition exacte des phénomènes, une remarque assez curieuse à faire; c'est que les mouvements désordonnés par le fait de la lésion du cervelet correspondent à tous les mouvements ordonnés.

Dans l'oiseau qui vole, c'est dans le vol que paraît le désordre; dans l'oiseau qui marche, dans la marche; dans l'oiseau qui nage, dans la nage.

Il y a donc un nagement et un vol d'ivresse, comme il y a une démarche pareille.

3° Bien qu'avec la perte du cervelet coïncide constamment la perte des facultés locomotrices, les facultés intellectuelles et perceptives n'en restent pas moins entières; et, d'un autre côté, tant que l'opération ne dépasse pas les limites du cervelet, il n'y a nul indice de convulsions.

La faculté excitatrice des convulsions ou contractions musculaires, la faculté coordonatrice de ces contractions, les facultés intellectuelles et perceptives, sont donc trois ordres de facultés essentiellement distinctes, et résidant dans trois ordres d'organes nerveux, essentiellement distincts aussi.

4° Bien qu'enfin tous les mouvements de locomotion soient perdus, tous les mouvements de conservation n'en subsistent pas moins toujours.

Ces mouvements de conservation ne dérivent donc pas du cervelet : on verra bientôt d'où ils dérivent.

—

CHAPITRE VII.

FONCTIONS DES TUBERCULES BIJUMEAUX.

§ I.

Exp. I. Sur un canard.

Je retranchai, sur un canard, le tubercule bijumeau droit : l'animal perdit soudain la vue de l'œil gauche.

De plus, il tournait souvent du côté du tubercule enlevé, et son cou se tordait presque toujours de ce côté.

Exp. II. Sur un dindon.

J'enlevai le tubercule bijumeau droit sur un dindon : soudain l'animal perdit la vue de l'œil gauche. Il conservait d'ailleurs tous ses autres sens, comme toutes ses facultés intellectuelles et loco-motrices.

J'enlevai le tubercule gauche : l'animal fut tout-à-fait aveugle.

Exp. III. Sur une pie.

J'enlevai les deux tubercules bijumeaux sur une pie : à la perte du tubercule droit, elle perdit la vue de l'œil gauche; à la perte du gauche, la vue de l'œil droit.

Exp. IV. Sur une hirondelle.

J'enlevai le tubercule bijumeau droit : l'hirondelle perdit la vue de l'œil gauche, et tourna long-temps, même en volant, sur le côté du tubercule enlevé; j'enlevai le tubercule gauche, elle perdit la vue de l'œil droit. Elle conservait du reste tous ses autres sens, toute son intelligence; tous ses mouvements de locomotion étaient réguliers et coordonnés.

Exp. V. Sur un moineau.

J'enlevai le tubercule droit sur ce moineau : il tourna sur le côté droit, et perdit l'œil gauche.

J'enlevai le tubercule gauche, il perdit l'œil droit.

Cet animal, quoique devenu aveugle, était vif, alerte, éveillé, et suppléait à la perte de sa vue par l'habileté avec laquelle il usait de ses autres sens.

Exp. VI. Sur un chien.

Quand j'eus enlevé les deux tubercules du côté droit, l'animal tourna sur ce côté, et ne vit plus de l'autre.

Un phénomène inverse suivit l'ablation des tubercules opposés.

Exp. VII. Sur un rat.

A l'ablation des tubercules gauches, il tourna à gauche, et perdit la vue de l'œil droit; à l'ablation des tubercules droits, il perdit la vue de l'œil gauche, et tourna à droite.

§ II.

I. Dans toutes ces expériences, je ne parle pas de l'effet sur l'iris; il suffira de dire, ou plutôt de répéter en général, que l'irritation d'un tubercule excite les contractions de l'iris opposé (1); que son ablation partielle les affaiblit; que son ablation complète les abolit complétement.

II. J'enlevai, sur un pigeon, le tubercule bi-jumeau droit, jusqu'à ses dernières racines, les-

---

(1) Du moins plus particulièrement; car il y a aussi quelques contractions dans l'iris du même côté. L'effet de l'irritation n'est pas aussi circonscrit et par conséquent aussi *exclusivement croisé* que celui de la perte de la vue, perte qui n'a jamais lieu que pour l'œil du côté opposé au tubercule enlevé.

quelles comprennent les dernières racines du nerf optique : l'iris de l'œil gauche parut tout-à-fait immobile.

III. Sur un moineau, j'enlevai les deux tubercules bijumeaux jusqu'à leurs dernières racines : l'iris des deux yeux perdit toute mobilité.

IV. Ainsi donc, 1° La perte des tubercules bijumeaux entraîne constamment la perte de la vue, et toujours dans un sens croisé ; leur ablation complète abolit complétement le jeu de l'iris.

2° La perte de ces tubercules n'entraîne jamais que la perte de la vue, sans altérer les autres facultés ni intellectuelles ni locomotrices.

3° Les fonctions des lobes cérébraux, des tubercules bijumeaux, du cervelet, sont donc bien distinctes :

Dans les lobes cérébraux résident les facultés intellectuelles ; du cervelet dérivent les facultés locomotrices ; des tubercules bijumeaux dérive l'action de l'iris et de la rétine.

4° Il y a, comme on voit, deux moyens d'abolir la vision par la masse cérébrale :

L'un, l'ablation des tubercules bijumeaux, tue le nerf optique, et par suite la rétine, et par suite l'iris ; l'autre, l'ablation des lobes cérébraux, ne tue ni le nerf optique, ni la rétine, ni l'iris ; il ne tue que l'organe où se consomme et se transforme en perception l'effet de l'iris, de la rétine et du nerf optique. L'un est la perte du *sens* de la vue; l'autre est la perte des *perceptions* de la vue : par l'un on perd l'*œil*, par l'autre la *vision*.

Je montrerai ailleurs qu'il en est de même pour tous les autres sens.

5° Pour que la vision soit tout-à-fait abolie, il n'est pas nécessaire que les tubercules soient tout-à-fait ôtés; une ablation partielle, mais profonde, suffit pour cela.

Dans ce cas, ni l'iris, ni la rétine, ni le nerf optique, ne sont réellement et complétement morts; mais leur communication avec les lobes cérébraux, par les tubercules bijumeaux, n'est plus libre. Leur action n'arrive donc plus au centre unique où elle puisse se convertir en perception; il n'y a donc plus perception, il n'y a plus vision.

<h2 style="text-align:center">§ III.</h2>

Expériences comparées sur les tubercules bijumeaux, les lobes cérébraux et le cervelet.

Exp. I. Sur trois poules.

Je retranchai la moitié supérieure du cervelet sur une poule; les deux lobes cérébraux sur une autre; les deux tubercules bijumeaux sur une troisième.

J'avais mis ces trois poules dans le même appartement; quand je voulais leur donner à manger, j'imitais quelquefois le cri qui les appelait habituellement à leurs repas , avant qu'elles eussent été opérées ; et, tout en continuant ce cri, je leur jetais du grain.

La poule sans lobes n'entendait rien, et ne bougeait pas; celle sans tubercules entendait très bien, s'approchait du grain, guidée par le bruit qu'il faisait en tombant; et quand elle s'en était approchée, elle savait très bien le trouver sans le voir, et en mangeait beaucoup. Celle sans cervelet voyait le grain, voulait l'attraper, et faisait mille efforts pour l'attraper sans y réussir, au moins d'ordinaire.

Ex. II. Sur trois autres poules.

J'enlevai, comme ci-dessus, les deux lobes cérébraux à une poule, les deux tubercules bijumeaux à une autre, la moitié supérieure du cervelet à une troisième.

Je les remis ensuite dans l'appartement même qu'elles occupaient avant l'opération, et auquel elles étaient conséquemment déjà habituées. Cet appartement fut tenu bien approvisionné.

La poule sans lobes mourut de faim ; les deux

autres surent chercher leur nourriture, la trouver, la choisir, et vécurent.

—

J'ai reproduit bien des fois, sur des coqs, sur des poules, sur des pigeons, sur des lapins, cette admirable opposition entre les effets des lobes cérébraux, des tubercules bijumeaux et du cervelet.

L'opposition est de tous points complète :

1° L'animal sans lobes reste assoupi; rien n'est plus éveillé que l'animal sans cervelet; celui sans tubercules n'est ni plus ni moins éveillé qu'à l'ordinaire.

2° Le premier n'a nulle perception réelle, nulle faculté intellectuelle; le second a toutes ses perceptions et toutes ses facultés; le dernier n'a perdu que la vue.

3° Le premier et le troisième conservent toute la régularité de leurs mouvements de locomotion; le second l'a entièrement perdue.

4° En résumé, le premier ne manifeste aucune détermination spontanée, n'accuse aucune perception positive, ne donne aucune marque d'intelligence; il a donc perdu toutes ses facultés intellectuelles.

Le troisième se montre impressionnable à tous

les genres de perception, sauf aux seules perceptions de la vue ; il donne toutes les marques d'une
intelligence parfaite ; tous ses instincts se manifestent et se développent avec énergie ; il n'a donc
perdu que la vue.

Le second n'a perdu aucune de ses facultés
intellectuelles ; il n'a perdu que la faculté de se
mouvoir coordonnément.

Les lobes cérébraux sont donc le réceptacle unique des perceptions ; les tubercules bijumeaux,
le siége du principe primordial de l'action de la
rétine, de l'iris et du nerf optique ; le cervelet,
celui du principe régulateur ou coordonateur des
mouvements de locomotion.

CHAPITRE VIII.

LÉSIONS DES PARTIES CÉRÉBRALES.

—

Exp. I. Sur un coq.

Je fendis longitudinalement les deux lobes cérébraux sur un jeune coq.

Sur-le-champ, l'animal perdit toute perception,
toute volition ; il ne vit plus, n'entendit plus, etc. :
presque toujours assoupi ou endormi, il ne bougeait ou ne marchait qu'autant qu'on l'irritait.

Le second jour, même état : les lobes cérébraux sont très tuméfiés ; je fais boire et manger
l'animal.

Le troisième jour, même état encore : lobes
toujours très tuméfiés ; sommeil presque conti-
nuel.

Le quatrième, même état, même tuméfaction
des lobes. En voulant résister aux efforts que
je fais pour lui ouvrir le bec, l'animal heurte violemment de la tête contre ma main : presque tout
le lobe cérébral droit est détruit du coup.

Le cinquième jour, la tuméfaction des lobes diminue; l'animal paraît moins profondément absorbé dans sa léthargie.

Le sixième, l'animal commence à entendre, à se mouvoir, à se diriger de lui-même.

Le septième, l'animal donne des signes évidents de volition et de perception : il entend, voit un peu de l'œil droit, mais non du gauche, cherche sa nourriture, la trouve, boit et mange de lui-même.

Le huitième, l'animal voit bien de l'œil droit, entend bien, mange, boit, se nourrit. Tous ses instincts, toutes ses perceptions ont reparu.

Mais il lui manque toujours la vue de l'œil gauche; et, quoiqu'il ait survécu fort long-temps à l'opération, il ne l'a jamais recouvrée.

Exp. II. Sur une poule.

Je fendis le lobe cérébral droit en long, sur une poule ; la vue fut soudain perdue de l'œil gauche.

Du reste, l'animal voyait très bien de l'œil droit; il entendait, se dirigeait, cherchait sa nourriture comme à l'ordinaire.

La tuméfaction du lobe fendu fut d'abord énorme. Sept à huit jours après, elle avait disparu, et l'animal avait repris la vue de l'œil gauche.

J'enlevai alors le lobe cérébral gauche; l'animal continua à entendre, à se diriger, à se nourrir, à voir, comme auparavant; à la seule différence près qu'il ne voyait plus que de l'œil qu'il avait d'abord perdu.

Exp. III. Sur une autre poule.

Les deux lobes cérébraux furent fendus par une section tranversale, dans leur région moyenne, et dans toute l'étendue de cette région.

La poule perdit, incontinent, tous ses sens, toutes ses facultés intellectuelles, et ne les recouvra plus jamais.

Exp. IV. Sur une troisième poule.

Je retranchai toute la région supérieure des deux lobes cérébraux, par couches successives; l'animal perdit peu à peu tous ses sens et toutes ses facultés intellectuelles. Durant les cinq premiers jours, il fut plongé dans un état de stupidité complète. Dès le sixième, il commença à reprendre ses sens; du septième au neuvième, il les eut entièrement repris.

Exp. V. Sur deux coqs.

Le cervelet fut fendu longitudinalement sur l'un de ces coqs; il le fut en travers sur l'autre.

Ces deux coqs perdirent aussitôt tout leur équilibre; au bout de quinze jours, ils l'avaient totalement repris.

EXP. VI. Sur un canard.

Je rendis ce canard aveugle par l'extirpation
de toute la région superficielle des deux tubercules bijumeaux.

Vingt jours après, l'animal eut entièrement recouvré la vue des deux yeux.

EXP. VII. Sur une pie.

J'enlevai toute la portion supérieure du cervelet sur cette pie. A peine douze jours s'étaient-ils
écoulés qu'elle avait repris tout l'aplomb, toute la
régularité de ses mouvements.

———

Il serait superflu d'accumuler ici les faits de ce
genre. Ceux que j'ai déjà rapportés suffisent pour
établir :

1° Que les lésions des lobes cérébraux, des tubercules bijumeaux, du cervelet, sont (quand
elles ne dépassent pas certaines limites) suivies de
guérison de l'organe avec restitution complète de
la fonction;

2° Qu'une portion assez restreinte, mais déterminée, de ces organes suffit au plein et entier exercice de leurs fonctions;

3° Enfin, que les fonctions du cervelet, des lobes cérébraux, des tubercules bijumeaux, sont bien essentiellement distinctes et séparées, puisque chacune d'elles peut séparément être conservée, détruite, restituée, selon que l'organe de chacune d'elles se conserve, se détruit ou se restitue.

CHAPITRE IX.

CICATRISATION DES PLAIES DU CERVEAU, ET RÉGÉNÉRATION
DE SES PARTIES TÉGUMENTAIRES.

§ Ier.

I. J'enlevai, sur un canard, les deux lobes cérébraux à la fois.

Sur-le-champ l'animal perdit la vision, l'audition, et ne donna plus aucun signe de volonté.
Immobile et comme assoupi, mais du reste parfaitement d'aplomb sur ses jambes, d'un équilibre
parfait quand il se mouvait, il ne bougeait plus
qu'autant qu'on l'irritait.

Le lendemain de l'opération, il occupait encore
la place où je l'avais laissé la veille; toute la surface
de sa plaie était recouverte d'une couche noire et
épaisse de sang desséché; je le fis manger, car il
ne mangeait plus de lui-même.

Le surlendemain, même état : de temps en temps
l'animal fait quelques pas sans but. Quelquefois il
change de patte, ou secoue un moment l'une

d'elles, comme si elle était fatiguée ou engourdie. Quelquefois, et surtout quand on le touche, il remue sa queue; ou, se soulevant sur ses jambes, il agite vivement ses ailes, à la manière des canards qui cherchent à se dégourdir de la fatigue d'une position trop long-temps gardée.

Quant à la plaie, le seul point qu'il y ait à re-marquer encore, c'est le rapprochement des bords de la peau tuméfiés, et déjà recollés aux parties sous-jacentes.

Le troisième jour de l'opération, la croûte de sang desséché adhère fortement par sa base aux parties sur lesquelles elle repose. Les bords de la peau qui l'entourent tendent toujours, et de plus en plus, à se rapprocher.

Le sixième jour, la santé de l'animal est par-faite. Je remarque (comme je l'avais remarqué déjà sur les poules soumises à l'ablation des lobes cérébraux) qu'il marche toujours plus souvent et plus long-temps quand il est à jeun que quand il est repu.

A part les heures où il a manifestement besoin de nourriture, il est presque toujours ou assoupi ou complétement endormi. Plongé dans une stu-peur perpétuelle, ni le bruit ni la lumière ne l'é-meuvent jamais; et il faut absolument, pour cela, une action immédiate, comme un coup, une pi-qûre ou un pincement.

Vainement le soumet-on à des jeûnes prolongés, jamais il ne mange ni ne boit de lui-même ; et pour qu'il mange, il faut toujours lui porter l'aliment dans le bec et jusque dans l'arrière-bouche ; car si on le laisse sur le bout du bec, sur le milieu même du bec, il ne sait point l'avaler.

Mais ce qu'on lui fait manger, il le digère parfaitement ; il se débarrasse comme à l'ordinaire de ses excréments, et quand la nourriture qu'on lui a donnée est trop abondante, il la rejette par le vomissement. En un mot, toutes les fonctions vitales se conservent et s'exercent avec la plus grande régularité ; il n'y a de perdu que les fonctions intellectuelles et perceptives.

Le septième jour, la croute de sang est toujours fortement adhérente ; je la soulève et la détache avec effort. Au-dessous se voit un grand creux, d'où quelques gouttes de lymphe épanchée s'écoulent ; la surface de la plaie cérébrale est rougeâtre et parsemée de nombreux ramuscules sanguins.

Le lendemain, 16, une légère pellicule extrêmement fine, d'un blanc sale ou grisâtre, recouvre la surface mise à nu la veille. Les parties cérébrales que l'on voit à travers cette pellicule, comme au travers d'un voile, paraissent moins enflammées et moins rouges.

Le neuvième jour, la pellicule s'épaissit et se durcit à l'extérieur.

Le vingtième, la pellicule est transformée en une véritable croûte ; et c'est sous cette croûte que se fait le travail de la cicatrisation, et que s'épanche la lymphe organisable. Pour peu en effet qu'on soulève la croûte, on voit la lymphe accumulée, qui s'échappe par tous les points.

Le vingt-quatrième jour, étant obligé de revenir à Paris, je voulus y apporter l'animal qui fait le sujet de ces observations. Il mourut en route par l'effet des cahots de la voiture.

II. J'enlevai, sur une poule, toute la portion supérieure et centrale du lobe cérébral gauche.

L'animal perdit aussitôt la vue de l'œil droit ; mais du reste il se conduisait, se nourrissait, allait et venait comme à l'ordinaire.

Le second jour de l'opération, vue toujours perdue de l'œil droit : toute la surface de la plaie est recouverte d'une croûte de sang noir et desséché : la portion restante du lobe cérébral mutilé paraît très tuméfiée ; les bords de la peau se rapprochent, et se collent aux parties voisines.

Le cinquième jour, la tuméfaction du lobe cérébral est dissipée.

Le dixième, la croûte qui recouvre la plaie

commence à se détacher par ses bords ; et, sous ces bords détachés, on voit déjà se former la pellicule mince et fine qui, plus tard, constituera la nouvelle peau. Je soulève doucement la croûte, et tout aussitôt il s'échappe une assez grande quantité de lymphe qui s'y trouvait accumulée.

Le sixième jour, l'animal commence à voir un peu de l'œil qu'il avait perdu.

Le neuvième, il en voit tout-à-fait bien. J'enlève la croûte desséchée : elle recouvrait et retenait sous elle une grande quantité de lymphe très limpide, qui aussitôt s'écoule. La cicatrisation a déjà fait de grands progrès : la nouvelle peau s'avance de tous les points de la circonférence de la plaie vers le centre; le lobe cérébral paraît rougeâtre.

Le vingt-deuxième jour, départ de la campagne ; mort de l'animal en route.

III. J'enlevai à peu près tout le tiers supérieur du cervelet sur un jeune coq. L'animal perdit aussitôt l'équilibre de ses mouvements; il ne marchait, ne volait, ne se tenait plus debout qu'avec peine et en oscillant sur lui-même.

Le second jour de l'opération, l'équilibre paraît déjà moins troublé. Comme je n'avais fait à la dure-mère qu'une incision, et ne l'avais point enlevée, la portion restante du cervelet se trouve contenue par elle, et il n'y a presque pas de tuméfaction.

Le quatrième jour, l'équilibre se rétablit à vue d'œil.

Le sixième, il est entièrement rétabli.

Le seizième, la croûte de sang desséché commence à se détacher et à céder sous le doigt qui la pousse, ce qui annonce le progrès de la cicatrice.

Mais, ce qu'il importe surtout de bien indiquer ici, c'est la manière dont la peau nouvellement formée s'étend des bords de l'ancienne peau, desquels elle émane, vers cette croûte, et, se glissant sous cette croûte, la soulève et la détache à mesure qu'elle s'y glisse.

La lame extérieure des os frontaux, qui a été dénudée pendant l'opération, est noirâtre et nécrosée.

Le dix-septième jour, la croûte de sang cède à une légère impulsion, se détache et laisse voir sous elle, d'abord beaucoup de lymphe accumulée, et ensuite une surface jaunâtre, parsemée de points et de stries rouges, enflammée, et recouverte de granulations ou bourgeons lardacés. Cette surface est circonscrite par une peau nouvelle qui gagne et se propage de tous les points de la circonférence vers le centre de la plaie.

Le vingtième jour, la surface bourgeonnée, mise à nu le 2, se dessèche à l'extérieur, et se durcit en se desséchant.

Le vingt-cinquième, la cicatrice fait des progrès rapides, et ces progrès vont toujours de la circonférence au centre.

Le vingt-huitième, la cicatrisation est complète. Une nouvelle peau, ou, plutôt, une nouvelle espèce de peau, fine, lisse et mobile, en recouvre toute la surface. La lame extérieure des os frontaux nécrosée ne s'exfolie point encore ; mais on voit déjà se glisser sous ses bords la nouvelle peau qui se forme.

Le trente-septième jour, la nouvelle peau continue toujours à s'étendre sous les os frontaux nécrosés, et à les détacher par leurs bords.

Le quarantième, retour à Paris; l'animal résiste très bien au voyage.

Le cinquante-et-unième, l'animal étant d'une vigueur et d'une santé parfaites, je le soumets à une nouvelle expérience.

J'enlève d'abord l'os frontal gauche, lequel paraît formé de deux lames, ou plutôt de deux os superposés, l'ancien entièrement nécrosé, le nouveau encore cartilagineux. J'enlève ensuite le lobe cérébral correspondant presque en entier; et l'animal perd aussitôt la vue de l'œil opposé.

11

Le frontal droit s'exfolie petit à petit à mesure que la nouvelle peau s'étend sous ses bords.

Le cinquante-neuvième jour, l'os frontal nécrosé tombe, et sa chute s'opère par un procédé tout pareil à celui qui a eu lieu pour la chute de la croûte de sang desséché; c'est-à-dire que la nouvelle peau, en se formant peu à peu sous l'os nécrosé, comme elle s'était formée sous la croûte, l'a détaché d'abord par sa circonférence, puis par son centre, et a fini par l'expulser tout-à-fait. La cicatrice est donc complète, et la nouvelle peau partout complétement formée, hors sur le seul point opéré de nouveau il y a huit jours.

Le soixante-neuvième jour, ce dernier point est entièrement cicatrisé, et recouvert d'une peau nouvelle. Mais, sous cette nouvelle peau, il n'y a point encore d'os formé, comme l'indique la fluctuation qu'on sent à la place qu'il doit occuper; fluctuation due à de la lymphe épanchée, accumulée, et qui, par une petite incision que je fais à la peau, s'écoule avec abondance.

La vue est toujours perdue de l'œil droit.

Huit mois après la première opération, époque où je sacrifie l'animal pour soumettre les parties opérées à l'examen, la vue de l'œil droit est toujours perdue; tout le crâne est recouvert d'une peau lisse et mince; la perte de substance éprouvée par le frontal gauche n'est point complétement réparée ; et, par le point où l'os manque, s'élève une petite poche qui offre une fluctuation sensible, et qui, étant percée, donne issue à une certaine quantité de lymphe.

Je passe à l'examen de l'état intérieur des parties.

La nouvelle peau lisse et mince qui a remplacé l'ancienne peau perdue est absolument dépouillée de plumes et dépourvue de leurs bulbes. Un tissu cellulaire lâche et souple l'unit aux os du crâne, et dans le point où ces os n'ont pas été reproduits, il l'unit au périoste, et par le périoste à la dure-mère.

Le nouveau frontal droit, car, comme je viens de le dire, le gauche n'est pas complétement réparé, se compose de deux lames minces.

La moelle allongée, les tubercules bijumeaux, et le lobe cérébral droit, sont dans un état d'intégrité parfaite.

Le cervelet se montre réduit à peu près à la moitié de son volume naturel (1); sa surface mu-

(1) Cet animal, réduit à la moitié à peu près de son cervelet, avait été mis plusieurs fois avec des poules, et il avait toujours cherché à les côcher. Chose remarquable, il voulait côcher ces poules, mais il ne pouvait y réussir, parce que, faute d'équilibre, il ne pouvait parvenir à grimper sur leur dos, et surtout à s'y maintenir.

Ainsi, *l'instinct de la propagation* subsistait, cet *instinct* ne dé-

tilée présente une cicatrice lisse, fine, et parsemée de stries ou points jaunâtres.

Le lobe cérébral gauche a perdu toutes ses
parties centrales; il ne reste plus que sa couche
extérieure, soutenue par la dure-mère reproduite,
épaissie, et formant cette poche pleine de lymphe
qui faisait saillie à travers le trou des os du crâne,
et qui, durant le cours de l'observation, avait été
vidée à plusieurs reprises.

IV. J'avais enlevé les deux lobes cérébraux à
une poule. Cette poule survécut plus de six mois
et demi à cette perte; et conséquemment la
cicatrisation et la reproduction des parties étaient
entièrement terminées, quand l'animal mourut
par suite d'un accident étranger à l'expérience.

Le crâne était recouvert, dans toute son étendue, d'une peau mince, blanche et mobile. Au-
dessous de cette peau se trouvait une couche
osseuse qui remplaçait parfaitement toutes les
portions perdues de l'ancien os. Le cervelet, les
tubercules, la moelle allongée, étaient entière-

pend donc pas du cervelet; mais *l'équilibre* des mouvements ne
subsistait plus, cet *équilibre* dépend donc du cervelet.

Enfin, et ceci encore n'est pas moins décisif contre l'opinion qui
a voulu placer dans le cervelet le siége de l'instinct de la propagation, ce coq avait perdu la moitié de son cervelet, et ses testicules
étaient énormes.

ment sains. Les points mutilés, par suite de l'ablation des lobes cérébraux, offraient une surface unie, lisse, et de la couleur naturelle à ces points.

V. Toute la moitié supérieure du cervelet avait été retranchée sur une poule.

Quatre mois après l'opération, et, par conséquent, toute cicatrisation, toute reproduction complétement terminées, je soumis les parties opérées à l'examen. Une nouvelle peau fine, une nouvelle couche osseuse mince, remplaçaient l'ancien os et l'ancienne peau. La moitié restante du cervelet offrait sa couleur et sa consistance naturelles; seulement la surface mutilée présentait encore, surtout vers le centre, quelques stries et quelques points de couleur jaunâtre.

VI. Je fendis longitudinalement le lobe cérébral droit sur une poule.

Quinze jours après, ce lobe ayant été examiné, se trouva déjà réuni dans tous les points qui avaient été divisés. Ces points se montraient pourtant encore parsemés de stries rouges ou jaunâtres, et un peu de sang épanché les séparait encore vers le centre.

§ II.

I. Ainsi :

1° Les plaies du cerveau avec perte de substance sont suivies d'une cicatrice fine et lisse de la surface mutilée.

2° Les plaies qui ne consistent qu'en une simple division se cicatrisent par la réunion immédiate des points divisés.

3° Dans ce dernier cas, à mesure que la réunion des parties divisées s'opère, l'animal reprend les fonctions qu'il avait perdues : il les reprend aussi dans le premier cas, pourvu que la perte de substance n'ait pas dépassé certaines limites.

II. Quant aux parties tégumentaires, on voit :

1° Qu'il se forme une nouvelle peau et un nouvel os.

2° La nouvelle peau provient toujours des bords de l'ancienne ; toujours un épanchement de lymphe organisable précède un nouveau progrès de sa formation ; et, pour que cette lymphe puisse s'organiser, il faut toujours qu'elle soit maintenue un certain temps *en position* par un corps recouvrant quelconque. Je dis *quelconque;* parce que, comme on l'a vu, c'est tantôt une croûte de sang desséché, tantôt une croûte de lymphe coagulée, tantôt une lame d'os nécrosée, qui jouent le rôle de ce corps.

3° Le premier temps de la cicatrisation est le rapprochement des bords de la plaie vers le centre, et la formation d'une croûte ; le deuxième, l'épanchement de la lymphe organisable sous cette croûte ; le troisième, l'organisation ou la formation de la partie nouvelle qui, à mesure qu'elle se forme, détache et expulse la croûte.

4° Enfin la reproduction de la peau est toujours plus rapide que celle de l'os, etc.; et le nouvel os commence toujours par être cartilagineux avant de passer à l'état osseux.

§ III.

I. Il me reste à parler encore d'une expérience.

J'enlevai, sur une poule, les deux os frontaux et toute la portion de dure-mère qui recouvre les lobes cérébraux.

Je laissai survivre l'animal plus de quinze mois à l'opération.

Au bout de ce temps, la perte de substance de l'os n'était pas entièrement réparée, car l'animal était adulte. Un petit trou subsistait encore entre les deux os frontaux de formation nouvelle.

Mais toute la portion de dure-mère enlevée était reproduite : le périoste était complétement reproduit aussi ; et, dans le point où le nouvel os manquait encore, ces deux membranes, le *périoste* et la *dure-mère*, adhéraient l'une à l'autre, et semblaient se continuer l'une avec l'autre.

§ IV.

I. Au reste, cette reproduction complète de la *dure-mère* (reproduction que j'avais observée dans plusieurs autres de mes expériences), n'est pas le seul fait curieux que m'ait donné cette poule.

J'ai dit, dans le chapitre III de cet ouvrage (1), que les perceptions de l'*odorat* et du *goût* ont leur siége, comme toutes les autres, dans les lobes cérébraux; et je l'ai conclu d'expériences faites sur des poules. Il importait donc de voir jusqu'à quel point l'*odorat* et le *goût* sont développés dans cet animal.

Or, la poule dont il s'agit ici avait non seulement *goût* et *odorat*, mais un *goût* et un *odorat* très fins. Elle aimait beaucoup, par exemple, le *café au lait*. Aussi, dès que l'odeur du café commençait à se répandre dans l'appartement, la poule accourait-elle aussitôt. Elle accourait à l'odeur du café; elle *odorait* donc.

Elle aimait aussi beaucoup le *beurre*, mais seulement le *beurre frais*. Dès qu'on lui jetait un morceau de *beurre*, elle l'avalait brusquement s'il était *frais*; mais, s'il n'était pas *frais*, au lieu de l'avaler, elle secouait le bec et le rejetait. Elle distinguait donc, par le *goût*, le *beurre frais* du *beurre* qui ne l'était pas; elle *goûtait* donc.

(1) *Voyez* ci-devant, page 85.

CHAPITRE X.

RECHERCHES SUR L'ACTION DU SYSTÈME NERVEUX DANS LES MOUVEMENTS DITS DE CONSERVATION (1).

—

§ Ier.

I. J'ai tâché, dans les premiers chapitres de cet ouvrage, de déterminer avec précision et les diverses propriétés des diverses parties nerveuses, et les divers rôles que ces parties jouent, soit dans les phénomènes de la pensée et des sensations, soit dans les mouvements dits de locomotion.

II. On a vu d'abord qu'il y a trois propriétés essentiellement distinctes dans le système nerveux : la première, d'exciter les contractions musculaires ; la deuxième, de ressentir les impressions ; la troisième, de percevoir et de vouloir ; que ces trois propriétés diffèrent de siége comme d'effet, et qu'il y a une limite précise entre les organes de chacune d'elles.

(1) Mémoire lu à l'Académie royale des sciences de l'Institut, dans les séances des 27 octobre et 10 novembre 1823.

III. En second lieu, la délimitation du rôle que jouent les diverses parties nerveuses qui concourent à un mouvement de locomotion a montré que les nerfs n'y sont proprement que pour l'*excitation* des contractions musculaires; la moelle épinière, pour la *liaison* de ces contractions en mouvements d'ensemble; le cervelet, pour la *coordination* de ces mouvements en mouvements déterminés, saut, vol, marche, course, station, etc.; et les lobes cérébraux, pour la *volition* de ces mouvements.

IV. On a vu ensuite que le principe primordial du jeu de l'iris et de l'action de la rétine dérive des tubercules bijumeaux (1).

V. Et il a été démontré enfin que le principe des perceptions et des volitions réside exclusivement dans les lobes cérébraux, comme le principe de la coordination des mouvements de locomotion, dans le cervelet.

VI. La masse cérébrale se compose donc jusqu'ici, et sans compter la moelle allongée proprement dite, de trois organes essentiellement distincts : savoir, les tubercules bijumeaux, les lobes cérébraux, et le cervelet; et chacun de ces

---

(1) *Bijumeaux* ou *quadrijumeaux* : *bijumeaux* dans les oiseaux, *quadrijumeaux* dans les mammifères.

trois organes a des fonctions non moins distinctes que spécifiques.

VII. Il y a un principe primordial du jeu de l'iris et de l'action de la rétine, et il réside dans les tubercules bijumeaux; il y a un principe des perceptions et des volitions, et il réside dans les lobes cérébraux; il y a enfin un principe coordonnateur des mouvements de locomotion, et son siége est le cervelet.

VIII. Ces divers points établis, il ne restait plus qu'à déterminer si les mouvements dits de *conservation*, les seuls dont je n'eusse pas encore parlé, n'avaient pas aussi quelque pareil principe d'action ou de coordination; et, ce principe supposé, quel pouvait en être le siége.

' Tel a été l'objet des expériences suivantes.

§ II.

I. Je retranchai, sur un jeune et vigoureux lapin, d'abord les lobes cérébraux, et l'animal perdit aussitôt toute faculté de vouloir et de percevoir; puis le cervelet, et il perdit toute faculté de se mouvoir avec ordre et régularité; enfin les tubercules quadrijumeaux, et ses iris, jusque là contractiles et mobiles, perdirent bientôt tout ressort et tout mouvement.

Malgré ces diverses mutilations, l'animal vivait et respirait bien.

Ce fut alors que je commençai à retrancher, par tranches successives, la moelle allongée d'avant en arrière.

Aux moyennes tranches, l'animal ne respirait déjà plus qu'avec effort.

Aux dernières tranches, il ne respirait plus.

II. Je pris un autre lapin ; je retranchai pareillement les lobes cérébraux, les tubercules quadrijumeaux et le cervelet.

Pareillement, la respiration persistait toujours.

Je retranchai la moelle allongée tout d'un coup, et tout d'un coup la respiration fut éteinte.

III. Je supprimai, par coupes graduelles et successives, d'avant en arrière, la moelle allongée, sur une poule ; et, la dernière coupe opérée, il n'y eut plus de respiration.

IV. Je retranchai, sur une poule et sur un pigeon, les lobes cérébraux, les tubercules bijumeaux et le cervelet, sans toucher à la moelle allongée.

Cette poule et ce pigeon survécurent plusieurs heures à ces graves mutilations.

V. Je supprimai tout d'un coup, sur une autre poule et sur un autre pigeon, la moelle allongée tout entière ; et, sur ces deux animaux, la respiration fut tout d'un coup abolie.

VI. J'ai répété ces expériences sur un grand

nombre de poules, de lapins, de pigeons, de chats, de chiens, de canards, de cochons-d'inde : toujours le résultat a été le même.

VII. Ainsi donc, ni les lobes cérébraux, ni le cervelet, ni les tubercules bijumeaux ou quadrijumeaux, n'exercent une influence directe et immédiate sur la respiration : la moelle allongée est la seule partie, entre celles qui composent la masse cérébrale, qui exerce sur cette fonction une pareille influence.

VIII. Je passe à l'examen des diverses régions de la moelle épinière.

IX. Je retranchai, sur un lapin, toute la moelle lombaire, y compris le renflement postérieur.

La respiration n'en fut point troublée.

Quelques heures après, je détruisis toute la portion de moelle dorsale qui s'étend de ce renflement postérieur à l'origine de la dernière paire intercostale, et la respiration ne parut point encore essentiellement altérée.

Je détruisis alors, petit à petit, toute la moelle costale ; le jeu des côtes s'éteignit graduellement à mesure que j'avançai, et quand j'eus fini, il était tout-à-fait éteint.

Je pénétrai plus avant, la respiration s'exécutant encore, quoique avec peine, par le diaphragme ; j'atteignis enfin l'origine des nerfs diaphragmatiques ; et avec la cessation du jeu du diaphragme cessa toute respiration effective : car les bâille-ments de la bouche et de la glotte, survivant seuls, n'avaient plus d'effet.

X. J'enlevai, sur une poule et sur un pigeon, les moelles lombaire et dorsale, jusqu'à l'origine des dernières paires intercostales.

Ces deux animaux survécurent près de deux jours à cette ablation.

XI. Je détruisis graduellement, sur une autre poule et sur un autre pigeon, la moelle costale. La respiration s'affaiblit de plus en plus, à me-sure que s'opérait cette destruction ; et quand cette destruction fut consommée, il n'y eut plus de res-piration, ou plutôt plus de mouvement des côtes ; car les bâillements de la bouche et de la glotte persistaient toujours.

XII. Je détruisis, sur plusieurs grenouilles, toute la moelle dorsale, sans troubler manifeste-ment la respiration.

J'atteignis enfin l'origine des nerfs de l'appa-reil hyoïdien ; appareil qui, dans ces animaux, remplit, comme M. Cuvier l'a montré (1), les

____

(1) *Leçons d'anatomie comparée.* Paris, 1805, tom. II, p. 249 ; et tom. IV, pag. 368.

Dans les reptiles privés de côtes mobiles, comme les *salamandres* fonctions du thorax ou du diaphragme : et ce fut alors seulement que cessèrent les mouvements inspiratoires du tronc, ceux de la tête persistant toujours.

XIII. Ainsi donc, on ne détruit tous les mouvements inspiratoires du tronc, dans les mammifères, qu'en atteignant l'origine des nerfs diaphragmatiques ; la simple destruction de la moelle costale suffit dans les oiseaux, parce qu'ils manquent de diaphragme ; et dans les reptiles batraciens, il faut aller jusqu'à l'origine des nerfs hyoïdiens.

§ III.

I. Maintenant qu'on vient d'énumérer et d'assigner les diverses parties nerveuses qui concourent au mécanisme respiratoire, il s'agit de démêler dans quel ordre, et selon quel mode, chacune y concourt.

II. Tout le monde sait qu'une inspiration, ou un mouvement inspiratoire se compose de quatre mouvements distincts, quoique exécutés simul-

---

et les *grenouilles*, ce sont les muscles de la gorge qui font l'effet du diaphragme ; l'appareil hyoïdien, l'effet de l'appareil thoracique ; et conséquemment les nerfs qui se distribuent dans les muscles de la gorge, l'effet des nerfs thoraciques ou diaphragmatiques.

tanément : le bâillement des narines ou de la bouche, l'ouverture de la glotte, l'élévation des côtes et des épaules, et la contraction du diaphragme.

Or, chacun de ces mouvements, les bâillements, la dilatation des narines, l'ouverture de la glotte, l'élévation des côtes, la contraction du diaphragme ; chacun de ces mouvements, dis-je, tient en particulier à une origine particulière de nerfs.

Il est donc clair que, tant qu'on ne touche point à cette origine, le mouvement doit se conserver ; et il ne l'est pas moins qu'il doit se perdre quand on y touche.

III. J'ai détruit, sur un lapin, la moelle costale, et le mouvement des côtes s'est aussitôt éteint : mais les trois autres mouvements, celui du diaphragme, celui des narines, celui de la glotte, subsistaient toujours.

IV. J'ai détruit, sur un autre lapin, et la moelle costale, et le point d'origine des nerfs diaphragmatiques ; et le jeu des côtes, et le jeu du diaphragme se sont à la fois éteints ; mais celui des narines et celui de la glotte n'en subsistaient pas moins.

V. J'ai détruit enfin, sur un troisième lapin, et la moelle costale, et l'origine des nerfs dia-

phragmatiques, et l'origine des nerfs de la huitième paire; soudain le mouvement des côtes,
le mouvement du diaphragme, le mouvement de
la glotte se sont éteints; il ne subsistait plus que
les bâillements de la bouche et la dilatation des
narines.

VI. J'ai procédé alors en sens inverse; j'ai retranché la moelle allongée, par tranches successives, d'avant en arrière : ce sont les bâillements
qui ont disparu les premiers, puis la dilatation des
narines; il ne survivait plus que les seuls mouvements inspiratoires du tronc.

VII. Ainsi, selon qu'on procède d'avant en arrière, ou d'arrière en avant, ce sont les mouvements du tronc qui survivent à ceux de la tête, ou
ceux de la tête à ceux du tronc.

Nul, à cet égard, n'a de privilége; nul ne survit qu'autant qu'on respecte son origine. Chacun
peut être isolément détruit ou conservé; ce n'est
conséquemment d'aucun, pris séparément, que
dépend l'existence de tous les autres.

§ IV.

I. Les divers mouvements qui composent le mécanisme respiratoire sont donc essentiellement
distincts. D'où vient donc qu'ils concourent, qu'ils
s'unissent, qu'ils conspirent avec un ordre si mer-

veilleux pour l'exécution de ce mécanisme? Chacun de ces mouvements a-t-il en soi et son premier mobile et son principe régulateur? Ou bien y a-t-il un seul premier mobile, un seul principe régulateur, qui les détermine et les ordonne tous?

II. J'ai coupé, sur un lapin, par une simple section transversale, la moelle épinière immédiatement au-dessus de l'origine de la première paire intercostale.

Soudain, tous les mouvements inspiratoires des côtes se sont éteints ; et pourtant, chose bien remarquable, le tronçon de moelle duquel partent les nerfs des côtes était encore si plein de vie, que, pour peu qu'on l'excitât, la cage respiratoire se mouvait tout aussitôt comme auparavant.

III. J'ai coupé, sur un autre lapin, la moelle épinière au-dessus de l'origine des nerfs diaphragmatiques; sur-le-champ, les mouvements inspiratoires des côtes et du diaphragme ont disparu.

Cependant le fragment médullaire postérieur vivait toujours : pour peu qu'on l'irritât, il survenait aussitôt des contractions du diaphragme et des mouvements des côtes; il se faisait un véritable mouvement inspiratoire du tronc, et ce mouvement pouvait aller jusqu'à déterminer un certain bruit dans le larynx.

IV. J'ai, sur un troisième lapin, coupé la moelle

épinière, d'abord au-dessus de l'origine de l'accessoire, et puis à l'origine même de la huitième paire.

D'abord, tous les mouvements des épaules, des côtes et du diaphragme se sont éteints, et ensuite ceux de la glotte.

Et, dans les deux cas, une excitation extérieure du tronçon de moelle restant pouvait encore les ranimer tous.

V. J'ai coupé enfin la moelle allongée, sur un quatrième lapin, quelques lignes au-dessus de l'origine de la huitième paire; et tous les mouvements inspiratoires du tronc se sont conservés.

VI. Ainsi, une simple section au-dessus de la moelle costale arrête le jeu des côtes; au-dessus de l'origine des nerfs diaphragmatiques, le jeu des côtes et du diaphragme; à l'origine même de la huitième paire, tous les mouvements inspiratoires du tronc à la fois; et, quelques lignes par-delà cette origine, elle n'en arrête aucun.

Nul de ces mouvements ne contient donc en soi le premier principe de son action : il suffit de les isoler d'un point donné pour qu'aussitôt ils s'éteignent; il suffit de les maintenir réunis à ce point, pour qu'ils se conservent : c'est donc évidemment de ce point, et de ce point seul, qu'ils tirent leur **premier mobile.**

VII. Il n'est donc pas étonnant qu'en ne supprimant directement que ce point, on les supprime tous, sans toucher à l'origine immédiate d'aucun.

Toutefois, dans ce cas-ci, ce n'est pas précisément ces mouvements qu'on supprime; c'est seulement leur lien et leur premier mobile. Dans le fait, ils survivent tous, sinon en *acte*, du moins en *puissance* : une excitation extérieure peut encore les provoquer chacun en particulier; il n'y a d'éteint que leur simultanéité et leur spontanéité.

§ V.

I. En résumant tout ce qui précède, on voit :

1° Que les lobes cérébraux, le cervelet, les tubercules bijumeaux ou quadrijumeaux, la moelle lombaire, la portion inférieure de la dorsale, n'interviennent point directement dans la respiration;

2° Que la moelle cervicale et la moelle costale y interviennent comme agents immédiats et déterminés de certains mouvements inspiratoires;

3° Et que la moelle allongée y intervient seule comme premier mobile et comme principe régulateur.

II. Lorry et Le Gallois, conduits par des routes diverses, avaient pourtant reconnu tous deux qu'il existe un point, dans la moelle épinière et

dans le voisinage de l'encéphale, dont la destruction anéantit sur-le-champ tous les mouvements
inspiratoires.

L'un plaçait ce point entre les première et
deuxième vertèbres du cou; l'autre le plaçait, plus
exactement, vers l'origine de la huitième paire (1).

Mais nul ne se faisait une idée juste de la manière dont il agit; l'un n'y voyait qu'un grand
mystère de la puissance nerveuse (2); l'autre,

---

(1) La preuve évidente que ce n'est ni uniquement ni même précisément parce qu'elle est l'origine de la huitième paire, que la
moelle allongée est le premier mobile de la respiration, c'est que
les deux nerfs de la huitième paire peuvent être coupés, et la respiration (quoique dès lors gênée et laborieuse) n'en subsister pas
moins fort long-temps encore.

J'ai vu plusieurs animaux survivre jusqu'à six et sept jours à la
section complète des deux nerfs de la huitième paire.

Le principe qui ordonne et détermine le *mécanisme des puissances respiratoires* n'est donc pas dans ces nerfs; car ils peuvent
être détruits, et ce principe non seulement subsister, mais déterminer et ordonner encore, comme auparavant, le *mécanisme et le
jeu des autres puissances respiratoires.*

(2) Voici comment Le Gallois s'exprime : «..... C'est principale-
» ment en tant que l'entretien de la vie dépend de la respiration
» qu'il dépend du cerveau; ce qui donne lieu à une grande diffi-
» culté. Les nerfs diaphragmatiques, et tous les autres nerfs des
» muscles qui servent aux phénomènes mécaniques de la respira-
» tion, prennent naissance dans la moelle épinière, de la même
» manière que ceux de tous les autres muscles du tronc. Comment
» se fait-il donc qu'après la décapitation, les seuls mouvements

qu'une loi primordiale de cette puissance (1), ce qui n'était encore qu'un mystère un peu différemment exprimé ; nul enfin n'y voyait la source d'un ordre entier de mouvements ; je veux dire de tous les mouvements coordonnés de conservation.

§ VI.

I. La respiration n'est pas, en effet, le seul

« inspiratoires soient anéantis, et que les autres subsistent (*) ?
» C'est là, à mon sens, un des grands mystères de la puissance
» nerveuse ; mystère qui sera dévoilé tôt ou tard, et dont la décou-
» verte jettera la plus vive lumière sur le mécanisme des fonctions
» de cette merveilleuse puissance. » (*Expériences sur le principe de
la vie*, etc., p. 36.)

(1) Voici ce que dit Lorry : « Coupant transversalement la moelle
» de l'épine, en plusieurs endroits, je produisais, successivement,
» différents degrés de paralysie. Quand je fus parvenu au cou, je
» fus *fort étonné* de voir qu'en plongeant, ou un stylet, ou la
» pointe d'un scalpel, sous l'occiput, j'excitais des convulsions,
» et que, entre la deuxième et la troisième vertèbre, loin de pro-
» duire la même chose, l'animal mourait presque sur-le-champ, et
» que le pouls et la *respiration* cessaient absolument.... etc. »
(Académie des sciences, *Mémoires des savants étrangers*, tom. III,
pag. 366 et 367.)

(*) Dans le fait, la *possibilité de tous les mouvements partiels*, *sous l'effet d'une irritation extérieure*, subsiste après la décapitation, puisque la moelle épinière, agent producteur de tous ces mouvements, subsiste ; mais il n'y a plus, comme je l'ai montré, ni *mouvement spontané* ni *mouvement coordonné*, puisque l'encéphale, siège des parties qui *coordonnent* et *déterminent* le mouvement, est perdu. Mais, du temps de Le Gallois, la délimitation entre les parties qui *veulent*, les parties qui *coordonnent*, et les parties qui *produisent* le mouvement, n'était pas encore faite.

mouvement qui tire de ce point son premier mobile. Tous les mouvements dérivés de la respiration, le cri, le bâillement, etc., y puisent aussi leur
premier principe.

II. Je retranchai, sur un lapin, toutes les parties cérébrales, à l'exception de la moelle allongée : non seulement cet animal respirait bien encore ; mais, quand on le pinçait fortement, il
s'agitait et criait.

III. Je retranchai, sur un autre lapin, la moelle
allongée. L'animal perdit aussitôt la faculté de
respirer, de crier, etc. : quelque violence que
l'on mît à le pincer, il s'agitait bien encore, mais
il ne criait plus.

IV. Certaines déjections alvines ou viscéra-
les, etc. (1), exigent, dans l'état naturel, comme
chacun sait, le concours de plusieurs parties diverses et éloignées. Or, tant que la moelle allongée subsiste, ce concours s'opère ; il ne s'opère
plus dès qu'elle est détruite.

V. La moelle allongée est donc le premier
mobile de l'inspiration, du cri, du bâillement, de
certaines déjections ; ou, en termes plus généraux, et comme je le disais tout-à-l'heure, de tous
les mouvements coordonnés de conservation.

(1) Le vomissement, l'expulsion des matières fécales, celle de
l'urine, etc.

§ VII.

I. J'appelle *mouvement coordonné* tout mouvement qui résulte du concours, de l'enchaînement, du *groupement*, si l'on peut ainsi dire, de plusieurs autres mouvements, tous distincts, tous isolés les uns des autres, et qui, groupés autrement, auraient donné un autre résultat total.

Ainsi, le saut, la marche, la course, la station, le vol, etc., sont des mouvements coordonnés; des mouvements résultant du concours de plusieurs parties distinctes, séparées, isolées; dont chacune peut agir seule et séparément, ou réunie à une, à deux, à trois, à toutes les autres, et produire divers effets selon ces diverses combinaisons.

II. Pareillement, le mouvement de l'inspiration, et tous les dérivés de ce mouvement, le cri, le bâillement, certaines déjections, etc., sont encore des mouvements coordonnés.

Pour inspirer, comme pour crier, comme pour bâiller, etc., il faut le concours d'une infinité de parties diverses : des muscles de la face, du larynx, de la poitrine, des épaules, du diaphragme, de l'abdomen, etc.

III. Et j'appelle ces derniers mouvements, *mou-*

vements de conservation, par opposition aux premiers, que désignent si bien les mots de *mouvements
de locomotion.*

IV. La mécanique animale se compose donc de
deux ordres de mouvements coordonnés, essentiellement distincts; et, chose non moins inouïe
qu'admirable, ces deux ordres de mouvements
dépendent de deux organes régulateurs essentiellement distincts aussi.

De la moelle allongée dérivent tous les mouvements de conservation; du cervelet, tous les
mouvements de locomotion. Et, ce qui n'est pas
moins surprenant encore, c'est que la moelle épinière, agent immédiat de tous ces mouvements,
n'est, cependant, ni le premier mobile, ni le principe régulateur d'aucun (1).

---

(1) Et ce qui ajoute le dernier trait à tout cela, c'est que ce
n'est pas par les mêmes nerfs que la moelle épinière obéit au cervelet et à la moelle allongée. Je reviendrai sur ce point, dans le
chapitre suivant.

CHAPITRE XI.

DÉTERMINATION DES FONCTIONS PROPRES DE LA MOELLE
ALLONGÉE (1).

§ Ier.

Action comparée de la moelle épinière sur la respiration, dans les
quatre classes des animaux vertébrés.

I. J'ai déterminé, par les expériences du chapitre précédent, la part que prend à la respiration chacune des diverses régions de la moelle épinière, dans les trois premières classes.

II. Ainsi, dans les oiseaux, on peut détruire, sans détruire la respiration, toute la moelle lombaire et toute la portion postérieure de la dorsale; ce n'est qu'à la destruction de la moelle costale que les mouvements inspiratoires du tronc cessent.

III. Dans les mammifères, on peut également détruire toute la moelle lombaire et toute la por

(1) Mémoire présenté à l'Académie royale des sciences, le 3 décembre 1827.

tion postérieure de la dorsale, sans détruire la respiration : on peut même détruire la moelle costale ; le jeu des côtes s'éteint alors, mais la respiration continue par le diaphragme ; et ce n'est que lorsque la destruction atteint l'origine des nerfs diaphragmatiques que tous les mouvements inspiratoires du tronc cessent.

IV. Dans les grenouilles, enfin, et dans les autres reptiles batraciens, où le mouvement inspiratoire du tronc ne se fait plus que par l'appareil hyoïdien, on peut détruire, et toujours sans détruire la respiration, toute la moelle épinière, hors le seul point de la moelle cervicale duquel les nerfs de cet appareil naissent.

V. On peut aller plus loin encore dans les poissons, où les nerfs de l'appareil respiratoire du tronc ne viennent plus de la moelle épinière, comme dans les autres classes, mais de la moelle allongée elle-même.

Je détruisis, sur une carpe, toute la moelle épinière d'un bout à l'autre, en m'arrêtant pourtant à quelques lignes de la moelle allongée, pour ne point intéresser cette moelle dans la lésion : le mouvement inspiratoire du tronc, c'est-à-dire le jeu des opercules, survécut à cette destruction. Une heure après l'opération, il survivait encore. Tant que l'animal était dans l'eau, la respiration était régulière et facile; dès qu'on l'en sortait, la respiration se montrait laborieuse, pénible; elle redevenait facile dès qu'on replongeait l'animal dans l'eau.

VI. J'ai répété cette expérience sur plusieurs autres carpes, sur plusieurs barbeaux, etc.; le résultat a été le même.

VII. Ainsi donc, 1° on peut détruire, impunément pour la respiration, plus de moelle épinière dans les mammifères que dans les oiseaux; plus encore dans certains reptiles; et l'on peut la détruire tout entière dans les poissons.

2° C'est tantôt d'un point et tantôt d'un autre point de la moelle épinière que part l'action immédiate de cette moelle sur la respiration, dans les diverses classes : de la moelle costale seule dans les oiseaux; de la costale et de la cervicale, dans les mammifères; de la cervicale seule, dans certains reptiles; de la moelle allongée elle-même enfin, et plus du tout de la moelle épinière, dans les poissons (1).

3° C'est tantôt par certains nerfs, c'est tantôt

(1) Ce déplacement, si curieux, de *l'appareil nerveux de la respiration* dans les diverses classes, amène, et par conséquent explique puisqu'il l'amène, le déplacement correspondant de l'appareil *viscéral et osseux* de cette fonction. Ce dernier appareil est, en effet, situé près du bassin, dans les oiseaux; entre le bassin et la tête, dans les mammifères; sous la tête, dans les poissons, etc.;

par d'autres que se transmet cette action immédiate de la moelle épinière, ou, plus exactement, des centres nerveux (car la moelle allongée n'est plus la moelle épinière), sur le mouvement respiratoire du tronc, dans les diverses classes : par les nerfs costaux ou thoraciques seuls, dans les oiseaux ; par les costaux et le diaphragmatique, dans les mammifères ; par les nerfs de l'appareil hyoïdien, dans certains reptiles ; et par les nerfs de la huitième paire même, dans les poissons.

4° Enfin, la moelle épinière, considérée dans l'ensemble des quatre classes, n'a, sur l'appareil respiratoire du tronc, qu'une action relative et variable comme varie l'origine même des nerfs de cet appareil, dans les oiseaux, les mammifères et les reptiles ; et elle n'a plus d'action du tout sur cet appareil, du moins d'action directe et immédiate, seul genre d'action dont je m'occupe ici, dans les poissons.

§ II.

Action comparée de la moelle allongée sur la respiration,
dans les quatre classes.

I. On a **vu**, dans le précédent chapitre (1),

et l'on voit enfin la cause de toute cette *mobilité externe*, dans la *mobilité même de l'appareil nerveux* duquel *l'appareil viscéral et osseux* dépend.

(1) Voyez ci-devant, page 169.

que la moelle allongée est, dans toutes les classes, l'organe *premier moteur* ou le principe *excitateur* et *régulateur* des mouvements inspiratoires ; elle est encore, dans toutes les classes, l'organe immédiatement *producteur*, par ses nerfs, des mouvements inspiratoires particuliers de la face ou de la tête ; elle est enfin tout à la fois dans les poissons, comme je viens de le montrer, et l'organe *premier moteur*, et l'organe immédiatement *producteur* de *tous* les mouvements de respiration.

II. La moelle allongée est donc, dans toutes les classes, l'organe *essentiel* et *primordial* du mécanisme respiratoire ; et elle est l'organe *exclusif* de ce mécanisme, dans les poissons.

A mesure qu'on descend des classes supérieures aux inférieures, on voit la moelle épinière se dégager, de plus en plus, de tout concours aux mouvements respiratoires ; et la moelle allongée, par une marche inverse, tendre de plus en plus, au contraire, à réunir et à concentrer en elle seule tout ce qui tient à ces mouvements ; jusqu'à ce qu'enfin dans les poissons, les fonctions *réellement propres* de ces deux moelles se montrant complétement distinctes et séparées, l'une ne produise plus que les mouvements de locomotion,

et l'autre produise tous les mouvements de respiration.

III. Mais, bien que la moelle épinière *produise*
tous les mouvements de locomotion, ou, plus
exactement, tous les mouvements partiels et généraux du tronc et des membres (mouvements
primitifs desquels les mouvements consécutifs et
compliqués de la locomotion dérivent), ce n'est
pourtant pas elle qui *coordonne* ces mouvements
partiels ou généraux du tronc et des membres en
mouvements déterminés et réguliers; saut, vol,
marche, station, etc.; cette *coordination* vient
d'un autre organe, et cet organe est le cervelet (1).

La moelle allongée est tout à la fois, au contraire, et l'organe *régulateur* de tous les mouvements inspiratoires, et l'organe *producteur* de
tous, ou seulement, selon les classes, de certains
de ces mouvements : deux modes d'action essentiellement divers, et qui ne sauraient être trop
rigoureusement déterminés et démêlés l'un de
l'autre. Je dis que, par l'un, la moelle allongée
est moelle épinière encore, ou simple continuation de cette moelle, et produisant comme elle,
par ses nerfs, tous les mouvements des parties
auxquelles ces nerfs se rendent; et je dis que,

(1) *Voyez* ci-devant, page 133.

par l'autre, elle constitue un organe particulier, distinct, d'une nature propre, et d'un rang analogue, même supérieur sous certains rapports, comme on va le voir, au rang des lobes cérébraux et du cervelet.

IV. Quant au rôle de la moelle allongée dans les mouvements de locomotion, il est évident que ce rôle tient surtout à ce qu'elle forme le *lien commun* ou le *point central de jonction* entre la moelle épinière et le cervelet, c'est-à-dire entre l'organe qui *produit* ces mouvements et l'organe qui les *règle* ou les *coordonne*.

§ III.

Subordination des diverses parties du système nerveux entre elles.

I. Le premier fait qui frappe dès qu'on se met à comparer entre elles les diverses fonctions nerveuses, c'est que toutes ces fonctions ne sont pas de même ordre : il y en a qui s'exercent *spontanément* ou *primordialement;* et il y en a qui ne s'exercent, pour ainsi dire, qu'à la suite des autres et que sous leur *influence excitatrice* et *régulatrice.* C'est ici le lieu de développer, avec le détail convenable, cette démarcation des organes *régulateurs* et des organes *subordonnés* du système nerveux : démarcation que j'ai déjà indiquée bien souvent dans cet ouvrage, et qui constitue l'une des lois fondamentales de l'action nerveuse.

II. Si l'on coupe un nerf, par une section transversale, le bout inférieur de ce nerf, séparé du système, continue encore d'*agir*, c'est-à-dire d'*exciter* des contractions dans les muscles auxquels il se rend, quand on l'*irrite*; mais il n'*excite* plus ces contractions qu'autant qu'on l'*irrite*, c'est-à-dire qu'on met son action en jeu : le nerf a donc une *action propre*, mais il a besoin pour *agir* que cette action soit mise en jeu; le nerf n'est donc qu'une *partie subordonnée*.

III. Il en est de même de la moelle épinière : mes précédentes expériences ont fait voir que cette moelle, agent essentiel et immédiat (j'entends immédiat par ses nerfs) de presque tous les mouvements du corps, n'est cependant le *premier mobile* ou le *principe primordial* d'aucun.

La moelle épinière étant séparée de l'encéphale, *aussitôt* tout mouvement *spontané* (1) du tronc s'éteint : cette moelle conserve pourtant en-

(1) C'est-à-dire tout *mouvement régulier*; car, au moment de la section, et par suite de cette section même, il survient toujours des convulsions plus ou moins vives et plus ou moins générales, lesquelles durent d'autant plus que l'animal est moins élevé dans la série des âges ou des classes.

core son action, du moins un *certain degré* d'action; et une irritation extérieure peut mettre alors cette action en jeu, comme les centres nerveux de l'encéphale l'y mettaient auparavant.

La moelle épinière a donc, comme le nerf, une *action propre*; mais elle n'a point, non plus, de spontanéité ou de primordialité d'action; la moelle épinière n'est donc encore qu'une *partie subordonnée.*

IV. Mais d'où vient donc enfin cette *spontanéité* ou *primordialité* d'action? Elle vient de l'encéphale, et uniquement de l'encéphale, comme les expériences des premiers chapitres de cet ouvrage l'ont montré : des lobes cérébraux pour les volitions; du cervelet pour les mouvements de locomotion; de la moelle allongée pour ceux de respiration.

V. Il est un autre ordre de phénomènes que les expériences de ces premiers chapitres ont aussi montré. On peut enlever le cervelet à un animal, l'action de ses lobes cérébraux n'en persiste pas moins : on peut lui enlever les lobes, le cervelet n'en coordonne et n'en détermine pas moins tous les mouvements de locomotion : on peut lui enlever les lobes cérébraux et le cervelet, la moelle allongée n'en détermine pas moins, par elle-même et par elle seule, tous les mouvements de respiration; mais dès qu'on touche à la moelle allongée, l'action de toutes les autres parties s'éteint. Ainsi les lobes cérébraux peuvent agir séparés du cervelet; le cervelet séparé des lobes cérébraux; la moelle allongée séparée des lobes cérébraux et du cervelet; mais ni les lobes cérébraux, ni le cervelet, non plus que la moelle épinière, ne peuvent agir, du moins *pleinement agir*, séparés de la moelle allongée : la moelle allongée constitue donc le point réellement central, le lien commun, le *nœud* qui unit toutes les parties du système nerveux entre elles.

VI. Je distingue l'*action* d'une partie de sa *plénitude d'action* : ce n'est pas, en effet, absolument sa *vie* ou son *action* que chaque partie tire de la moelle allongée, puisque chaque partie peut *vivre*, un certain temps, séparée de cette moelle, et même *agir* encore *quand on l'irrite;* c'est seulement ce degré de *vie* ou d'*action* par lequel chaque partie *remplit sa fonction.*

VII. Quand je coupe un nerf, par une section transversale, le bout du nerf séparé, par cette section, du reste du système et de la moelle allongée par conséquent, perd *subitement*, non pas sa *vie*, non pas son *action* même (c'est-à-dire ce *degré d'action* qu'une *irritation extérieure* peut encore mettre en jeu), mais sa *fonction.*

Il en est de même pour la moelle épinière et pour toutes les régions de cette moelle, pour l'encéphale et toutes les parties de cet encéphale : dès qu'un point quelconque de ces parties est séparé de la moelle allongée, la fonction de ce point est *aussitôt* perdue.

VIII. Il y a donc, dans chaque partie du système nerveux, un *degré de vie* ou *d'action* qu'elle conserve, séparée de la moelle allongée; et il y a un degré *d'action ou de vie* qu'elle tient uniquement de son union avec cette moelle.

IX. Les diverses parties du système nerveux ne vivent ou n'agissent donc *pleinement* qu'autant qu'elles tiennent toutes les unes aux autres, et toutes à *une;* et cette *une* à laquelle il faut que chacune des autres tienne, est la moelle allongée, cette moelle allongée que nous avons déjà vue être le *premier moteur* des mouvements inspiratoires, et dont il ne reste plus enfin qu'à circonscire et déterminer les limites et l'étendue.

§ IV.

Détermination des limites de la moelle allongée, ou, plus exactement, du siége, dans la moelle allongée, de l'organe *premier moteur* du mécanisme respiratoire, et *point central* du système nerveux.

I. Lorry est le premier qui ait reconnu ce fait

aussi curieux qu'important , savoir, qu'il y a dans les centres nerveux un *point* auquel la section de ces centres produit *subitement la mort*, tandis que, au-dessus ou au-dessous de ce point , ce phénomène si frappant d'une *mort subite* ne s'observe plus.

II. « La division et la compression de la moelle » de l'épine, dit Lorry, dans un endroit déterminé, » produit la mort subite : inférieurement à cet en- » droit, cette moelle coupée produit la paralysie ; » elle la produit de même supérieurement (1). » Il ajoute que cet *endroit déterminé* se trouve *entre les première , deuxième et troisième vertè- bres*(2) : détermination qui n'est pas très rigoureuse, comme on voit, et au défaut de rigueur de laquelle il faut attribuer sans doute l'oubli injuste dans lequel est demeurée si long-temps la découverte d'un si beau fait.

III. Le Gallois a beaucoup avancé la détermination de l'endroit indiqué par Lorry, lorsqu'il a dit:

---

(1) Académie des Sciences : *Mémoires des Savants étrangers*. t. III. pag. 368.

(2) « Cet endroit se trouve , dans les petits animaux , entre la » seconde et troisième. troisième et quatrième vertèbres, entre la » première et seconde vertèbres du col, et entre la seconde et troi- » sième pour les animaux d'un volume plus considérable. » Lorry, *Mém. des Savants étrangers*. t. III, p. 367.

« Ce n'est pas du cerveau tout entier que dépend
» la respiration, mais bien d'un endroit assez cir-
» conscrit de la moelle allongée, lequel est situé à
» une petite distance du trou occipital et vers l'o-
» rigine des nerfs de la huitième paire, ou pneumo-
» gastriques (1). »

IV. Mais se borner à dire, avec Le Gallois,
que cet endroit est *assez* circonscrit, et qu'il est
situé *vers* l'origine de la huitième paire, ce n'est
pas dire si c'est à cette origine même qu'il est situé,
ni s'il s'étend au-dessus et au-dessous de cette
origine, ni jusqu'où il s'étend, soit au-dessus, soit
au-dessous ; et c'est tout cela pourtant qu'il fallait
dire pour arriver enfin à une circonscription précise et complète de cet *endroit*.

V. J'avais constaté, dès mes premières expériences sur la moelle allongée (2), qu'en enlevant,
à l'exemple de Le Gallois, tout l'encéphale par
tranches successives d'avant en arrière, ce n'était
que lorsque l'on *comprenait enfin dans une
tranche l'origine des nerfs de la huitième paire
que tous les mouvements inspiratoires cessaient* (3). Il ne me restait donc qu'à fixer, d'une

(1) Le Gallois, *Expér. sur le principe de la vie*, Paris, 1812,
p. 37.

(2) *Voyez* ci-devant, pag. 169.

(3) Le Gallois, *Expér. sur le principe de la vie*, pag. 38.

manière plus précise encore, le véritable siége, dans la moelle allongée même, du principe primordial du mécanisme respiratoire; et tel a été l'objet des expériences qui suivent.

VI. Je coupai transversalement la moelle allongée, sur un lapin, *immédiatement au-dessous ou en arrière* de l'origine des nerfs de la huitième paire (pneumo-gastriques) : tous les mouvements inspiratoires du tronc et de la tête furent, sur-le-champ, abolis.

VII. Je coupai (et toujours *transversalement*, comme dans toutes les expériences qui suivent (1)) la moelle allongée, sur un second lapin, *un peu au-dessous* de l'origine de la huitième paire : même anéantissement subit de tous les mouvements inspiratoires du tronc et de la tête.

VIII. Sur un troisième lapin, la moelle allongée fut coupée *un peu plus au-dessous* de l'origine de la huitième paire qu'elle ne l'avait été jusque là; et elle le fut *un peu plus au-dessous encore* sur un quatrième. Sur le premier de ces deux lapins, j'observe une dilatation légèrement convulsive des narines qui dure près d'une minute; il y a un bâil-

---

(1) Il n'est pas même nécessaire que la section soit *absolument* complète; il suffit qu'elle soit assez profonde pour détruire, dans le point divisé, les *conditions d'agir*.

lement, l'animal meurt; tous les mouvements inspiratoires du tronc avaient cessé dès l'instant même de la section. Dans le second, tous les mouvements inspiratoires du tronc cessent également avec la section; mais ceux de la tête subsistent; les narines se dilatent avec force; il y a des bâillements fréquents; tout cela dure deux minutes et demie; mort.

IX. Je n'avais coupé jusqu'ici la moelle allongée *qu'au-dessous* de l'origine des nerfs de la huitième paire; je la coupai, sur un cinquième lapin, *immédiatement au-dessus* de cette origine : les mouvements de la tête furent subitement abolis; mais ceux du tronc continuèrent, quoique très faibles et très pénibles, durant près d'une minute.

X. Je la coupai enfin, sur un sixième lapin, *un peu au-dessus* de cette origine : tous les mouvements du tronc subsistèrent avec force et régularité; ils subsistaient encore dix minutes après l'opération ; une section pratiquée alors sur l'origine même de la huitième paire les abolit sur-le-champ.

XI. J'ai répété ces expériences sur plusieurs autres lapins; le résultat a toujours été le même. J'en conclus, 1° qu'il y a, dans les centres nerveux, un *point* (point où finit la moelle épinière et où la moelle allongée commence, c'est-à-dire où finit un ordre de phénomènes et où en commence un autre ; car, dans une masse de parties continues, la division rationnelle de ces parties ne peut être que la division même de leurs fonctions) auquel la section de ces centres produit *l'anéantissement subit* de tous les mouvements inspiratoires, soit du tronc, soit de la tête ; 2° que ce *point* se trouve à l'origine même de la huitième paire, origine qu'il comprend dans son étendue, commençant *avec* elle, et finissant *un peu au-dessous* ; et 3° enfin que les *limites expérimentales* de ce *point* sont marquées *au-dessous* par la persévérance des mouvements inspiratoires de la tête, et *au-dessus* par la persévérance de ceux du tronc.

XII. Les raisons de ce dernier mode de démarcation sont évidentes : on ne saurait juger de la limite inférieure du *point* qui nous occupe par l'abolition des mouvements inspiratoires du tronc, parce que la section, opérée dans ce cas, sépare ces mouvements (c'est-à-dire les points de moelle épinière, origines des nerfs producteurs de ces mouvements) de ce *point* qui est leur *premier moteur*, et les abolit conséquemment par cette séparation seule ; et il en est de même de sa limite supérieure, que n'indiquerait pas mieux, et pour la même cause, l'abolition des mouvements de la tête.

Je juge, au contraire, infailliblement et de la limite supérieure par les mouvements du tronc, et de la limite inférieure par les mouvements de la tête, parce que, dans l'un comme dans l'autre cas, les nerfs producteurs de ces mouvements et de la tête et du tronc, tenant toujours par leur origine à ce *point*, il est clair que ce *point* se continue tant qu'une simple section, qui l'intéresse seul, les abolit, et qu'il finit dès qu'une pareille section ne les abolit plus.

XIII. Il y a donc, dans les centres nerveux, un *point* qui gouverne tous les mouvements inspiratoires, et dont la simple division les anéantit tous ; ce *point* se continue ou s'étend tant qu'une pareille division produit un pareil effet ; il finit dès qu'elle ne le produit plus ; il suffit que ce *point* demeure attaché à la moelle épinière pour que les mouvements du tronc subsistent ; il suffit qu'il demeure attaché à l'encéphale pour que ceux de la tête subsistent ; divisé dans son étendue, il les anéantit tous ; séparé des uns ou des autres, ce sont ceux dont il est séparé qui se perdent, ce sont ceux auxquels il reste attaché qui se conservent. Et ce ne sont pas seulement les mouvements inspiratoires qui dépendent si impérieusement de ce *point*, ce *point* est encore, comme je le disais tout-à-l'heure, le *point* duquel toutes les autres parties du système nerveux dépendent, quant à l'exercice de leurs fonctions; c'est à ce point qu'il faut qu'elles soient attachées pour conserver l'exercice de ces fonctions; il suffit qu'elles en soient détachées pour le perdre.

XIV. J'ai dit plus haut que ce *point* commence *avec* l'origine de la huitième paire et s'étend *un peu au-dessous*. Pour en déterminer les limites avec plus de précision encore, je mis à nu, sur les lapins que je venais d'opérer, toute la partie supérieure de la moelle épinière cervicale et toute la moelle allongée. Je comparai soigneusement alors les diverses sections faites sur ces parties; et voici ce que je trouvai.

La première section, ou la section pratiquée sur le premier lapin, l'avait été immédiatement *au-dessous ou en arrière* de l'origine de la huitième paire; la seconde section se trouvait *une ligne et demie* à peu près au-dessous de cette origine; la troisième, environ *trois lignes ;* et la quatrième, *trois lignes et demie* plus au-dessous encore. La cinquième section enfin avait eu lieu *immédiatement* au-dessus de l'origine de la huitième paire; et la sixième près d'*une ligne* au-dessus de cette origine.

XV. Or, les mouvements inspiratoires de la tête avaient reparu dès la troisième section, et ceux du tronc dès la cinquième. La limite du *point central et premier moteur* du système nerveux se trouve donc immédiatement au-dessus de l'origine de la huitième paire; et sa limite inférieure, trois lignes à peu près au-dessous de cette origine. Ce point n'a donc, en tout, que quelques lignes d'étendue dans les lapins : il en a moins encore dans les animaux plus petits que ceux-ci, il en a un peu plus dans les animaux plus grands, l'étendue particulière de ce point variant comme varie l'étendue totale de l'encéphale; mais, en définitive, c'est toujours d'un point, et d'un point unique, et d'un point qui a quelques lignes à peine, que la respiration, l'exercice de l'action nerveuse, l'unité de cette action, la vie entière de l'animal, en un mot, dépendent.

§ V.

Remarques sur une expérience de M. Marshall Hall.

I. Un ingénieux et célèbre physiologiste, M. Marshall Hall, dit, dans ses beaux *Mémoires sur le système nerveux*, que, si l'on opère tout à la fois, sur un animal, le retranchement du *cer-*

veau et la section des *nerfs pneumo-gastriques*, la respiration est sur-le-champ abolie (1).

II. J'ai enlevé, sur un pigeon, les deux lobes cérébraux (le cerveau proprement dit), et j'ai coupé l'un des nerfs pneumo-gastriques. L'animal survivait et respirait très bien encore le lendemain de l'opération, époque où il a été employé à d'autres expériences.

III. J'ai enlevé les deux lobes cérébraux et coupé les deux nerfs pneumo-gastriques, sur un lapin. L'animal n'a plus respiré qu'avec effort ; il restait couché sur le côté ; mais enfin il a survécu (et par conséquent respiré encore) pendant plus d'une demi-heure.

IV. La même opération a été pratiquée sur un chien. Il a survécu pendant plus d'un quart d'heure.

V. J'ai enlevé les deux lobes cérébraux et coupé les deux nerfs pneumo-gastriques sur un pigeon.

Immédiatement après l'opération, l'animal, qui avait le jabot plein, a été pris de vomissements.

___

(1) *Memoirs on the nervous system*. Londres, 1837. Voici comment s'exprime M. Marshal Hall : « *Each* (soit le cerveau, soit les » nerfs pneumo-gastriques) may be removed *singly; but if both* » be removed, the inspirations cease, as in the experiment of di-» viding the medulla oblongata at the origin of the pneumo-gastric » nerves : an experiment hitherto unexplained. » Pag. 87.

Du reste, il respirait et vivait très bien.

Le lendemain de l'opération, il vivait encore.

VI. J'enlevai le cervelet, et je coupai les deux nerfs pneumo-gastriques, sur un autre pigeon.

L'animal vivait et respirait très bien trois heures après l'opération, époque où il fut employé à d'autres expériences.

VII. Les deux tubercules bijumeaux furent enlevés, et les deux nerfs pneumo-gastriques coupés, sur un troisième pigeon.

L'animal survivait et respirait très bien trois heures après l'opération, époque où il fut employé à d'autres recherches.

VIII. Enfin, sur un quatrième pigeon, je commençai par couper les deux nerfs pneumo-gastriques ; après quoi j'enlevai, d'abord les deux lobes cérébraux, puis le cervelet, puis les tubercules bijumeaux ; la moelle allongée restait donc seule, mais restait entière.

L'animal survivait, et par conséquent respirait encore, plus de deux heures après l'opération.

IX. Je répétai cette expérience, sur un lapin. L'animal survécut à l'opération pendant à peu près vingt-deux minutes : sa respiration n'était plus, à la vérité, continue ; mais elle se reproduisait de temps en temps, et surtout quand on irritait l'animal.

X. Ainsi : 1° l'abolition de la respiration n'est pas immédiate et brusque dans les expériences qu'on vient de voir, comme elle l'est dans l'expérience de la section transversale de la moelle allongée à l'origine de la huitième paire.

2° Le *mouvement respiratoire* survit au retranchement combiné des nerfs pneumo-gastriques et des lobes cérébraux; des nerfs pneumo-gastriques et du cervelet; des nerfs pneumo-gastriques et des tubercules bijumeaux; il survit au retranchement de toutes ces parties (les lobes cérébraux, le cervelet, les tubercules bijumeaux), combiné avec la section des nerfs pneumo-gastriques : ce mouvement ne dépend donc *essentiellement* (et il ne s'agit ici que du principe primordial, *essentiel*, de ce mouvement) ni d'aucune de ces parties prise séparément, ni de toutes prises ensemble.

3° Avec la section, au contraire, de la moelle allongée vers l'origine de la huitième paire, et avec cette section seule, à l'exclusion de toute autre lésion, tout *mouvement respiratoire* cesse sur-le-champ. C'est donc dans cette moelle, et dans cette moelle seule, que réside le principe *essentiel* et primordial de ce mouvement.

CHAPITRE XII.

UNITÉ DU SYSTÈME NERVEUX.

—

I. Chaque partie essentiellement distincte du système nerveux a, comme nous l'avons vu, une fonction propre et déterminée.

Les lobes cérébraux sont le siége du principe qui *juge*, qui se *souvient*, qui *voit*, qui *entend*, etc., en un mot qui *perçoit* et *veut*. Le cervelet *détermine* et *coordonne* les mouvements de locomotion ; la moelle allongée, ceux de conservation ; la moelle épinière *lie* en mouvements d'ensemble les contractions musculaires immédiatement excitées par les nerfs.

II. Mais, indépendamment de cette action propre et exclusive à chaque partie, il y a, pour chaque partie, une action commune, c'est-à-dire de chacune sur toutes, de toutes sur chacune.

Ainsi, par les lobes cérébraux l'animal *perçoit* et *veut*, c'est leur *action propre* : la suppression de ces lobes affaiblit l'énergie de tout le système ner-

veux (1); c'est leur *action commune*. L'*action
propre* du cervelet est de *coordonner* les mouvements de locomotion; son *action commune* est
d'influer sur l'énergie de tout le système, etc., etc.

Chaque partie du système nerveux, les lobes
cérébraux, les tubercules bijumeaux ou quadrijumeaux, la moelle allongée, la moelle épinière,
les nerfs, a donc une fonction propre; et c'est là
ce qui la constitue *partie distincte* : mais l'énergie
de chacune de ces parties influe sur l'énergie de
toutes les autres; et c'est là ce qui les constitue
parties d'un système unique.

III. Cela posé, toute la question de l'*Unité du
système nerveux* se réduit visiblement à l'évalua-
tion expérimentale du rapport selon lequel chaque
partie distincte de ce système concourt à l'énergie
commune.

IV. On a vu que l'ablation des lobes cérébraux
se borne à affaiblir les mouvements; celle du
cervelet, à les affaiblir plus encore; tandis que
celle de la moelle épinière, de la moelle allongée,
ou des nerfs, les abolit radicalement. C'est que,
comme on l'a vu aussi, les lobes cérébraux se

(1) Du moins *immédiatement* : la faiblesse qui suit *immédiatement* l'ablation des lobes cérébraux ou du cervelet disparait
bientôt.

14

bornent à *vouloir* le mouvement ; le cervelet, à le *coordonner* ; tandis que la moelle allongée, la moelle épinière, les nerfs, le *produisent*.

V. Généralement, on donne assez indifféremment le nom de *paralysie* à la perte, ou à la *faiblesse* du mouvement, quelle que soit d'ailleurs la partie nerveuse de laquelle cette perte et cette faiblesse émanent.

Ce qui précède suffit pour faire voir qu'appliqué à la destruction des lobes cérébraux ou du cervelet, le mot *paralysie* ne peut signifier, relativement aux facultés locomotrices, qu'*affaiblissement* ; tandis qu'appliqué à la destruction des moelles épinière ou allongée, il signifie *abolition radicale* de ces facultés.

VI. On a vu, d'un autre côté, que, parmi les diverses parties du système nerveux affectées aux mouvements, les unes le sont aux mouvements de locomotion, les autres aux mouvements de conservation : il s'ensuit que la destruction de celles-ci doit être bien plus promptement funeste que la destruction des autres, puisque la vie dépend immédiatement des mouvements de conservation, et ne dépend, au contraire, des mouvements de locomotion que d'une manière éloignée.

VII. Mais il est un ordre de phénomènes bien autrement propre à mettre dans tout son jour, et cette *unité* puissante du système nerveux, qui, malgré leur diversité d'action, lie entre elles toutes les parties de ce système, et le degré d'influence selon lequel chacune de ces parties concourt à l'énergie commune.

VIII. Lorsque l'on divise, par une section transversale, la moelle épinière dans une région déterminée de son étendue, c'est la portion postérieure qui meurt, et l'antérieure qui vit.

Lorsqu'au contraire on divise les lobes cérébraux par une section pareillement transversale, c'est la portion postérieure qui vit, et l'antérieure qui meurt.

IX. En remontant de l'extrémité caudale de la moelle épinière vers un point donné de l'encéphale, c'est toujours la *portion* séparée de l'encéphale qui meurt.

En redescendant, au contraire, des lobes cérébraux vers ce point, ce sont toujours les *portions* détachées de la moelle épinière qui meurent.

Ce qui décide donc de la vie ou de la mort de ces *portions* ainsi divisées, c'est de tenir ou non à ce point.

X. Mes expériences établissent que c'est dans la *moelle allongée* que ce point important réside, commençant à *l'origine même de la huitième paire*, origine qu'il comprend dans son étendue, et *finissant un peu au-dessous.*

Ce point est remarquable sous bien des rapports : c'est par ce point que doivent passer les impressions pour être perçues ; c'est par ce point que doivent passer les ordres de la volonté pour être exécutés ; c'est à ce point que finit la moelle épinière ; c'est à ce point que commence la moelle allongée et par conséquent l'encéphale : il suffit que les autres parties du système nerveux tiennent à ce point pour conserver la vie ; il leur suffit d'en être détachées pour la perdre : il est donc et le foyer central et le lien commun de toutes ces parties.

XI. De tout ce que je viens de dire, il suit :

1° Que, malgré la diversité d'action de chacune des parties constitutives du système nerveux, ce système n'en forme pas moins un système unique ;

2° Qu'indépendamment de *l'action propre* de chaque partie, chaque partie a une *action commune* sur toutes les autres, comme toutes les autres sur elle ;

3° Que le mot de *paralysie*, appliqué à la destruction des parties qui *veulent* ou *coordonnent* le mouvement, signifie simplement *faiblesse ;* et qu'appliqué à la destruction des parties qui *l'excitent* ou le *produisent*, il signifie *abolition totale ;*

4° Que l'influence de chaque partie du système nerveux sur la vie générale tient particulièrement à l'ordre de mouvements (de conservation ou de locomotion) qui dérive d'elle ;

5° Enfin qu'il y a, dans le système nerveux, un point placé entre la moelle épinière et l'encéphale, à peu près comme le *collet* des végétaux l'est entre la tige et la racine ; point auquel doivent arriver les impressions pour être perçues ; duquel doivent partir les ordres de la volonté pour être exécutés ; auquel il suffit que les parties soient attachées pour vivre ; dont il suffit qu'elles soient détachées pour mourir : point qui, conséquemment, constitue le foyer central, le lien commun, et, comme M. de Lamarck l'a si heureusement dit du *collet* dans les végétaux, le *nœud vital* de ce système.

CHAPITRE XIII.

ACTION DU SYSTÈME NERVEUX SUR LA CIRCULATION.

—

§ Ier.

I. Il n'y a rien de plus célèbre, en physiologie, que les recherches et les expériences nombreuses auxquelles on s'est livré touchant le principe des mouvements du cœur. C'est par là, si l'on peut ainsi dire, que l'histoire de la physiologie expérimentale commence et finit.

II. Avant Haller, c'était presque toujours du système nerveux que l'on avait dérivé ce principe: les belles expériences de ce grand homme sur l'*irritabilité* semblèrent, durant quelque temps, l'y soustraire; les expériences récentes de Le Gallois semblaient l'y avoir ramené.

III. Selon Le Gallois, la destruction, non pas même de la moelle épinière tout entière, mais d'une seule quelconque de ses régions, suffit pour abolir la circulation. Et, quant aux mouvements du cœur, qui, comme tout le monde sait, survivent long-temps encore à cette destruction, ce ne sont plus, toujours selon Le Gallois, que des mouvements débiles, impuissants, et les derniers vestiges d'une irritabilité qui s'éteint (1).

Ainsi, la circulation dérive des forces du cœur; les forces du cœur, de la moelle épinière; et, par conséquent, le système nerveux redevient le principe des phénomènes circulatoires.

IV. Mais à peine cette théorie de Le Gallois, qui restitue au système nerveux le principe des phénomènes circulatoires, commençait-elle à s'établir en France, qu'un physiologiste anglais, M. Wilson Philip, la combattait déjà par de nombreuses expériences desquelles il concluait, comme Haller l'avait conclu des siennes, que la *circulation du sang et l'action des muscles involontaires, indépendantes du système nerveux, émanent d'une force propre à la fibre musculaire* (2).

(1) *Expériences sur le principe de la vie.* Paris, 1812.

(2) « Après avoir étourdi des lapins par un coup sur le derrière de la tête, M. Wilson Philip leur enleva la moelle épinière et le cerveau, et maintint la respiration par des moyens artificiels. Il vit la circulation et le mouvement du cœur s'opérer comme dans l'état de vie : d'où il conclut que la circulation du sang et l'action des muscles involontaires sont indépendantes de l'influence des nerfs. » Voyez *Bibliothèque universelle,* tom. X, pag. 182, *Genève,* 1819; et *An exper. inquiry into the laws of the vital functions,* etc., London, 1817, pag. 69 et suiv.

Voilà donc le principe de la circulation tour à tour attribué, soustrait, restitué, soustrait encore au système nerveux; et l'on peut juger, par les livres usuels de physiologie, jusqu'où vont, effectivement, le vague et l'indécision qui règnent sur cette importante matière.

C'est le désir de substituer enfin quelque résultat positif et définitif à ce vague et à cette indécision qui m'a suggéré les expériences suivantes

§ II.

I. Je détruisis, sur un lapin, toute la moelle lombaire, y compris le renflement postérieur.

Au bout de dix heures, la circulation persistait encore dans le train postérieur même, c'est-à-dire dans le train dont la moelle avait été détruite. Je remarque seulement qu'au bout de ce temps elle y était sensiblement plus affaiblie que dans le train antérieur.

II. Je détruisis pareillement, sur une poule, toute la moelle lombaire et tout le renflement postérieur.

Pareillement, la circulation survivait encore dans le train postérieur même, plus de douze heures après l'opération.

III. Je détruisis, sur un cochon d'Inde, toute

la moelle lombaire, tout le renflement postérieur, et toute la portion dorsale qui va de ce renflement à l'origine de la dernière paire intercostale.

Il était deux heures quand cette opération fut terminée.

La respiration n'était nullement troublée; l'animal marchait sur son train antérieur, portait bien sa tête, et s'empressait, autant qu'il le pouvait, de s'enfuir quand on s'en approchait.

A cinq heures, lui ayant jeté quelque nourriture, il poussa des cris de joie et mangea.

A six heures, l'artère crurale donnait encore des battements sensibles; je l'ouvris, et il en jaillit du sang rouge.

IV. Sur un petit chien et sur un petit chat, âgés de dix-huit à vingt jours, je détruisis toute la moelle lombaire et toute la moelle dorso-costale.

Sur ces deux petits animaux, la circulation survivait encore, même dans le train postérieur, vingt-quatre heures après l'opération.

Je répète ici, comme remarque générale et s'appliquant à tous les cas que l'on vient de voir, que la circulation, quoique survivant dans les parties situées au-dessous de la portion de moelle détruite, s'y montrait pourtant, au bout d'un certain temps, plus affaiblie que dans les autres.

V. Je pris un lapin adulte; je détruisis d'abord

la moelle lombaire et la moelle dorsale jusqu'à l'origine de la dernière paire intercostale; j'ouvris alors la trachée-artère; j'adaptai la canule d'une seringue à insufflation à cette ouverture, et l'insufflation fut commencée du moment où commença la destruction de la moelle costale.

La moelle cervicale, la moelle allongée, toute la masse cérébrale furent ensuite successivement détruites.

L'insufflation se continuait, et la circulation persistait toujours.

Une heure après, les carotides battaient encore avec force; l'artère crurale même ayant été coupée donna du sang rouge par jets sensibles.

VI. Je pris tout de suite un autre lapin; j'ouvris le crâne; j'enlevai toute la masse cérébrale; et l'insufflation commença avec la destruction de la moelle allongée.

Je détruisis ensuite toute la moelle épinière.

A chacune de ces destructions partielles survécut la circulation; elle survécut à toutes.

VII. Je détruisis, sur un gros canard, sur un jeune coq et sur une forte poule, tout le système cérébro-spinal à la fois.

La circulation, soutenue par l'insufflation, survécut une heure dans le premier de ces animaux, et plus d'une heure et demie dans les deux autres.

VIII. La circulation survit donc, un certain temps, à la destruction totale du système nerveux.

IX. Mais on ne parvient à la détacher ainsi de ce système qu'en suppléant à propos, comme on vient de voir, à la respiration par l'insufflation.

D'où l'on pouvait inférer qu'en prenant un âge auquel la respiration ne fût pas encore devenue aussi nécessaire qu'aux âges précédemment observés, on arriverait infailliblement à maintenir la circulation beaucoup plus long-temps.

§ III.

I. Sur un petit chien, âgé de sept à huit jours seulement, j'enlevai d'abord les lobes cérébraux ; la faculté de se tenir d'aplomb et de marcher, encore si imparfaite à cet âge, ne fut cependant point troublée. Le petit animal respirait d'ailleurs très bien et criait très fort quand on l'irritait.

Je retranchai le cervelet ; toute faculté régulière de se mouvoir fut aussitôt perdue.

J'ôtai les tubercules quadrijumeaux ; l'animal continua à respirer, à s'agiter quand on l'irritait, et à crier quand on l'irritait violemment.

J'enlevai la moelle allongée, et la respiration fut éteinte.

Je laissai l'animal un quart d'heure dans cet

état ; la circulation, quoique tout le sang fût devenu noir, survivait très bien.

Je détruisis alors, avec un stylet d'acier, toute la moelle épinière d'un bout à l'autre ; la circulation, qui ne charriait pourtant plus que du sang noir, survécut toujours ; quarante minutes après, elle survivait encore.

II. Je détruisis sur un autre petit chien, du même âge que le précédent, tout le système cérébro-spinal à la fois.

La circulation, quoique tout le sang fût devenu noir, survécut près de cinquante minutes à cette destruction, époque à laquelle, menaçant de s'éteindre, elle fut ranimée et prolongée par l'insufflation.

§ IV.

I. Il était évident que plus on se rapprocherait du moment de la naissance, plus on obtiendrait, relativement au point de vue qui nous occupe, un succès constant et durable.

Je me procurai donc de petits chiens et de petits chats qui venaient à peine de naître, et cette fois-ci je n'usai plus du tout de l'insufflation.

II. Sur l'un de ces petits chiens, je détruisis tout le système cérébro-spinal, tout d'un coup ; le sang devint tout aussitôt tout noir.

La circulation n'en survécut pas moins une heure trente-six minutes.

III. Sur un autre petit chien, je détruisis de même tout le système cérébro-spinal; la circulation, à sang complétement noir, survécut de même plus d'une heure et demie.

IV. Sur deux petits chats, le système nerveux était détruit depuis plus d'une heure, et les carotides et les crurales battaient encore, d'une manière sensible, quoique, depuis plus d'une heure, elles ne continssent plus que du sang noir (1).

V. Toutes ces expériences sur la circulation ont été répétées un grand nombre de fois sur des lapins, des chiens, des chats, des cochons d'Inde, des poules, des pigeons et des canards; mais comme, par leur nature même, elles ne peuvent que se répéter absolument les unes les autres (à quelques légères différences près dans la durée des phénomènes), il serait tout-à-fait superflu d'en ajouter ici de nouvelles à celles qui précèdent.

(1) Cette persévérance de la *circulation à sang noir* est un phénomène aussi constant qu'il est remarquable. On a vu que *cette circulation* subsiste jusqu'à une heure et une heure et demie, malgré la destruction totale du système nerveux. Elle subsiste plus long-temps encore quand la moelle épinière n'a pas été détruite : je l'ai vue survivre alors jusqu'à deux heures entières.

VI. Je me hâte d'avertir, en outre, que, lorsque je parle des dernières limites de la circulation, c'est toujours par l'état des carotides que je juge de ces limites.

En effet, la circulation se concentrant de plus en plus à mesure qu'elle s'éteint, c'est toujours par les carotides que ses derniers efforts apparaissent, le cœur pouvant battre long-temps encore après que la circulation est éteinte (1).

VII. Ainsi donc, la circulation, soutenue par l'insufflation, survit, dans les animaux adultes, à la destruction totale du système nerveux; et, dans les animaux voisins de leur naissance, elle survit à cette destruction, même sans le secours de l'insufflation. La circulation ne dépend donc pas *immédiatement* de ce système.

VIII. Mais sa dépendance, pour n'être que *médiate*, n'en est pas moins réelle.

A mesure que la destruction du système nerveux s'opère, la circulation se concentre et s'affaiblit. D'abord, la circulation capillaire sous-

---

(1) Ainsi, dans les cas d'asphyxie, par exemple, tant que le battement des carotides persiste avec quelque force, on peut être sûr de rappeler l'animal à la vie : on n'y peut plus compter, au contraire, quand elles ne battent plus, quoique le cœur batte encore. C'est donc d'après l'état des carotides, et non d'après l'état du cœur qu'il faut juger de la circulation. Le Gallois paraît avoir indiqué le premier ce fait si important dans la théorie de l'asphyxie.

cutanée s'éteint; puis celle des vaisseaux les plus excentriques; il ne reste bientôt plus que la circulation des troncs voisins du cœur.

IX. Le système nerveux concourt donc à l'énergie et à la durée de la circulation : car, à mesure qu'il se détruit, elle s'affaiblit; et au bout d'un certain temps qu'il est tout-à-fait détruit, elle est tout-à-fait éteinte.

En second lieu, il concourt à cette énergie et à cette durée non seulement d'une manière générale et absolue, mais encore d'une manière spéciale et déterminée : car lorsqu'une région déterminée du système nerveux est seule détruite, c'est toujours dans les seules parties correspondantes à cette région que la circulation se montre surtout affaiblie. Il y a donc une influence générale, c'est-à-dire de tout le système sur toute la circulation, et des influences locales et partielles des diverses régions de l'un sur les diverses régions de l'autre.

Enfin, dans tous les cas, la destruction complète du système nerveux affaiblit tellement l'ensemble de la circulation, que, quelque temps que la circulation vasculaire survive encore, la circulation capillaire sous-cutanée est toujours presque aussitôt éteinte.

X. Ce dernier point est remarquable · car il a

porté quelques auteurs à regarder la circulation capillaire ou comme absolument indépendante de la circulation générale, ou comme plus soumise qu'elle à l'action nerveuse, ou même comme exclusivement soumise à cette action : toutes suppositions qui ne reposent, je crois, que sur une simple apparence.

XI. La circulation capillaire n'est ni plus spécialement, ni plus radicalement soumise à l'action nerveuse que la circulation générale ; mais elle accuse et manifeste plutôt les effets de cette action, parce que, placée comme elle l'est à l'extrémité de la circulation vasculaire, la force d'impulsion centrale qui n'y parvient jamais qu'affaiblie, n'y parvient plus du tout dès qu'une cause quelconque l'affaiblit plus encore. C'est ainsi que le sang coule d'un jet continu, quoique saccadé, dans la circulation vasculaire, tandis qu'il oscille et hésite dans la circulation capillaire ; c'est ainsi qu'il oscille dans la circulation vasculaire même, quand elle est près de s'éteindre, et que cette circulation se rétrécit et se concentre de plus en plus à mesure qu'elle s'éteint.

XII. En résumé, le système nerveux influe sur la circulation ; il y influe par tout son ensemble ; il y influe par ses diverses régions ; c'est surtout par la circulation capillaire que ses moindres effets sur la circulation générale apparaissent (1).

XIII. Mais, quel que soit le concours du système nerveux dans la circulation, ce concours n'est point *immédiat*, car ce système peut être détruit et la circulation survivre un certain temps encore. Un intermédiaire particulier, le grand sympathique, s'interpose d'ailleurs, comme chacun sait, entre le système nerveux proprement dit et les organes circulatoires.

La circulation ne dépend donc, encore un coup,

(1) Quelques expériences de M. W. Philip semblent ajouter un grand poids à ces propositions. Cet habile physiologiste a vu l'application de l'alcool ou de l'opium à la moelle épinière ou au cerveau produire une accélération dans le mouvement de la circulation. (Voyez *Bibl. univ. Genèv.*, tom. X, pag. 182.; et *An experiment. inquiry into the laws of the vit. func.*, etc.; chap. II, p. 80; chap. XI, p. 243.)

Je lis, en outre, dans M. Lobstein (*De nerv. sympath. human. fabric., usu et morb.*, p. 107), le passage suivant :

« Simili modo, W. Philip, admotis ad ranarum cerebrum al-
» koole, solutione opii, infuso tabaci, circulationem sanguinis in
» membranis natatoriis istorum animalium clarissime vidit accele-
» ratam; annihilatam vero, quum cerebrum et medullam spinalem
» destruxerat. Qua re optime perspexit experimentator noster,
» motum sanguinis in vasculis minoribus nervosi systematis impe-
» rio esse subjectum. »

Enfin, les expériences de M. Treviranus, citées par le même M. Lobstein, et au même lieu, paraissent confirmer aussi cette action du système nerveux sur la circulation.

15

du système nerveux que d'une manière *médiate*; et ce n'est pas ce système qui l'ordonne et la détermine, comme il ordonne et détermine le mécanisme des mouvements de respiration.

§ V.

I. Peut-être s'étonnera-t-on que, de deux mouvements tels que la respiration et la circulation, confondus jusqu'ici dans la même classe sous le nom commun de mouvements involontaires, l'un dépende *immédiatement* du système nerveux, et l'autre n'en dépende, au contraire, que d'une manière *médiate*.

Mais je prie de remarquer que rien ne justifie une pareille confusion.

II. D'abord, ces deux mouvements sont loin d'être involontaires au même degré : le mouvement inspiratoire, et tous ceux qui en dérivent, le cri, le bâillement, certaines déjections, etc., tout cela est plus ou moins soumis à la volonté.

Nous agissons, quand il nous plaît, sur le mouvement de l'inspiration : nous l'accélérons, nous le ralentissons, nous le suspendons même.

Dans une infinité de cas, nous pouvons pousser des cris, ou les contenir; provoquer l'éjection des matières fécales, ou l'interrompre, etc.

Il n'en est point ainsi, au contraire, des mouvements du cœur et des intestins : mouvements absolument, constamment, et de tout point, rebelles à la volonté.

III. En second lieu, le mouvement respiratoire, comme tous les mouvements qui en dérivent, est un mouvement coordonné, résultant du concours de plusieurs parties diverses et éloignées.

Le mouvement du cœur, comme celui des intestins, au contraire, ne tient qu'à certaines parties continues, liées entre elles et ne formant toutes qu'un seul système : on pourrait dire qu'un seul organe.

IV. Enfin, la dernière et définitive différence est précisément celle qu'on vient de voir, c'est-à-dire que le mouvement respiratoire et ses dérivés tirent leur principe *immédiatement* du système nerveux ; tandis que le principe des mouvements du cœur et des intestins n'en dérive que d'une manière *médiate*.

V. Ce dernier point posé, il ne s'agirait plus que de déterminer avec précision :

1° Quel est l'intermédiaire par lequel les mouvements du cœur et des intestins tirent leur principe du système nerveux, et jusqu'à quel point ils l'en tirent ;

2° Quel est le mode d'action propre et déter-miné de cet intermédiaire;

Deux questions qui se résolvent, comme tout le monde voit, dans la *détermination des propriétés et des fonctions du système nerveux, communément nommé grand sympathique.*

VI. Ces questions importantes seront traitées, du moins en partie, dans le chapitre qui suit.

CHAPITRE XIV.

DÉTERMINATION DES PROPRIÉTÉS ET DES FONCTIONS DU GRAND SYMPATHIQUE.

§ Ier.

I. On ne sait pas encore avec certitude si le grand sympathique est, ou non, doué de sensibilité.

L'opinion aujourd'hui la plus commune le regarde comme impassible ; les expériences de Bichat, de MM. Wutzer, Lobstein, etc., semblent même, jusqu'à un certain point, confirmer cette opinion.

II. Bichat ayant découvert le ganglion semilunaire sur plusieurs animaux, l'irrita fortement : l'animal ne s'agita point (1).

(1) Voici ce que dit Bichat : « Comme en ouvrant l'abdomen « d'un animal, d'un chien, par exemple, il vit très bien pendant » un certain temps, et reste même calme après les premiers in- » stants de souffrance, j'ai attendu ce calme qui succède à l'agi- « tation de l'incision des parois abdominales, puis j'ai mis le gan- » glion semi-lunaire à découvert, et je l'ai irrité fortement : l'ani- « mal ne s'est point agité... » (*Anat. génér.*, tom. I. pag. 237.)

M. Wutzer a répété l'expérience de Bichat, et en a obtenu le même résultat (1).

M. Lobstein avoue n'avoir jamais réussi, quelques précautions qu'il ait prises, à produire, par l'irritation immédiate du grand sympathique, le moindre signe de douleur dans l'animal (2).

Enfin, la plupart des physiologistes paraissent n'avoir pas été plus heureux, dans leurs tentatives, que MM. Lobstein, Wutzer et Bichat (3).

III. Je ne parle pas ici des effets provoqués par le galvanisme. Il ne s'agit, dans mes expériences, que de l'irritation mécanique.

§ II.

I. J'ouvris le bas-ventre, par une large incision, sur un lapin; puis je mis bien à nu le ganglion semi-lunaire du côté droit.

Cela fait, je pinçai fortement ce ganglion avec une pince à disséquer : l'animal s'agita et se débattit.

(1) *De corp. hum. ganglior. fab. atque usu;* pag. 181, Berol., 1817.

(2) *De nerv. sympathet. hum. fab. usu et morb.*, pag. 94-95. Paris, 1823.

(3) Peut-être faut-il excepter Haller, qui paraît avoir réussi, au moins une fois, à produire de la douleur sur un chien, par l'irritation du plexus hépatique : *Visum est animal doluisse*, dit-il. (*De part. corp. hum. sent. et irritab. : Oper. minor.*, tom. I, pag. 357.)

II. J'ouvris, tout de suite, le ventre d'un autre lapin; je mis le ganglion semi-lunaire droit à nu; je le pinçai fortement à plusieurs reprises, et, à chacun de ces pincements, l'animal répondit par des secousses brusques et générales.

III. J'ouvris encore le ventre d'un troisième lapin, et je mis, derechef, le ganglion semi-lunaire droit à nu.

Ce ganglion se subdivise, dans ces animaux, en deux ou trois autres ganglions formant, par l'enlacement des nombreux filets qui les unissent, une espèce de réseau ganglionnaire.

Je pinçai chacun de ces ganglions séparément, et à diverses reprises assez éloignées entre elles pour que l'effet d'une irritation ne se compliquât pas avec l'effet d'une autre.

A chacune de ces reprises, au pincement de chacun de ces ganglions, l'animal s'agita, se débattit, cria, témoigna, de toutes les manières, qu'il était sensible à ce genre d'irritation.

IV. Je mis le ganglion semi-lunaire gauche à nu, sur un quatrième lapin; je le pinçai fortement; l'animal s'émut et frémit, comme les autres lapins s'étaient émus et avaient frémi aux précédentes épreuves.

V. J'ai répété ces expériences sur plusieurs

autres lapins ; le résultat a été constamment le même.

VI. Je n'ajoute qu'une remarque : c'est que, dans ces expériences, je me borne toujours à pincer la partie soumise à l'expérience, afin d'être bien sûr de n'intéresser qu'elle. Le moindre tiraillement, pouvant se communiquer aux nerfs spinaux, qui, de près ou de loin, se joignent aux ganglions, compliquerait et embrouillerait tout.

VII. Le ganglion semi-lunaire est donc susceptible de transmettre à l'animal les impressions ou irritations qu'il éprouve ; et cette propriété qu'il partage, à l'exclusion de toutes les autres parties du corps, avec les nerfs de la moelle épinière et de l'encéphale, établit enfin, d'une manière directe et définitive, l'étroite liaison qui l'unit à ces nerfs.

VIII. Je passe à l'examen des ganglions thoraciques et cervicaux.

§ III.

I. Je découvris, sur un lapin, le ganglion cervical supérieur du côté droit ; je le pinçai fortement : l'animal resta impassible.

II. Je pinçai le ganglion cervical gauche : l'animal ne bougea pas davantage.

III. Même résultat sur un second, sur un troisième, sur un quatrième lapin.

IV. Sur un cinquième lapin, le pincement du ganglion cervical supérieur excita un léger trouble dans l'animal.

§ IV.

I. Après bien des essais infructueux, j'ai réussi de même à produire, par l'irritation du ganglion cervical inférieur et par celle du premier thoracique, de faibles marques de sensibilité.

§ V.

I. De tout cela il suit :

1° Que le ganglion semi-lunaire est constamment excitable ;

2° Que les autres ganglions ne le sont que de loin en loin, et qu'à un degré très faible ;

3° Que tout ce que tant d'habiles observateurs ont dit de cette *haute puissance nerveuse*, résidant, selon eux, vers la région diaphragmatique, et tour à tour célébrée par eux sous les noms d'*archée* (1) de *præses systematis nervosi* (2), de *centre phrénique*, *épigastrique* (3), etc., paraît,

(1) Van-Helmont.

(2) Wepfer.

(3) Bordeu, Lacaze, Buffon, etc.

en quelque sorte, justifié par la sensibilité du réseau semi-lunaire;

4° Que l'excitabilité du grand sympathique, devenue, enfin, fait expérimental, de simple conjecture qu'elle avait été jusqu'ici, semble s'accorder assez bien avec l'opinion la plus générale et la plus ancienne peut-être que l'on ait eue de ses fonctions; opinion qui, le regardant comme le *lien sympathique* au moyen duquel le système nerveux proprement dit s'unit aux viscères, lui a, très probablement, valu ce nom de *grand sympathique*.

CHAPITRE XV.

LOIS DE L'ACTION NERVEUSE.

—

§ Ier.

Trois grandes lois régissent l'action nerveuse :

La première est la *spécialité d'action ;*

La seconde est la *subordination des fonctions nerveuses ;*

La troisième est l'*unité du système nerveux.*

§ II.

Spécialité de l'action nerveuse.

I. On a vu, par tous les faits réunis dans ce livre, que chaque partie essentiellement distincte du système nerveux a une fonction ou *manière d'agir* également distincte.

Le cerveau proprement dit n'agit pas comme le cervelet ; ni le cervelet, comme la moelle allongée ; ni la moelle allongée, comme la moelle épinière ou les nerfs.

II. Chaque partie du système nerveux a donc une action *propre* ou *spéciale*, c'est-à-dire *différente de l'action des autres;* et l'on a vu de plus en quoi cette *différence* ou cette *spécialité* d'action consiste.

Dans les lobes cérébraux réside la faculté par laquelle l'animal pense, veut, se souvient, juge, perçoit ses sensations, et commande à ses mouvements.

Du cervelet dérive la faculté qui coordonne ou équilibre les mouvements de locomotion; des tubercules bijumeaux ou quadrijumeaux, le principe primordial de l'action du nerf optique et de la rétine; de la moelle allongée, le principe premier moteur ou excitateur des mouvements respiratoires; et de la moelle épinière enfin, la faculté de lier ou d'associer en mouvements d'ensemble les contractions partielles immédiatement excitées par les nerfs dans les muscles.

III. Le grand fait de la spécialité d'action des diverses parties du système nerveux, fait à la démonstration duquel aspiraient depuis si longtemps les plus nobles efforts des physiologistes, est donc désormais un fait établi par l'observation directe, et le résultat démontré de l'expérience.

§ III.

Spécialité des propriétés nerveuses.

I. Il y a trois propriétés nerveuses essentiellement distinctes : celle d'exciter la contraction musculaire; celle de ressentir et de transmettre les impressions; celle de percevoir et de vouloir.

J'appelle la première de ces propriétés, *excitabilité* ; la seconde est la *sensibilité* ; la troisième est l'*intelligence*.

II. Et chacune de ces propriétés a un siége déterminé, c'est-à-dire un organe propre.

L'*excitabilité* réside dans le faisceau antérieur de la moelle épinière et dans les nerfs venus des racines de ce faisceau ; la *sensibilité* réside dans le faisceau postérieur de la moelle épinière et dans les nerfs venus des racines de ce faisceau ; l'*intelligence* réside exclusivement dans le *cerveau proprement dit (lobes* ou *hémisphères cérébraux)*.

§ IV.

Rôle spécial de chaque partie du système nerveux dans les mouvements.

I. Nul mouvement ne dérive directement de la volonté. La volonté n'est que la cause provo-

catrice de certains mouvements ; elle n'est jamais
la cause effective d'aucun.

Qu'un animal veuille mouvoir ou son bras, ou
sa jambe, ou toute autre partie : aussitôt il la
meut ; mais ce n'est pas sa volonté qui anime les
muscles de la partie mue, qui les excite, qui les
coordonne.

Ni la production de la contraction musculaire,
ni la coordination du jeu des divers muscles, contraction et coordination indispensables néanmoins
pour que le mouvement s'exécute : rien de cela
n'est sous la puissance de la volonté, et conséquemment des lobes ou hémisphères cérébraux
en lesquels cette volonté réside.

II. La cause directe des contractions musculaires réside particulièrement dans la moelle épinière et ses nerfs ; la cause coordonnatrice du
jeu des diverses parties réside exclusivement dans
le cervelet.

III. Voilà donc trois phénomènes essentiellement distincts dans un mouvement voulu : 1° la
volition de ce mouvement, volition qui réside
dans les lobes cérébraux ; 2° la coordination des
diverses parties concourant à ce mouvement,
coordination qui réside dans le cervelet ; et 3° enfin, l'excitation des contractions musculaires, la-

quelle a son siége dans la moelle épinière et ses nerfs.

IV. Puisque ces trois grands phénomènes, essentiellement distincts, résident dans trois organes essentiellement distincts aussi, on voit tout aussitôt la possibilité de n'abolir que l'un de ces phénomènes, la volonté, par exemple, en laissant subsister les deux autres, la coordination et la contraction; ou d'abolir à la fois la coordination et la volonté, en ne respectant que la contraction.

V. Et c'est là ce que les expériences de cet ouvrage ont mis dans une évidence complète.

Un animal, privé de ses lobes cérébraux, ne se meut plus spontanément ou volontairement, mais il se meut coordonnément et tout aussi régulièrement que lorsqu'il avait ses lobes.

Un animal privé de son cervelet, au contraire, perd toute coordination de ses mouvements. Cependant toutes les parties d'un tel animal, la tête, le tronc, les extrémités, toutes ces parties, dis-je, se meuvent; mais comme leurs mouvements ne sont plus coordonnés, il n'y a plus de résultat total obtenu. Un pareil animal ne marche plus, ne vole plus, ne se tient plus debout; non qu'il ait perdu l'usage de ses pattes et de ses ailes, mais parce que le principe coordonnateur de ses pattes et de ses ailes n'existe plus. En un mot, tous les mouvements partiels subsistent encore ; la coordination seule de ces mouvements est perdue.

VI. Ce que je viens de dire du cervelet, par rapport aux mouvements coordonnés de locomotion, on peut le dire de la moelle allongée, par rapport aux mouvements coordonnés de conservation.

Tant que cette moelle subsiste, ils subsistent ; quand elle s'éteint, ils s'éteignent. C'est donc en elle que réside effectivement leur principe régulateur ou leur premier mobile.

VII. Quant à la moelle épinière, elle se borne à lier les contractions musculaires, premiers éléments de tout mouvement, en mouvements d'ensemble ; et, bien que d'elle partent presque tous les nerfs qui déterminent et ces contractions et ces mouvements, ce n'est pourtant point en elle que réside l'admirable faculté de coordonner et ces contractions et ces mouvements en mouvements déterminés, saut, vol, marche, course, station, etc. ; ou inspiration, cri, bâillement, etc. : cette faculté réside dans le cervelet, pour les premiers ; dans la moelle allongée, pour les seconds.

VIII. Il reste une dernière considération à rappeler. Communément, les mouvements de la respiration, du cri, du bâillement, etc., sont appelés *involontaires*, par opposition aux mouvements de locomotion, qu'on appelle alors *volontaires*.

On vient de voir ce qu'il faut penser de ce mot *volontaires*, appliqué à certains mouvements. La volonté n'est jamais que la cause provocatrice, éloignée, occasionnelle, de ces mouvements; mais enfin elle peut les provoquer, en régler l'énergie, en déterminer le but; et, ce qu'il y a d'essentiellement remarquable, elle peut cela de tous points. Ainsi un animal peut, à son gré, se mouvoir ou non, lentement ou vite, dans telle ou telle direction qu'il lui plaît. Il est donc maître absolu, non pas du mécanisme de sa marche, mais de sa marche.

Il en est de même de la course et du saut, qui ne sont qu'une marche précipitée; du vol, du nagement, de la reptation, qui ne sont que différentes espèces de marche; de la station, qui n'est qu'une partie de la marche, et, en un mot, de tous les mouvements de locomotion ou de translation.

La respiration, le cri, le bâillement, certaines déjections, etc., au contraire, ne dépendent que jusqu'à un certain point, et que dans certains cas, de la volonté. En général, tous ces mouvements ont lieu sans qu'elle s'en aperçoive, sans qu'elle s'en mêle, sans qu'elle y participe, souvent même quelque opposée qu'elle y soit.

Enfin, les mouvements du cœur et des intestins sont totalement et absolument étrangers à la volonté (1).

Sous le rapport de la volonté, comme sous le rapport du mécanisme, comme sous le rapport des organes du mouvement, il y a donc trois ordres de mouvements essentiellement distincts. Les uns sont totalement soumis à la volonté; les autres n'y sont soumis qu'en partie; les autres n'y sont point soumis du tout.

§ V.

Subordination des fonctions nerveuses (2).

I. Les fonctions nerveuses se subordonnent les unes aux autres.

II. Il y a, dans le système nerveux, des parties qui agissent *spontanément* ou d'elles-mêmes; et il y en a qui n'agissent que *subordonnément* ou que sous l'impulsion des autres.

III. Les parties *subordonnées* sont la moelle épinière et les nerfs; les parties *régulatrices* et

(1) *Voyez* ci-devant, page 226.
(2) *Voyez* ci-devant, page 192.

primordiales sont la moelle allongée, siége du principe qui détermine les mouvements de respiration ; le cervelet, siége du principe qui coordonne les mouvements de locomotion ; et les lobes cérébraux, siége, et siége exclusif, de l'intelligence.

§ VI.

Unité du système nerveux (1).

I. Non seulement toutes les parties du système nerveux se subordonnent les unes aux autres ; elles se subordonnent toutes à une.

II. Les nerfs et la moelle épinière sont subordonnés à l'encéphale ; les nerfs, la moelle épinière et l'encéphale sont subordonnés à la moelle allongée, ou, plus exactement, au point vital et central du système nerveux, placé dans la moelle allongée.

III. C'est à ce *point*, placé dans la moelle allongée, qu'il faut que toutes les autres parties du système nerveux tiennent pour que leurs fonctions s'exercent. Le principe de l'*exercice* de l'action nerveuse remonte donc des nerfs à la moelle épinière et de la moelle épinière à ce *point* ; et, passé ce *point*, il rétrograde des parties anté-

(1) *Voyez* ci-devant, page 208.

rieures de l'encéphale aux postérieures, et des postérieures à ce *point* encore.

§ VII.

Unité du cerveau proprement dit, ou de l'organe siége de l'intelligence (1).

I. L'unité du cerveau proprement dit, ou de l'organe siége de l'intelligence, est un des résultats les plus importants de cet ouvrage.

II. L'organe, siége de l'intelligence, est un.

III. En effet, non seulement toutes les perceptions, toutes les volitions, toutes les facultés intellectuelles résident exclusivement dans cet organe, mais toutes ces facultés y occupent la même place. Dès qu'une d'elles disparaît par la lésion d'un point donné du cerveau proprement dit, toutes disparaissent ; dès qu'une revient par la guérison de ce point, toutes reviennent. La faculté de percevoir et de vouloir ne constitue donc qu'une faculté essentiellement une ; et cette faculté une réside essentiellement dans un seul organe.

(1) *Voyez* ci-devant, page 98.

CHAPITRE XVI.

APPLICATIONS A LA PATHOLOGIE.

—

§ Ier.

Théorie des paralysies.

I. Je n'ai considéré jusqu'ici mes expériences que sous le rapport physiologique ; mais tout le monde aperçoit le jour qu'elles peuvent jeter sur les questions les plus épineuses de la pathologie.

Et d'abord, comme je l'ai déjà remarqué, le diagnostic des lésions des diverses parties cérébrales résulte des phénomènes mêmes donnés par ces expériences.

En effet, les diverses propriétés des lobes cérébraux, du cervelet, des tubercules bijumeaux, etc., étant connues, il est clair que la *lésion* de telle ou telle de ces propriétés dénotera toujours infailliblement l'organe lésé.

Je n'en donne ici qu'un exemple un peu détaillé, tiré des paralysies.

II. Je dis donc qu'il n'est pas de *paralysie observée* que l'expérience ne reproduise ; qu'il est

une infinité de paralysies inconnues encore à l'observation, et déjà indiquées par l'expérience; et
que, soit que l'expérience les *indique*, soit qu'elle
les *reproduise*, il n'en est point dont elle ne détermine la nature par les symptômes, et par la
nature le siége.

III. 1° Les organes du sentiment étant distincts
des organes du mouvement, et les uns et les autres
de ceux de l'intelligence, il y a des paralysies distinctes du sentiment, du mouvement, de l'intelligence.

Les paralysies diffèrent donc de nature.

2° Les diverses parties du système nerveux
pouvant toutes être affectées séparément, l'affection ne réside souvent que dans telle ou telle partie,
à l'exclusion des autres.

Les paralysies diffèrent donc de siége.

3° Chaque partie du système nerveux ayant des
fonctions propres et déterminées, le trouble des
fonctions varie, comme varie la partie lésée.

Les paralysies diffèrent donc encore de symptômes.

Finalement, les paralysies diffèrent de nature,
de siége et de symptômes.

Mais, comme les symptômes dérivent de la nature, et la nature du siége, il suit que qui voit l'un
voit l'autre, et que la détermination de l'une de

ces choses implique toujours nécessairement la détermination de toutes les autres.

IV. Un court résumé des paralysies observées nous offre :

1° Des paralysies distinctes du sentiment, du mouvement, de l'intelligence.

2° Des paralysies locales, c'est-à-dire bornées à une seule partie;

3° Des paralysies plus ou moins générales, soit d'une seule moitié du corps, soit de la seule région postérieure du tronc, etc.;

4° Des paralysies situées du même côté, et d'autres situées du côté opposé à la lésion;

5° Enfin, des paralysies jointes à la stupeur ou perte d'intelligence, d'autres à la convulsion, d'autres à la perte d'équilibre.

V. Or, il n'est pas une seule de ces paralysies dont les expériences précédentes n'offrent aussi des exemples.

On a vu des paralysies distinctes du sentiment et du mouvement, des paralysies locales, des paralysies bornées à un seul côté ou à une seule région du corps; on en a vu de situées du même côté, et d'autres du côté opposé à la lésion; on a vu produire enfin, comme à volonté, des paralysies jointes à la stupeur, ou à la perte d'équilibre, ou à la convulsion.

VI. L'expérience reproduit donc tout ce que donne l'observation ; et ce que ne donne pas toujours l'observation, c'est-à-dire la cause ou le siége interne des phénomènes externes, l'expérience le donne.

Tant de belles observations recueillies par tant de savants médecins, depuis Hippocrate jusqu'à nous, peuvent donc être regardées comme des expériences dès long-temps indiquées à la physiologie.

VII. En tout genre, l'observation précède l'expérience, et la raison en est simple ; c'est que l'observation est une expérience toute faite.

Mais, presqu'en tout genre, l'observation est insuffisante : elle est trop compliquée pour être comprise, trop bornée pour être féconde.

L'expérience décompose l'observation, et en la décomposant, la débrouille ; elle joint les faits isolés par des faits intermédiaires, et en les joignant les complète, et en les complétant les explique. En un mot, l'observation avait commencé, l'expérience achève.

8. Dans l'étude des phénomènes naturels, il y a donc un temps pour l'observation, et il y en a un pour l'expérience.

On ne cherche d'abord qu'à constater les circonstances évidentes de ces phénomènes ; l'observation suffit : on veut en pénétrer ensuite et la constitution intime et les ressorts cachés ; c'est le tour de l'expérience.

§ II.

Théorie des lésions de la tête par contre-coup.

I. En 1768, l'Académie royale de chirurgie proposa, pour la troisième fois, et pour sujet d'un double prix, la question suivante : « Éta- » blir la théorie des lésions de la tête par contre- » coup, et les conséquences pratiques qu'on peut » en tirer (1).

Sous une forme toute chirurgicale, ce sujet renfermait une question fondamentale de physiologie ; il la supposait même, jusqu'à un certain point, résolue.

Il est clair qu'on ne saurait établir, en effet, *la théorie des lésions de la tête*, ou, *plus exactement, de l'encéphale*, si l'on ne connaît déjà les propriétés et les fonctions des diverses parties dont cet organe se compose.

II. La question n'était donc pas très clairement posée ; je crois qu'elle aurait dû l'être ainsi : *Établir, par des expériences et par des observa-*

(1) **Prix** *de l'Acad. roy. de chirurg.*, tom. IV.

tions précises, les propriétés et les fonctions des diverses parties dont se compose l'encéphale, afin d'en déduire ensuite la théorie des lésions, soit directes, soit par contre-coup, de chacune de ces parties.

III. La circonstance du *contre-coup* ne change effectivement rien à la question, du moins sous le point de vue qui nous occupe.

Qu'il y ait lésion par coup, ou par contre-coup, peu importe ; le tout est qu'il y ait lésion, et, dès qu'il y a lésion, le tout est de reconnaître les signes qui la constatent, et de remonter par les signes jusqu'au siége : tout se réduit donc toujours à *déterminer le siége d'une lésion cérébrale donnée par les signes de cette lésion.*

IV. Or, il est visiblement impossible de discerner les signes de la lésion d'un organe, si l'on ne connaît déjà les fonctions ou les propriétés de cet organe.

Les *signes*, ou les *symptômes*, ne sont que les *propriétés altérées ;* la *lésion*, ou le *siége de la lésion*, n'est que l'*organe lésé* : on ne peut donc déterminer les *symptômes de la lésion*, si l'on n'a préalablement déterminé les *propriétés de l'organe*. Ces deux propositions sont corrélatives : qui énonce l'une, suppose l'autre. On ne remonte des *symptômes* au *siége* qu'en remontant des *pro-*

priétés à l'organe : quand on *a les propriétés d'un organe*, on a donc toujours, à coup sûr, les *signes* ou les *symptômes de sa lésion.*

V. Toute la question, toute la difficulté, dans la *théorie des lésions de l'encéphale*, consistait donc dans la détermination des propriétés ou fonctions des diverses parties qui le constituent ; il y avait donc, dans le sujet proposé par l'Académie, une question physiologique à résoudre, avant d'arriver à la question chirurgicale même. Plusieurs des concurrents eurent le grand mérite de le sentir ; l'Aadémie le sentit aussi, puisqu'elle couronna leurs Mémoires.

VI. Une courte analyse de ces Mémoires suffira, je pense, pour donner tout à la fois une idée, et des efforts remarquables de leurs auteurs, et de l'état de confusion et d'incertitude où, à l'époque de ces efforts, la science se trouvait encore.

VII. Je commence par le Mémoire de Saucerotte.

§ III.

I. J'omets tout ce qui n'a rapport qu'aux lésions des parois crâniennes, objet dont il n'est point question ici. J'arrive tout de suite au *diagnostic des lésions cérébrales*, lequel, comme le dit très bien l'auteur, forme le *point véritablement important de sa dissertation.*

Deux voies le conduisent à ce diagnostic : les expériences sur les animaux vivants, et les observations d'anatomie pathologique.

Ses expériences n'étant qu'une répétition, quant à la méthode, de celles de Haller, de Lorry, de Zinn ; l'auteur n'opérant, comme eux, qu'à tâtons, qu'à travers une ouverture faite par le trépan, sans isoler, sans découvrir les parties sur lesquelles il expérimente ; ses expériences, dis-je, ne pouvaient le conduire et ne l'ont effectivement pas conduit à des résultats bien nouveaux. Elles sont pourtant curieuses. Il y en a vingt et une en tout : dix-sept sur les lobes cérébraux, quatre sur le cervelet.

II. Dans les trois premières, l'auteur n'a d'autre objet que d'établir le croisement de paralysie par le fait de la lésion des lobes cérébraux.

La quatrième et la cinquième, toujours sur les lobes cérébraux, montrent qu'indépendamment de l'effet croisé général de toutes les parties du corps, il existe un pareil effet croisé pour la vue.

Dans les sixième, septième, huitième et neuvième, l'auteur cherche à établir qu'outre le croisement de paralysie d'un côté du corps à l'autre,

il y en a encore un de la partie antérieure à la
postérieure des lobes cérébraux, et *vice versâ*,
pour le mouvement des extrémités, de façon que
la lésion de la partie antérieure des lobes cérébraux paralyse les jambes de derrière, et réciproquement la lésion de la partie postérieure, les
jambes de devant.

Les dixième, onzième, douzième, treizième,
quatorzième et quinzième se bornent à reproduire, au moyen de compressions graduées, les
résultats obtenus déjà, dans les précédentes, au
moyen des sections.

La seizième et la dix-septième, sur le corps
calleux, ont pour but de venir à l'appui de l'opinion
de Lapeyronie, qui plaçait dans ce corps le siége
de l'intelligence et du sentiment.

Des quatre expériences sur le cervelet, l'auteur
conclut, 1° que le cervelet a, comme les lobes
cérébraux, une *action croisée ;* 2° que la lésion
du centre du cervelet est constamment suivie
d'une *susceptibilité*, ou *vivacité de sentiment extrême*.

III. Je ne m'arrêterai point à faire remarquer
ici le peu de précision de ces expériences.

L'auteur croit exciter des convulsions par le
corps calleux ; c'est qu'il touche, sans s'en apercevoir, les tubercules bijumeaux ou quadrijumeaux :

il croit en exciter par le cervelet, c'est qu'il touche la moelle allongée. Il s'imagine que la destruction du corps calleux suffit, comme l'avait pensé Lapeyronie, pour détruire les sens et l'intelligence; c'est qu'il ne tient pas compte des autres parties des lobes cerébraux qu'il blesse pour détruire le corps calleux. Il conclut enfin, avec Lapeyronie, Louis, etc., que la lésion du centre du cervelet produit une *vivacité de sentiment extrême*, parce que, d'un côté, il confond les effets du cervelet avec ceux de la moelle allongée; parce que, de l'autre, il ne peut réussir à s'expliquer l'*agitation singulière* qui accompagne cette lésion.

Cette *agitation singulière*, suite des blessures du cervelet, a beaucoup embarrassé les observateurs : la plupart la confondent avec les *convulsions* ; d'autres la regardent comme une *susceptibilité exaltée*, comme une *sensibilité exquise*, comme une *mobilité*, une *vivacité extrêmes*. Haller la définit tantôt une *convulsion universelle*, tantôt *une espèce de secoûment mêlé de tremblement*. L'action du cervelet avait été jusqu'ici une énigme. Aucun ordre de phénomènes connus ne pouvait seulement conduire à soupçonner le mot de cette énigme; il a fallu qu'il sortît de l'expérience.

IV. Je passe au Mémoire de Sabouraut.

§ IV.

I. L'auteur commence par une réflexion lumi-
neuse sur les contre-coups.

« Les accidents causés, dit-il, par les contre-
» coups sont exactement les mêmes que ceux qui
» sont la suite d'un coup; et les indications cura-
» tives que les uns et les autres présentent n'ad-
» mettent aucune différence : d'où il résulte que
» la principale difficulté, dans la théorie des
» contre-coups, *consiste dans le diagnostic*, parce
» que cette maladie étant une fois à découvert
» doit rentrer dans la classe des maladies pro-
» duites immédiatement par des coups. »

II. L'auteur de la préface du volume des *Prix
de l'Académie de chirurgie*, où se trouvent les
Mémoires que j'analyse, confirme cette manière
de voir par la sienne.

« Il est clair, dit-il, que, dans la question dont
» il s'agit, toute la difficulté consiste à *établir le
» diagnostic*. La moindre réflexion fait voir que,
» si l'on parvenait à donner les signes capables
» d'indiquer le siége de la lésion par contre-coup,
» dès lors la maladie rentrerait dans l'ordre com-
» mun, c'est-à-dire que tous les secours de la

» chirurgie lui seraient applicables, suivant la
» différence du désordre connu. Ces signes, qu'il
» est si important d'exposer pour faire connaître
» un genre de maladie que les anciens ont cru
» devoir caractériser par la dénomination de *ca-
» lamité* et d'*infortune*, devaient donc être le
» principal objet du travail des concurrents, etc. »

III. Je reviens au Mémoire de Sabouraut.

IV. Il reconnaît, comme Saucerotte, 1° qu'un diagnostic rationnel des lésions des diverses parties de l'encéphale ne peut reposer que sur la connaissance des propriétés ou fonctions de ces parties; 2° que des expériences directes, jointes à l'observation pathologique, peuvent seules conduire à cette connaissance.

V. Il n'a pourtant point fait d'expériences lui-même, mais il recueille et discute toutes celles qui ont été faites avant lui.

VI. Je ne le suivrai point ici dans cette discussion; je rapporterai néanmoins encore une réflexion de lui qui m'a paru bien judicieuse.

» Le point désiré, dit-il, serait de déterminer,
» d'après le désordre, quel qu'il fût, dans une
» fonction quelconque, quel devrait être le lieu
» de la lésion cérébrale. »

On ne pouvait mieux indiquer le but; il ne

manquait, pour l'atteindre, qu'une méthode expérimentale.

§ V.

I. Je ne m'arrêterai pas, non plus, bien long-
temps sur le Mémoire de Chopart.

Ce n'est pas que ce Mémoire ne soit, comme
les deux précédents, plein de vues profondes, de
réflexions ingénieuses, de détails savants et curieux.

Mais il y a une raison toute simple de se dis-
penser, quand on a donné l'analyse de l'un de
ces Mémoires, de donner celle des autres; c'est
que leurs auteurs, ayant puisé dans les mêmes
sources (Haller, Lorry, Zinn, Lapeyronie, Pourfour Du Petit, Louis, etc.), ne font, pour ainsi
dire, que se reproduire les uns les autres.

II. Ainsi, c'est toujours la stupeur et la perte
des sens données pour signes exclusifs de la lésion
du corps calleux, une susceptibilité extrême pour
celle du cervelet, etc.; c'est toujours, enfin, le
croisement de paralysie, et l'action directe des
convulsions, qu'on regarde comme le principe le
plus lumineux, comme la règle la plus sûre dans
la pratique.

III. Au reste, ce principe si lumineux, cette

règle si sûre, aux yeux de nos auteurs, ne laissent pourtant pas de les embarrasser beaucoup.

« Le croisement de paralysie, dit Sabouraut,
» s'explique bien par le croisement des nerfs ;
» mais l'explication que nous allons donner des
» convulsions qui arrivent du côté même de la
» lésion n'est pas marquée, comme celle de la pa-
» ralysie, au coin de l'évidence. »

On se doute bien de l'*explication* : c'est l'*esprit animal*, c'est-à-dire le *principe moteur*, qui *coule du cerveau*, qui est *troublé dans sa sécrétion*, etc.

« Cette confusion, ou ce trouble, continue
» Sabouraut, dans la sécrétion ou dans la distri-
» bution du principe moteur, doit apporter beau-
» coup d'irrégularité dans les mouvements qui
» dépendent de ce principe, et de là les mou-
» vements convulsifs dans le côté droit du corps,
» c'est-à-dire du côté même de la lésion céré-
» brale, etc., etc. »

IV. Je prie que l'on me permette de revenir, un moment, sur la *loi générale des effets croisés et directs du système nerveux.*

Tout le monde sait combien la détermination expérimentale de cette loi a long-temps occupé les physiologistes.

Mais, quelques efforts qu'on eût faits, jusqu'à moi, pour arriver à cette détermination d'une manière générale et définitive, ces efforts avaient toujours manqué de succès, parce que, d'une part, on n'isolait point les diverses parties expérimentées, parce que, de l'autre, on n'expérimentait que sur certaines parties.

On se rappelle la proposition célèbre d'Hippocrate, savoir, que, « dans les plaies du cerveau, » la convulsion est toujours du côté blessé, et la » paralysie, au contraire, du côté opposé à la bles- » sure. »

On se rappelle aussi que Haller (1), Lorry (2), Zinn (3), ont cru cette proposition d'Hippocrate confirmée par toutes leurs expériences. Saucerotte (4), Louis (5), Sabouraut (6), Pourfour Du Petit (7), Chopart (8), la regardent, ainsi que je le disais tout-à-l'heure, comme le principe le plus lumineux, comme la règle la plus sûre dans la pratique.

(1) *Mémoires sur la nature sensib. et irritab. des parties du corps anim.*, Lausanne, 1770, tom. I.

(2) *Acad. des sciences, Mém. des sav. étrang.*, tom. III.

(3) *Mém. sur la nat. sensib. et irritab.*, etc., tom. II.

(4) *Prix de l'Acad. roy. de chir.*, tom. IV.

(5) *Rec. d'observ. d'anat. et de chirurg., pour servir de base à la théorie des lésions de la tête par contre-coup.* Paris, 1766.

(6) *Prix de l'Acad. roy. de chir.*, tom. IV.

(7) *Lettres sur un nouveau système du cerveau*, etc. Namur, 1710.

(8) *Prix de l'Acad. roy. de chir.*, tom. IV.

Mais, dès qu'il s'est agi de déterminer si ce double effet direct de convulsion, croisé de paralysie, appartenait à toutes les parties du cerveau indifféremment, ou n'appartenait qu'à quelques unes, à l'exclusion des autres, ou n'était qu'un résultat complexe de la lésion combinée de plusieurs ; dès qu'il a fallu localiser, enfin, le doute, le vague, l'hésitation, les assertions les plus opposées ont succédé à l'assentiment commun.

Selon Haller, selon Zinn, c'est aux blessures des *parties médullaires* du cerveau qu'il faut rapporter le principe d'Hippocrate; c'est aux blessures de la *moelle allongée* que Lorry l'applique; Saucerotte, Louis, Sabouraut, Pourfour Du Petit, Chopart, à *toutes les parties du système cérébral indifféremment.*

Je l'ai montré dans le quatrième chapitre de cet ouvrage : Haller n'attribuait un double effet direct de convulsion, croisé de paralysie, aux hémisphères cérébraux, que parce que, dans ses expériences, il n'isolait point la moelle allongée de ces hémisphères ; Lorry n'attribuait ce double effet à la moelle allongée que parce qu'il n'en isolait point le cervelet, etc., etc.

Le seul moyen de résoudre la difficulté était donc d'isoler les diverses parties expérimentées, de constater l'effet particulier de chacune d'elles, d'en décomposer les effets complexes, d'en démêler les combinaisons diverses.

Or, Haller, Zinn, Saucerotte, Saubouraut, Pourfour Du Petit, Louis, etc., avaient bien reconnu l'action croisée des lobes cérébraux; Sabouraut, Pourfour Du Petit, Saucerotte surtout, avaient bien reconnu, indiqué du moins, celle du cervelet; mais aucun d'eux n'avait montré, ni comment les convulsions se joignent aux paralysies, ni comment elles s'y joignent, toujours ou presque toujours, en sens contraire; nul n'avait montré l'action croisée des tubercules bijumeaux ou quadrijumeaux, ni l'action directe de la moelle allongée; nul enfin n'avait établi *la loi générale*, *et des effets croisés ou directs du système nerveux*, *et du rapport selon lequel les paralysies se joignent aux convulsions.*

§ VI.

Détermination du siége de l'âme.

I. Un Mémoire sur lequel je crois devoir arrêter un moment encore l'attention du lecteur est celui de Lapeyronie, intitulé : *Observations par lesquelles on tâche de découvrir la partie du cerveau où l'âme exerce ses fonctions* (1).

La détermination de *la partie dans laquelle*

(1) *Mém. de l'Acad. des sciences*, année 1741.

l'âme exerce ses fonctions, ou, comme on dit en anatomie, du *siége de l'âme*, a occupé, de bonne heure, les médecins, les philosophes, les physiologistes.

On a tour à tour supposé ce siége dans le sang, dans la poitrine, dans le cœur, dans le foie, dans presque toutes les parties du corps : il n'y a, en particulier, dans le cerveau, aucun recoin où quelque auteur n'ait imaginé de le placer, et d'où quelque autre auteur ne l'ait ensuite exclu.

Descartes l'avait supposé dans la glande pinéale; Willis, dans les corps cannelés; Lapeyronie se détermina pour le corps calleux.

II. Les faits ne manquèrent pas à celui-ci pour établir que, ni la glande pinéale, ni les corps cannelés, ni les couches optiques, ni le cervelet, ne sont le siége réel, ou du moins exclusif, des fonctions de l'âme. Il n'en a pas manqué depuis pour établir que le corps calleux n'avait pas des titres mieux fondés à cette prérogative.

III. Mais on peut dire que ces faits mêmes, tout en renversant successivement des opinions hasardées ou préconçues, ne tendaient pas moins à établir ces deux points capitaux, mis dans une évidence complète par mes expériences : l'un, que toutes les parties du cerveau, prises collectivement, ne sont point indispensables aux *fonc-*

tions de l'âme; l'autre, qu'aucune des parties que je viens de nommer, prise séparément, ne l'est pas non plus.

IV. En effet, on a vu, par mes expériences, que non seulement le cervelet, les couches optiques, les tubercules bijumeaux ou quadrijumeaux, etc., ne concourent point à l'exercice de l'intelligence; mais que, dans les lobes cérébraux mêmes qui y concourent essentiellement et exclusivement, toutes les parties ne sont pas indispensables à cet exercice.

Ainsi, 1° les lobes cérébraux peuvent perdre, soit par-devant, soit par-derrière, soit par en haut, soit par côté, une certaine étendue de leur substance, sans perdre leurs fonctions; 2° dès que la perte de substance dépasse une certaine étendue, les fonctions sont perdues.

Le *siége* de l'intelligence peut donc, pourvu que la lésion ne dépasse pas certaines limites, être attaqué sur presque tous ses points, sans perdre ses fonctions; quel que soit le point attaqué, au contraire, si la lésion dépasse certaines limites, toutes les fonctions sont perdues

La conservation ou la perte de ces fonctions dépend donc, non pas précisément de tel ou tel point donné des lobes cérébraux, mais du degré de l'altération de ces lobes, quels que soient d'ailleurs le point ou les points attaqués.

Les lobes cérébraux concourant effectivement, par tout leur ensemble, à l'exercice de leurs fonctions, il est tout naturel qu'une de leurs parties puisse suppléer à l'autre, que l'intelligence puisse conséquemment subsister ou se perdre par chacune d'elles. Et voilà bien plus de raisons qu'il n'en fallait pour placer tour à tour le *siége de cette intelligence* dans chacune de ces parties, et pour l'exclure ensuite tour à tour de chacune. L'erreur consistait à ne considérer que tels ou tels points donnés des lobes cérébraux, quand il fallait les considérer tous.

V. Ainsi Willis ne supposait très probablement le *siége* des fonctions intellectuelles dans les corps cannelés, que parce que, dans ses observations, c'était principalement les corps cannelés qu'il avait trouvés sains, au milieu de lésions qui n'avaient aboli ni les sens ni l'intelligence. Lapeyronie ne le supposait, au contraire, dans le corps calleux, que parce que, dans ses observations, c'était principalement le corps calleux qu'il avait trouvé détruit ou altéré, à la suite de lésions qui avaient altéré ou détruit les sens et l'intelligence, etc., etc.

VI. Toutes ces combinaisons diverses de lésions cérébrales, circonscrites ou étendues, générales ou partielles, dont on trouve tant d'exemples dans les auteurs, concourent donc à confirmer ce résultat fondamental, établi dans le troisième chapitre de cet ouvrage, savoir : « Qu'*une lésion* » *déterminée des lobes cérébraux, quel qu'en soit* » *le siége*, peut très bien, pourvu qu'elle ne dé- » passe pas certaines limites, coexister avec l'exer- » cice des fonctions intellectuelles; tandis qu'il » n'est aucune lésion de ces organes, *quel qu'en* » *soit le siége encore*, qui, dès qu'elle dépasse cer- » taines limites, puisse coexister avec ces fonc- » tions. »

CHAPITRE XVII.

EXPÉRIENCES SUR LA RÉUNION DES NERFS (1).

—

I. J'ai fait voir, par mes précédentes expériences, que les diverses parties du système nerveux peuvent être plus ou moins complétement séparées du reste du système, et conserver néanmoins encore *un certain degré de vie ou d'action* : c'est par ce *degré de vie ou d'action* qui leur reste que ces parties sont susceptibles de se rapprocher des parties dont on les a séparées, de se reunir avec elles, et de recouvrer ainsi, dans certains cas, par cette réunion, et la *plénitude de leur vie et le plein exercice de leurs fonctions*.

II. Un lobe cérébral, par exemple, divisé par une incision profonde, perd sur-le-champ ses fonctions ; mais, au bout de quelque temps, cette incision se *cicatrise*, les parties divisées se *réunissent*, et les fonctions du lobe reviennent.

(1) Mémoire présenté à l'Académie royale des sciences de l'Institut, le 3 décembre 1827.

Il en est de même pour l'autre lobe, pour le cervelet, pour les tubercules bijumeaux ou quadrijumeaux, etc.; il en est de même, enfin, pour la moelle épinière, comme on va le voir.

III. Je fendis longitudinalement, sur un canard, tout le renflement médullaire postérieur : sur-le-champ l'action des deux jambes fut extrêmement affaiblie; la queue était dans une agitation presque continuelle. Quand l'animal voulait marcher, il étendait ses ailes et ouvrait sa queue pour venir au secours de ses jambes qu'il ne remuait plus qu'avec lenteur, avec peine, et qui fléchissaient à tout moment sous lui : aussi demeurait-il presque toujours couché sur son ventre.

Au bout de trois mois, l'animal se servait de ses jambes tout aussi bien qu'avant l'expérience : je mis alors le renflement opéré à nu, et j'en trouvai les parties divisées presque entièrement réunies.

IV. Je fendis le renflement postérieur en travers, mais incomplétement, sur un autre canard. L'usage des jambes fut aussitôt presque entièrement perdu; l'animal les remuait encore un peu, mais il ne pouvait plus se soutenir sur elles, et il n'avançait plus que par le secours de ses ailes. La queue s'agitait souvent et avec force, surtout quand on la pinçait ou qu'on la touchait.

L'animal reprit peu à peu l'usage de ses jambes; quelques mois après l'opération, il l'avait presque entièrement repris; et le renflement opéré ayant été mis alors à nu, j'en trouvai les parties divisées presque entièrement réunies.

V. Je fendis enfin, transversalement et complétement, la moelle épinière, sur un troisième canard, un peu au-dessus du renflement postérieur. L'usage des jambes fut aussitôt complétement perdu, l'animal ne pouvait plus du tout ni les remuer à son gré, ni se soutenir sur elles. La queue se remuait avec force dès qu'on la touchait.

Ce canard mourut le surlendemain de l'expérience : je mis aussitôt le point de moelle épinière opéré à nu; cette moelle était divisée dans toute son étendue transversale, mais ses deux bouts divisés, tant l'inférieur que le supérieur, se montraient déjà gonflés et rapprochés l'un de l'autre : circonstance importante et qu'on peut regarder comme un premier pas vers la réunion complète, et depuis long-temps connue, qu'offrent les divisions transversales des nerfs.

VI. Les expériences de Fontana (1), sur la réunion des nerfs, sont célèbres; elles ont été répétées par un grand nombre de physiologistes : je les ai répétées moi-même; et voici quelques ré-

____

(1) *Traité sur le venin de la vipère*, etc., Florence, 1781, t. II.

sultats particuliers qu'elles m'ont offerts, et qui ne
me paraissent pas avoir été indiqués encore.

VII. Je coupai en travers le nerf de la huitième
paire ou pneumo-gastrique droit, sur un coq.
Deux mois après, la plaie extérieure étant entièrement cicatrisée, je mis le nerf opéré à nu. Les
bouts divisés étaient très gonflés et entièrement
réunis l'un à l'autre.

Il importait de voir si le bout inférieur avait
réacquis, par sa réunion avec le bout supérieur,
la faculté de concourir à une réunion nouvelle. Je
divisai donc, de nouveau, le nerf cinq à six lignes
au-dessous du point précédemment divisé et
maintenant réuni. Deux mois après, l'animal étant
mort par suite d'un accident étranger à l'expérience, je trouvai la réunion de cette nouvelle
division encore complète, et les deux bouts
réunis, pareillement très gonflés.

VIII. Je coupai en travers, sur un autre coq,
le nerf pneumo-gastrique gauche. Au bout de
huit mois, l'animal, bien nourri, avait beaucoup
engraissé, et la plaie extérieure était depuis très
long-temps entièrement cicatrisée. J'examinai
alors le nerf opéré ; je trouvai les deux bouts
qui avaient été divisés entièrement réunis, et,
au point de leur réunion, très gonflés. Il ne
restait plus qu'à voir si le nerf avait repris ses

fonctions ; je coupai donc le nerf pneumo-gas-trique droit. L'animal respira d'abord avec peine, mais cette gêne de la respiration ne persista pas ; le lendemain, l'animal respirait bien, il buvait et mangeait. Le troisième jour, la gêne de la respiration reparut ; l'animal devint triste ; il restait presque toujours à la même place, il ne mangeait plus, il essayait quelquefois de boire. Le quatrième jour, la respiration ne se faisait plus qu'avec effort ; l'animal mourut.

IX. Je divisai transversalement le nerf sciatique droit, sur une poule : la *patte* fut aussitôt paralysée, et tout mouvement des doigts perdu. Dix mois après l'opération, cette poule n'avait pas repris l'usage de sa patte ; et elle ne pouvait marcher qu'en s'appuyant sur le coude que forment, à leur jonction, les os de la jambe et du tarse.

Je mis le nerf sciatique opéré à nu ; les bouts qui avaient été divisés étaient réunis, et le point de leur réunion était très gonflé. Je voulus voir si, à défaut de la fonction, la communication des irritations était du moins rétablie. Je pinçai donc, tour à tour, ce nerf, sur le point renflé de la réunion, au-dessus et au-dessous de ce point. A toutes ces irritations, soit au-dessus, soit au-dessous, soit sur le renflement même de la réunion, l'animal criait, s'agitait et remuait sa patte. La communication à travers le *point de réunion*, c'est-à-dire la *continuité de vie et d'action*, était donc complétement rétablie. De plus, bien que l'animal ne mût plus ou presque plus sa patte de lui-même, surtout les doigts de cette patte, et ne s'en servit plus pour marcher, cependant, quand je pinçais le nerf sciatique, et dans quelque point de son étendue que le pincement eût lieu, la patte et les doigts de cette patte se mouvaient aussitôt, quoique faiblement.

X. Je coupai, en travers, le nerf sciatique de la jambe gauche, sur une autre poule; et, au lieu de laisser libres, comme dans l'expérience précédente, les bouts divisés du nerf, je les maintins rapprochés l'un de l'autre (1) par quelques points

(1. Il y a un phénomène qui m'a souvent frappé dans le cours de ces expériences.

Quand on rapproche les deux bouts divisés d'un nerf (pneumo-gastrique, sciatique ou autre), on aperçoit, au moment même du contact, un *petit mouvement* d'attraction, ou de rejonction d'un bout à l'autre. On dirait que ces deux bouts cherchent à se presser et à se pénétrer réciproquement. C'est là sans doute le premier indice de la *tendance* à se rapprocher et à se réunir qu'offrent toujours les deux bouts divisés d'un nerf, dès qu'ils sont divisés, et par laquelle ils se rapprochent et se réunissent en effet, quelque écartés qu'ils soient d'abord l'un de l'autre au moment de la division.

Ce phénomène mérite d'être suivi; il serait le premier exemple d'un mouvement réel et actif du tissu nerveux.

de suture passés dans la cellulosité fine qui entoure le névrilème. J'espérais obtenir, par ce rapprochement artificiel, une réunion plus parfaite des bouts divisés, et par suite un retour plus complet de la fonction du nerf. Cependant, huit mois après l'opération, l'animal n'avait point repris encore l'usage de sa patte, et ne marchait, comme le précédent, qu'appuyé sur le coude formé par l'articulation tibio-tarsienne.

Je mis le nerf opéré à nu; la réunion des bouts divisés était complète et leur point de réunion très grossi. Je pinçai le nerf *au-dessus* du point renflé de la réunion, l'animal cria et les doigts de la patte se contractèrent; je le pinçai *au-dessous*, même résultat; je pinçai *le point de la réunion*, et même résultat encore.

XI. Je coupai, sur un coq, les deux nerfs principaux qui, du plexus brachial, vont, l'un à la face supérieure, et l'autre à la face inférieure de l'aile. A la section du premier de ces nerfs, l'aile commença à traîner et à se mouvoir avec peine; à la section du second, elle traîna tout-à-fait, et son extrémité (partie à laquelle se rendaient principalement les nerfs coupés) ne se mut plus du tout. Je croisai alors les bouts des nerfs divisés, en joignant le bout supérieur d'un nerf avec le bout inférieur de l'autre, et réciproquement; et je maintins ce *croisement artificiel* par un point de suture.

Au bout de quelques mois l'animal avait parfaitement repris l'usage de l'extrémité de son aile, laquelle ne traînait plus, et dont il se servait pour voler tout aussi bien qu'avant l'expérience. La plaie extérieure était depuis long-temps entièrement cicatrisée. Je mis les nerfs opérés à nu : ils étaient complétement réunis, et dans l'ordre même où je les avais placés ; c'est-à-dire que le bout inférieur d'un nerf se continuait avec le bout supérieur de l'autre, et réciproquement.

Je pinçai ces nerfs *au-dessus* du point de leur réunion, l'aile se mut aussitôt, et l'animal cria ; je les pinçai *au-dessous*, l'animal le sentit de même, et son aile se mut encore ; pareille chose eut lieu, quand je pinçai le *point grossi* de la *réunion*. Et de plus, quand je pinçais le nerf supérieur *au-dessus du point de la réunion*, c'étaient les muscles de la face inférieure de l'aile qui se contractaient ; et c'étaient, au contraire, les muscles de la face supérieure de l'aile qui se contractaient quand je pinçais le nerf inférieur, toujours *au-dessus du point de la réunion*. La communication des irritations était donc parfaitement rétablie dans tout le trajet des nerfs réunis ; et, de plus, elle s'opérait dans un *sens croisé*, sens croisé déterminé par le *croisement artificiel* des nerfs mêmes.

XII. Je fis, sur un autre coq, une expérience dont le résultat pouvait être plus curieux encore. Je coupai d'abord, sur ce coq, le nerf pneumo-gastrique droit en travers; puis je réunis, par un point de suture, le bout inférieur de ce nerf au bout supérieur ou spinal du nerf de la cinquième paire cervicale, préalablement coupé aussi en travers.

Au bout de trois mois, je trouvai les bouts, *artificiellement* rapprochés, de la cinquième paire *cervicale* et de la huitième paire *encéphalique*, parfaitement réunis l'un à l'autre, et très grossis au point de leur réunion.

Je coupai alors le nerf pneumo-gastrique gauche, pour voir si le pneumo-gastrique droit avait repris ses fonctions; mais l'animal tomba aussitôt dans cet état de respiration pénible et de suffocation qui accompagne toujours la section simultanée des deux nerfs pneumo-gastriques; le second jour de cette nouvelle opération, il mourut.

XIII. Je répétai cette expérience de l'union du bout inférieur du nerf pneumo-gastrique droit avec le bout supérieur du nerf de la cinquième paire cervicale, sur un canard. Je réunis de plus, sur ce canard, le bout inférieur du cinquième nerf cervical avec le bout supérieur du nerf de la huitième paire. Au bout de trois mois et demi, la réunion des bouts *artificiellement* rapprochés se trouva complète, et dans le sens même selon lequel ces bouts avaient été rapprochés : mais, à la section du nerf pneumo-gastrique gauche, l'animal tomba dans le même état que le précédent.

XIV. On sent combien un succès complet, c'est-à-dire le retour de la fonction, aurait été curieux dans ces deux dernières expériences, puisqu'*un nerf cérébral* aurait alors tiré le principe de ses fonctions d'*un nerf de la moelle épinière même*, ou, en d'autres termes, d'un point des centres nerveux tout-à-fait différent de celui duquel, dans l'état naturel, il le tire. Je me propose de les répéter.

XV. Ainsi, 1° les plaies de la moelle épinière sont, comme celles de l'encéphale, susceptibles de réunion et de cicatrisation; et, avec la réunion de la plaie, la fonction revient. 2° Les nerfs, transversalement et complétement divisés, sont susceptibles de se réunir. 3° Un nerf coupé se réunit; et, cette réunion opérée, si on le coupe de nouveau, au-dessous du premier point d'abord divisé et puis réuni, il se réunit encore. 4° On peut *croiser* deux nerfs différents de manière que le bout supérieur de l'un corresponde au bout inférieur de l'autre, et réciproquement; et, dans ce cas, la réunion s'opère encore. 5° Enfin, on peut joindre le nerf de la huitième paire à un nerf cervical; et la réunion a encore lieu. 6° Dans tous ces cas, la communication des irritations, par les *points réunis*, se rétablit en entier; et il y a de nouveau ainsi *continuité de vie et d'action* dans le nerf, comme *continuité de tissu*. 7° Quant au retour de la fonction, je n'ai pu en juger dans la première expérience; il a été incomplet dans les seconde, troisième et quatrième; il a paru complet dans la cinquième; et il a été nul dans les sixième et septième.

Voici encore deux autres expériences.

I. Le nerf sciatique fut coupé, sur un coq, et le fut avec perte de substance. Je retranchai en effet, de l'un des bouts coupés, un morceau long d'environ trois lignes.

Pendant près de deux mois, l'animal traîna sa jambe.

Cinq mois après l'opération, le coq se servait de sa jambe pour marcher; il la fléchissait, il la relevait. Les seuls doigts du pied restaient fléchis et immobiles; et l'animal s'appuyait sur ces doigts fléchis, comme sur un moignon.

Le nerf, qui avait été coupé, fut mis à nu : les irritations faites sur le point même de la réunion, celles faites au-dessus de ce point, et celles faites au-dessous excitaient également des douleurs dans l'animal et des mouvements dans la jambe, et dans la jambe entière, c'est-à-dire jusque dans les doigts habituellement immobiles et fléchis.

II. Je coupai le nerf pneumo-gastrique droit, sur un pigeon; au bout de cinq mois, je coupai, sur ce même pigeon, le nerf pneumo-gastrique gauche.

L'animal survécut neuf jours à la nouvelle opération.

On le vit même, pendant ce temps, manger à plusieurs reprises.

III. J'aurais beaucoup d'autres faits à citer encore; mais ils ne prouveraient tous que la même chose : je veux dire la *réunion du nerf*, et la *restitution plus ou moins complète* de ses *fonctions* (1).

—————

(1) Depuis la première édition de cet ouvrage, M. Steinrueck a publié de nouvelles et importantes recherches sur la réunion des nerfs. *Voyez* sa Dissertation, intitulée : *De nervorum regeneratione,* Berol., 1838, in-4°.

CHAPITRE XVIII.

CONSIDÉRATIONS SUR L'OPÉRATION DU TRÉPAN.

Épanchements cérébraux (1).

§ Ier.

I. Entre les grandes opérations de la chirurgie, celle qui me paraît avoir fixé, de tout temps, avec le plus d'attrait l'attention des observateurs, est l'opération du trépan. Nulle autre peut-être ne montre au même degré cette connexité profonde qui lie partout la pathologie, soit qu'on l'appelle chirurgicale ou médicale, à la physiologie.

II. On ne peut étudier cette longue suite d'observations recueillies par Quesnay, par Lapeyronie, par Pourfour Du Petit, par Louis et par quelques autres, sans croire lire des expériences de physio-

(1) Mémoire lu à l'Académie royale des sciences, le 29 novembre 1830.

logie ; et, réciproquement, il serait difficile de ne pas voir que toute expérience de physiologie, rigoureusement déterminée , n'est autre chose qu'une opération de chirurgie, mais une opération neuve, originale, et que l'art pratique n'aurait peut-être pas conçue.

III. Dès mes premières expériences sur les fonctions propres des diverses parties qui constituent l'encéphale, j'ai fait voir que la méthode employée jusque là dans ces expériences, était radicalement vicieuse : 1° parce que, en se bornant, comme tous les expérimentateurs l'avaient toujours fait jusqu'à moi, à ouvrir le crâne par un trépan, et à enfoncer un trois-quarts ou un scalpel par cette ouverture, on ne savait jamais réellement ni quelles parties on blessait, ni conséquemment à quelles parties il fallait rapporter les phénomènes qu'on provoquait ; 2° parce que, avec ces ouvertures de trépan, telles qu'on les faisait, on compliquait, presque toujours, les *effets propres* de là lésion d'une partie donnée, des *effets plus ou moins généraux* produits, soit par les *épanchements de sang*, soit par les *exubérances cérébrales ;* ce qui, mélant et confondant tout, ne permettait d'obtenir aucune *fonction distincte.*

IV. Cependant, cette *distinction des fonctions* étant le but même des expériences, et ce but ne

pouvant être atteint que par *l'isolement des parties*, il est évident que le premier pas à faire était
d'imaginer une méthode qui *isolât ces parties*.
Mais il est évident aussi que, le *procédé expérimental* n'étant autre que le *procédé opératoire*,
la réforme apportée dans l'un, devait aussi être
apportée dans l'autre ; car il n'importe pas moins
en chirurgie qu'en physiologie, dès qu'on agit sur
le cerveau, et de discerner les parties qu'on blesse,
et de prévenir la complication, soit des *épanchements*, soit des *exubérances*.

V. Je commence par l'examen du mécanisme
selon lequel agissent les *épanchements cérébraux*.

§ II.

I. Les expériences qui suivent montrent : 1° que
l'épanchement d'un liquide quelconque n'agit (du
moins sous le point de vue mécanique, le seul qui
m'occupe ici) sur un organe solide, que par *compression ;* et 2° que cette *compression*, portée au
point de déterminer des effets sensibles, ne
peut avoir lieu, si le liquide n'est à son tour *comprimé*. D'où il suit que, relativement au cerveau, un épanchement quelconque ne saurait le
comprimer de manière à produire de pareils effets, si le crâne et la dure-mère sont enlevés, et

que tout épanchement, au contraire, pourvu cependant qu'il dépasse une certaine limite, comme on va le voir, le comprimera, si ces enveloppes subsistent.

II. Ainsi, ce n'est pas par son *poids* qu'un épanchement cérébral *agit*, c'est-à-dire *détermine des effets sensibles; il agit* par la compression qu'il éprouve de la part du crâne ou de la dure-mère qui le contiennent, et qu'il transmet au cerveau sur lequel il porte.

III. Le mécanisme de l'action de tout épanchement cérébral n'est donc qu'une *pression transmise.*

IV. Pour mettre cette proposition dans tout son jour, il s'agit de montrer par des expériences directes : 1° qu'un épanchement quelconque ne provoque jamais seul, ou sans le concours de la pression du crâne ou de la dure-mère, les effets de la compression du cerveau ; et 2° qu'il provoque ces effets, dès qu'à son poids s'ajoute cette pression, soit de la part du crâne, soit de la part de la dure-mère.

V. On sent que le premier point, dans toute expérience qui tend à déterminer ou à circonscrire les *effets propres d'un épanchement*, est de ne pas compliquer cet *épanchement* par une *lésion* ou *blessure cérébrale.* C'est ici le cas exactement inverse de celui de mes précédentes expériences où le premier point était, au contraire, de ne pas compliquer la *lésion* ou *blessure* par un *épanchement*. En un mot, dans mes précédentes expériences, je cherchais à ne produire que des *lésions* sans *épanchements ;* j'ai cherché, dans celles-ci, à ne produire que des *épanchements* sans *lésions.*

VI. Mais, dans ces précédentes expériences dont je viens de parler, quelques précautions que je prisse pour éviter les épanchements, je n'y réussissais pas toujours; et voici ce que j'observais alors.

Ou le sang épanché s'écoulait librement à l'extérieur ; et alors l'animal n'éprouvait d'autre effet que le simple affaiblissement qui résulte de toute perte de sang.

Ou l'ouverture du crâne se trouvant fermée, soit par un caillot, soit par une croûte de sang desséché, le sang s'épanchait à l'intérieur; et alors je voyais bientôt survenir tous les effets de la compression du cerveau; je voyais ces effets subsister tant que la croûte ou le caillot subsistaient; et la croûte ou le caillot enlevés, je voyais ces effets disparaître.

VII. Ainsi, dans tous les cas où l'épanchement, retenu par une croûte ou par un caillot, se faisait à l'intérieur, je voyais, au bout d'un certain temps, c'est-à-dire après une certaine quantité de sang épanché et refoulé sur le cerveau, l'animal tomber dans l'assoupissement et la léthargie; sa tête se pencher, se baisser, s'appuyer à terre; ses yeux se fermer; sa respiration devenir bruyante, stertoreuse; et puis tout-à-coup il relevait la tête, surtout si on le touchait, et il la secouait avec force.

VIII. Dans quelques uns de ces cas, la croûte ou le caillot se maintenant dans leur position, les effets de la compression ne tardaient pas à s'accroître. A la stupeur se joignait bientôt le trouble des mouvements; enfin des convulsions violentes agitaient tout le corps, et l'animal mourait au milieu de ces convulsions.

IX. Dans quelques autres cas, au contraire, les secousses vives et répétées de la tête faisaient sauter le caillot ou la croûte; et aussitôt le sang jaillissait au loin avec force; et à peine le sang avait-il jailli que l'animal, plongé dans la stupeur, se réveillait brusquement et comme en sursaut, et que le désordre des mouvements et les convulsions cessaient.

Je remarquais que souvent, au moment où il se réveillait, l'animal poussait un cri perçant; et que, presque toujours, il reprenait, avec une rapidité surprenante dès que le sang avait jailli, ses mouvements et ses facultés.

X. Sans doute que ces effets, vingt fois reproduits dans le cours de mes précédentes expériences, suffisaient pour me montrer et quel est
le genre d'action des épanchements, et quelles
sont les conditions sous lesquelles cette action
s'opère. Mais, entraîné par le récit de ces expériences et de leurs résultats immédiats, je n'avais
pu développer alors, avec le détail convenable,
le mécanisme de cette action. J'ai donc cru qu'il
ne serait pas inutile de revenir sur le développement de ce mécanisme, et d'en faire l'objet particulier de quelques nouvelles expériences.

§ III.

I. Après avoir percé le crâne par un petit trou
sur un jeune pigeon, j'ouvris le sinus longitudiual
supérieur du cerveau, avec précaution, et de
manière à ne pas blesser les lobes cérébraux entre
lesquels ce sinus est placé.

Cela fait, je bouchai le trou du crâne, et je
vis aussitôt un épanchement de sang s'opérer entre
le cerveau et ses enveloppes. Mais cet épanchement s'arrêta bientôt; et j'eus beau le renouveler,
il ne devint jamais assez considérable pour que
l'animal en éprouvât un effet sensible.

Je dis que je vis l'*épanchement s'opérer*; en eftet, dans la plupart des oiseaux, surtout dans le jeune âge, les os du crâne sont assez minces pour que l'on distingue, à travers ces os, la couleur de la dure-mère, celle du cerveau, celle des vaisseaux sanguins, celle du sang qui s'écoule : ce qui permet de suivre à l'œil les progrès et la marche de l'épanchement.

II. L'épanchement produit n'étant pas assez considérable, comme je viens de le dire, je perçai, avec les mêmes précautions, pour ne pas blesser le cervelet sur lequel il repose, le sinus longitudinal postérieur ou *cérébelleux*. Celui-ci est beaucoup plus grand que le *cérébral* dans les oiseaux, particulièrement dans les pigeons; aussi l'épanchement de sang qui résulta de son ouverture fut-il plus abondant.

Ce sinus étant ouvert, le sang s'épanchait au-dehors; et je le voyais, tour à tour, ou comme refluer vers l'intérieur, à chaque inspiration; ou s'écouler en nappe à l'extérieur, à chaque expiration; c'est-à-dire suivre exactement, dans son espèce de reflux et dans son écoulement, les deux mouvements alternatifs du cerveau qui, comme l'ont appris d'abord les expériences de Schlichting, répétées depuis par tant de physiologistes, s'abaisse pendant l'inspiration, et s'élève pendant l'expiration.

Tant que le sang s'écoula à l'extérieur, il ne parut aucun effet. Je bouchai le trou du crâne; l'épanchement se fit dès lors à l'intérieur, mais il s'arrêta bientôt; je le renouvelai, il s'arrêta encore; et il me fallut le renouveler ainsi à plusieurs reprises. Mais enfin, dès qu'il eut atteint une certaine limite, je vis l'animal tomber tout-à-coup dans un désordre de mouvements de plus en plus tumultueux, désordre tout-à-fait pareil à celui qui suit les lésions de plus en plus profondes du cervelet. Bientôt à ce trouble des mouvements se joignit la perte de la vue; des convulsions survinrent; et l'animal succomba dans ces convulsions.

III. Sur un second pigeon, je perçai dès l'abord le sinus longitudinal du cervelet; et je le perçai, comme dans l'expérience précédente, à plusieurs reprises, jusqu'à ce que l'épanchement fût assez considérable; et à chaque reprise, je bouchai le trou du crâne pour que l'épanchement se fît à l'intérieur; et dès qu'il eut encore atteint une certaine limite, je vis de nouveau reparaître le désordre tumultueux des mouvements et les convulsions.

Mais, cette fois-ci, dès que l'animal me parut sur le point d'expirer, j'enlevai la portion du crâne et de la dure-mère qui recouvre le cervelet; sur-le-champ, l'épanchement, n'étant plus comprimé par ces parties, et ne comprimant plus, à son tour, l'encéphale, le désordre des mouvements et les convulsions cessèrent, et l'animal reprit, avec une rapidité singulière, toutes ses facultés.

IV. Je viens de dire, à propos de l'ouverture du sinus longitudinal du cervelet, que le sang s'en écoule par une effusion inégale ou plus ou moins ralentie (suspendue même dans les cas où, soit par la perte du sang, soit par toute autre cause, la circulation est très affaiblie) pendant l'inspiration, et renouvelée pendant l'expiration.

Je vis cette inégalité de l'effusion du sang se reproduire à l'ouverture du sinus longitudinal du cerveau, et être toujours d'autant plus marquée que les inspirations et les expirations étaient plus fortes, ou que la circulation était plus affaiblie. C'est sans doute à cette inégalité d'écoulement, caractère particulier de l'hémorragie des sinus de l'encéphale, qu'il faut rapporter l'erreur de Vésale et de quelques autres anatomistes, ses contemporains ou ses successeurs, qui supposaient ces sinus doués d'une force propre de pulsation.

Haller, l'un de ceux qui ont le plus contribué à dissiper cette ancienne erreur, ne s'exprime pourtant pas tout-à-fait exactement, quand il dit : « Le grand sinus de la faux, blessé, répand » mollement son sang comme une veine (1). » Il y a du moins cette différence qui explique l'erreur même que combattait Haller, savoir, que la veine répand son sang par une effusion plus ou moins *sensiblement uniforme*, tandis que le sinus, se dégonflant et se gonflant alternativement pendant l'inspiration et l'expiration, le répand par une effusion *plus ou moins inégale*, comme je viens de le dire.

V. Je reviens à mes expériences. On a pu remarquer avec quelle difficulté je suis parvenu, dans les deux précédentes, à produire, par l'ouverture des sinus de l'encéphale, des épanchements assez abondants pour déterminer les effets de la compression du cerveau; difficulté telle, comme on a vu, que ces épanchements, à peine produits, s'interrompant sans cesse, il m'a toujours fallu les renouveler à plusieurs reprises. Cette difficulté doit fixer l'attention sous plus d'un rapport. Elle explique d'abord comment quelques expérimentateurs ont vu les épanchements produits par l'ouverture des sinus de l'encéphale, n'être suivis d'aucun effet. Elle dément ensuite cette opinion, qui n'en est pas moins peu fondée pour être fort

____

(1) Voyez *Mém. sur la nature des parties sensib. et irritab.*, t. I.

ancienne, et qui regarde l'hémorrhagie de ces sinus comme essentiellement funeste ; opinion déjà combattue d'ailleurs par Ridley, par Pott, par Lassus (1). Mais elle montre, surtout et avant tout, la nécessité de recourir à un autre procédé que celui de l'ouverture de ces sinus, pour obtenir

(1) C'est en partie sur cette opinion, qui regarde l'hémorrhagie des sinus comme funeste, qu'a été établie la règle de ne pas appliquer le trépan sur les sutures, notamment sur la suture sagittale, sous laquelle le sinus longitudinal supérieur est placé. Cependant cette opinion, quelque générale qu'elle ait pu être, n'a jamais été universelle. Même à l'époque où, par l'adoption que semblait en avoir faite l'Académie de Chirurgie, elle dominait avec le plus d'empire, Lassus, dans le *Mémoire* intéressant que je cite ici, et que Louis accompagna d'une dissertation savante, avait cherché à prouver, par le rapprochement de plusieurs faits pris de divers auteurs, que l'hémorrhagie des sinus de l'encéphale était loin d'être aussi dangereuse qu'on le supposait d'ordinaire (Voyez *Mém. de l'Acad. royale de chir.*, tom. V). Avant Lassus, Pott n'avait pas craint de recourir à une large ouverture du sinus longitudinal, mis à découvert par une blessure, pour combattre un état d'*insensibilité générale*, suite de cette blessure (Pott. *Œuvres chir.*) ; Ridley, dans ses expériences sur les *mouvements des sinus*, avait vu plusieurs fois les hémorrhagies de ces sinus s'arrêter d'elles-mêmes (*Trans. phil.*, t. XXIII, p. 1480), etc., etc.

Enfin, les expériences qu'on vient de voir montrent, avec l'évidence la plus complète, que l'hémorrhagie des sinus cérébraux n'a par elle-même aucune espèce de gravité. Cependant, comme toute complication d'hémorrhagie est toujours une complication incommode dans les opérations chirurgicales non moins que dans les expériences, il suit qu'elle doit être évitée *toutes* les fois qu'on n'a pas un intérêt direct à la provoquer.

enfin des épanchements qui donnent des résultats prompts et assurés.

§ IV.

I. Or, cet autre procédé ne pouvait évidemment consister que dans l'ouverture des artères mêmes du cerveau.

Après avoir opéré successivement, dans diverses expériences, l'ouverture de plusieurs de ces artères qui rampent à la face supérieure des lobes cérébraux, l'une de celles qui m'a paru la plus facile à atteindre, et qui donne par conséquent les résultats les plus sûrs, est celle qui rampe à la face antérieure et supérieure des lobes cérébraux, près du bord supérieur et interne de l'orbite; mais, et il est presque inutile d'en avertir, quelle que soit l'artère que l'on ouvre, les résultats sont toujours au fond les mêmes.

Il est presque inutile aussi de répéter que le peu d'épaisseur des os frontaux des pigeons laisse voir les artères de la face supérieure du cerveau comme à nu; d'où il suit qu'on peut toujours les atteindre avec certitude. De plus, comme ces artères sont très superficielles, et qu'il suffit de les percer une seule fois pour obtenir un épanchement aussi rapide qu'abondant, on ne court jamais le risque de blesser la substance du cerveau ; ce qui est un avantage immense, et que n'a pas le procédé de l'ouverture des sinus : car, comme il faut toujours percer ces sinus à plusieurs reprises, on sent qu'il est presque inévitable qu'à force de revenir dans le crâne, on ne finisse par blesser plus ou moins quelques unes des parties mêmes de l'encéphale.

II. Ces préliminaires posés, je passe aux expé riences.

Sur un jeune pigeon, je perçai l'artère superficielle qui rampe, ainsi que je viens de le dire, près du bord interne et supérieur de l'orbite.

Cette artère était celle du lobe cérébral droit. A peine fut-elle ouverte que je vis un épanchement rapide se former sur ce lobe droit.

Bientôt l'épanchement gagna le lobe gauche ; et alors l'animal ne voyait plus.

Bientôt encore l'épanchement gagna le cervelet ; aussitôt le trouble des mouvements parut. Enfin, l'épanchement s'accroissant de plus en plus, des convulsions violentes survinrent ; et l'animal succomba dans ces convulsions.

A l'ouverture du crâne, je trouvai, comme dans toutes les expériences où j'ai laissé succomber l'animal aux effets de l'épanchement, toute la surface de l'encéphale, jusqu'à l'origine de la moelle

épinière, recouverte d'une couche épaisse de sang
coagulé, et toute la dure-mère fortement distendue
par cette couche de sang interposé entre elle et
l'encéphale. Il est à remarquer en outre que, dans
le cas de l'ouverture d'une artère du cerveau, le
sang s'épanche en entier, ou à peu près du moins,
sous la dure-mère, tandis que, dans le cas de l'ouverture d'un sinus, le sang s'épanche, en partie
sous la dure-mère, et en partie entre le crâne et
la dure-mère.

III. Sur un second pigeon, je perçai la même
artère; et je vis, successivement et rapidement,
l'épanchement gagner les deux lobes, le cervelet,
les parties profondes de l'encéphale; et, à chaque
progrès qu'il faisait, l'ordre des phénomènes changer, à mesure qu'à chacun de ces progrès il comprimait une partie nouvelle.

Ainsi, à mesure que l'épanchement gagna les
lobes cérébraux, l'animal perdit la vue; à mesure
qu'il atteignit le cervelet, l'animal perdit l'équilibre de ses mouvements; à mesure enfin que l'é-
panchement comprima la moelle allongée, des
convulsions violentes survinrent. Je n'avais jamais
vu (à l'extrême rapidité près, dans la succession
des phénomènes), les lésions isolées des diverses
parties du cerveau produire des résultats plus
distincts et mieux circonscrits.

Dans l'expérience précédente, j'avais laissé succomber l'animal dans les convulsions. Dans celle-ci, dès que les convulsions parurent, j'enlevai la portion des os frontaux et de la dure-mère qui recouvre les lobes cérébraux (ou, en d'autres termes, j'enlevai les parties qui comprimaient l'épanchement, et je permis à l'épanchement de se faire à l'extérieur (1)) : sur-le-champ, les convulsions, le trouble des mouvements, la perte de la vue, tout disparut; et l'animal reprit, avec une rapidité surprenante, toutes ses facultés.

IV. Cette rapidité avec laquelle l'animal reprend ses facultés, et, pour ainsi dire, *renaît à la vie*, dès l'instant où la compression cesse, est au reste l'un des phénomènes qui m'ont le plus frappé dans le cours de ces expériences. Mais il y a des degrés, soit dans la rapidité, soit dans la plénitude de cette renaissance des forces, selon les effets produits. Elle est, par exemple, soudaine, complète, assurée, s'il n'y a que stupeur et perte de la vue; elle l'est de même, s'il n'y a que trouble des mouvements, ou même si les convulsions ne subsistent que depuis peu de temps; mais, à mesure que les convulsions subsistent depuis plus long-

(1) Quant à cet épanchement ou *hémorrhagie extérieure*, comme il ne s'agit ici que de l'ouverture de petites artères, cette *hémorrhagie* s'arrête toujours d'elle-même et bientôt.

temps, il y a de moins en moins lieu de compter sur elle.

V. Sur plusieurs lapins, après avoir percé le crâne, j'injectai, au moyen d'une petite seringue, une certaine quantité d'eau entre le crâne et la dure-mère.

Sur tous ces lapins, dès que l'épanchement dépassait une certaine limite, je voyais survenir tous les effets de la compression du cerveau; et dès que, ou l'épanchement, ou le crâne étaient enlevés, je voyais, dans les cas du moins où la substance du cerveau n'avait pas été blessée, tous ces effets disparaître.

VI. Une précaution essentielle, dans ces expériences, pour ne pas blesser la substance du cerveau par l'injection, est de n'opérer cette injection qu'entre le crâne et la dure-mère. Une seconde précaution est de diriger le jet du liquide vers les parois internes du crâne, et non vers le cerveau; et encore, avec toutes ces précautions, on court toujours le risque de blesser plus ou moins la substance de cet organe.

Ainsi, ce procédé est défectueux, parce qu'il complique ou fait courir le risque de compliquer plus ou moins les épanchements par des lésions : le procédé de l'ouverture des sinus est défectueux, parce que les épanchements qu'il produit sont presque toujours insuffisants pour déterminer les effets de la compression cérébrale, et que, pour les rendre suffisants, on court encore le risque de compliquer les épanchements par des lésions. Le procédé par l'ouverture des artères, tel que je viens de l'exposer, n'a aucun de ces inconvénients; il doit donc, pour les expériences dont il s'agit ici, être préféré sous tous les rapports.

VII. J'ai répété les expériences qu'on vient de voir, un si grand nombre de fois, sur des pigeons, sur des poules, sur des lapins, qu'il ne peut y avoir aucun doute sur leurs résultats; résultats d'ailleurs si nets, si évidents, et, s'il m'est permis de le dire, qui éclairent d'un si grand jour l'une des lésions les plus graves de l'organe le plus important de l'économie.

VIII. Ainsi donc, 1° les épanchements cérébraux, parvenus à une certaine limite, déterminent les effets *nombreux et divers* de la compression du cerveau; et 2° ils ne déterminent ces effets que *parvenus à cette limite*.

§ V.

I. Deux faits sont donc à expliquer dans l'action mécanique de ces épanchements : l'un, pourquoi leurs effets sont multiples; l'autre, pourquoi ils ne produisent ces effets que parvenus à une certaine limite.

II. Or, quant au premier fait, mes précédentes expériences ayant montré que chaque partie de l'encéphale a ses fonctions propres, et conséquemment aussi ses symptômes, car les symptômes ne sont que les fonctions troublées, il s'ensuit rigoureusement que, dans tout épanchement plus ou moins général, comme il y a plusieurs parties atteintes, il doit y avoir aussi plusieurs symptômes ou effets produits; il s'ensuit encore que, selon que telle ou telle partie est plus tôt ou plus tard atteinte, et elle l'est plus tôt ou plus tard selon le lieu qu'occupe le siége primitif de l'épanchement, ce doit être tel ou tel effet qu'on observe d'abord; il s'ensuit enfin que l'on peut toujours conclure, par chaque effet produit, le moment où l'épauchement, ou, plus exactement, l'action compressive de l'épanchement atteint chaque partie distincte de l'encéphale : par la perte des sens, la compression des lobes cérébraux; par le désordre des mouvements, la compression du cervelet; par les convulsions, la compression de la moelle allongée ; par la mort, la compression du point que j'ai nommé *point vital et central* du système nerveux.

III. Quant au second fait, il suffit, pour en démêler la cause, de considérer que le cerveau possède une *force de ressort propre;* et conséquemment que, pour que les effets de la compression surviennent, il faut d'abord que cette force de ressort soit vaincue.

IV. Je ferai voir, dans le chapitre suivant, que cette force de ressort constitue l'une des propriétés les plus prononcées du tissu nerveux. D'ailleurs, les expériences les plus simples ne sauraient laisser aucun doute sur son existence.

V. Si, après avoir mis une partie de l'encéphale à nu, on comprime cette partie, non avec un bouchon, comme le faisait Saucerotte (1), mais avec le doigt ou la main, on reconnaît bientôt qu'il faut un *certain effort* de la part du doigt ou de la main sur la partie, pour déterminer, en la comprimant, les effets de la compression.

On reconnaît, en outre, que ces effets ne surviennent qu'autant que la partie éprouve déjà un *certain affaissement* ou *déformation;* et qu'ainsi le cerveau est susceptible de céder ou de s'affaisser jusqu'à une certaine limite, avant d'être *altéré* au point que ses fonctions soient troublées (2).

---

(1) *Prix de l'Académie royale de Chirurgie*, t. IV.

(2) *Limite* qui peut être portée d'autant plus loin que la force

VI. Or, soit pour produire ce premier affaisse-ment, soit pour combler le vide qui en résulte, soit pour surmonter complétement la force de ressort du cerveau par laquelle il tend sans cesse à reprendre son expansion naturelle, il est évident qu'il faut nécessairement une certaine quantité de liquide, ou, en d'autres termes, que l'épanche-ment dépasse une certaine limite; et il le faut d'autant plus que l'épanchement, par son poids seul, ne peut produire aucun de ces effets.

VII. Ainsi, par exemple, si, après avoir mis toute la partie supérieure de l'encéphale à nu, on la re-couvre d'éponges imbibées d'eau, le poids de ces éponges et de cette eau surpasse incomparable-ment le poids de tout épanchement qui pourrait se former entre le crâne et le cerveau, long-temps avant qu'il survienne aucun des effets de la com-pression.

Ce n'est donc ni par leur *poids seul*, ni par leur *poids même* que les épanchements déterminent les effets de la compression du cerveau; mais parce que, poussés de toute la puissance des forces cir-culatoires entre le cerveau et ses enveloppes, et

qui produit l'affaissement agit d'une *manière plus lente*, comme dans les *épanchements chroniques*, séreux ou autres, par exemple; mais il n'est question ici que des épanchements produits d'une *manière subite*.

le cerveau résistant moins que ses enveloppes, le résultat définitif ne peut être que la *dépression* ou *l'affaissement* du cerveau, c'est-à-dire de celle de ces parties qui résiste moins.

VIII. Mais de ce que tout épanchement n'agit que passé une certaine limite, il s'ensuit qu'il faut un *certain temps* pour qu'il agisse, par cela seul qu'il faut un certain temps pour qu'il atteigne *cette limite;* et c'est là pourquoi les symptômes des épanchements sont toujours plus ou moins éloignés ou *consécutifs*, tandis que ceux des blessures (1) sont toujours *primitifs* ou immédiats · grande règle de diagnostic, indiquée déjà depuis long-temps par le célèbre chirurgien J.-L.Petit (2).

IX. D'un autre côté, la nécessité que les épanchements dépassent une certaine limite pour produire la compression du cerveau explique la divergence qui règne entre les opinions des savants, touchant l'action compressive des épanchements.

---

(1) Du moins en tant que blessures; car l'inflammation, la suppuration, etc., qui succèdent aux blessures, ne sont pas les blessures mêmes.

(2) On voit donc que trois conditions essentielles caractérisent les effets des épanchements : 1° ces effets sont *consécutifs*, ou ils ne paraissent qu'après un certain temps; 2° ils sont *multiples*, ou ils peuvent atteindre plusieurs parties; 3° ils sont *progressifs*, ou ils n'atteignent ces diverses parties que peu à peu, et successivement.

Une opinion, aussi ancienne que générale, leur suppose la faculté de comprimer le cerveau ; une opinion nouvelle leur refuse cette faculté.

Or, on vient de voir que les épanchements ne déterminent pas la compression du cerveau d'une manière absolue, mais seulement en vertu de telle ou telle condition donnée, comme, par exemple, d'être parvenus à une certaine limite ; et, parvenus à cette limite, d'être comprimés par le crâne ou la dure-mère ; et l'on conçoit que, soit dans les expériences, soit dans les observations recueillies par les auteurs, les épanchements auront dû produire, ou non, la compression du cerveau, selon qu'ils se seront trouvés, ou non, soumis à ces conditions.

§ VI.

1. Par tout ce qui précède, on voit : 1° que les épanchements ne produisent les effets de la compression du cerveau qu'autant qu'ils dépassent une certaine limite ; 2° qu'il faut qu'ils dépassent cette limite pour surmonter la *force de ressort propre* du tissu cérébral ; 3° qu'ils ne surmontent, même parvenus à cette limite, cette force de ressort qu'autant qu'ils sont comprimés par le crâne ou la dure-mère ; et 4° que l'ablation du crâne et de la dure-mère détruit par elle seule, ou indé-

pendamment de leur évacuation (c'est-à-dire par cela seul qu'elle enlève et la *voûte crânienne et la région supérieure de la dure-mère*, car le crâne ne comprime que par sa *voûte*, comme la dure-mère ne comprime que par sa *région supérieure*), l'action compressive des épanchements.

II. On voit, en outre, que trois agents distincts concourent à l'action compressive des épanchements : 1° la *force impulsive* des organes circulatoires qui poussent le sang entre le cerveau et le crâne ou la dure-mère; 2° la *résistance* du crâne et de la dure-mère; et 3° la *résistance propre* du cerveau; et l'on voit que, de ces trois agents, la *résistance propre* du cerveau étant le plus faible, le résultat définitif doit être, comme je viens de le dire, l'*affaissement* ou la *compression*, en d'autres termes, l'*altération*, la *lésion* du cerveau ; car toute *compression* qui agit, agit comme *lésion*.

III. Ainsi, les épanchements n'agissent que par *compression*; et ils ne *compriment* le cerveau qu'étant *comprimés* par le crâne ou la dure-mère ; et ils ne peuvent être *comprimés* par le crâne ou la dure-mère qu'autant qu'ils dépassent une *certaine limite ;* et le trépan, c'est-à-dire l'ablation du crâne et de la dure-mère, détruit leur action, non pas précisément parce qu'il donne *issue* à l'épanchement, mais parce qu'il enlève *les parties qui le compriment.*

IV. On voit maintenant pourquoi, dans mes précédentes expériences, où je cherchais, par-dessus tout, à produire des lésions isolées de toute complication, et, par ces *lésions simples*, des *phénomènes simples*, je commençais, avec tant de soin, par mettre à nu tout l'encéphale par le retranchement complet de la région supérieure du crâne et de la dure-mère. Par cette méthode, non seulement je pouvais constamment guider la main par l'œil dans l'ablation successive des diverses parties de l'encéphale; mais je me garantissais, de plus, comme on vient de le voir, sinon de tout épan-chement, du moins de toute compression possible par les épanchements.

On verra mieux encore toute l'importance de cette méthode expérimentale, quand, dans le chapitre qui suit, j'aurai fait connaître le méca-nisme selon lequel se forment les *exubérances* ou *hernies cérébrales.*

CHAPITRE XIX.

CONSIDÉRATIONS SUR LE TRÉPAN.

Exubérances cérébrales (1).

§ Ier.

1. J'ai fait voir, dans le chapitre précédent, que les épanchements cérébraux déterminent la compression du cerveau, non par leur *poids*, comme on l'a cru jusqu'ici, mais par la *pression* qu'ils éprouvent de la part du crâne ou de la dure-mère qui les contiennent, et qu'ils transmettent au cerveau sur lequel ils portent. J'ai fait voir ensuite que cette pression qu'ils éprouvent de la part du crâne ou de la dure-mère, et qu'ils transmettent au cerveau, ne produit d'*effet sensible* que parvenue à un certain point, auquel elle ne parvient qu'autant que les épanchements mêmes sont

(1) Mémoire lu à l'Académie royale des sciences, le 24 janvier 1831.

parvenus à une *certaine limite;* et j'ai fait voir
enfin que, quant à cette limite, où, comprimés
par le crâne ou la dure-mère, les épanchements
compriment, à leur tour, le cerveau, jusqu'à déterminer des effets sensibles, ils y parviennent
*plus ou moins rapidement, selon le degré de la
force impulsive* des organes circulatoires (artériels
ou veineux) à laquelle ils sont soumis.

II. Le phénomène de la compression du cerveau par les épanchements offre donc trois agents
distincts : l'*épanchement* même, poussé entre le
cerveau et ses enveloppes; ces enveloppes qui *résistent* et *refoulent* l'épanchement sur le cerveau;
et le cerveau qui *résiste* aussi, mais qui, résistant moins que ses enveloppes, *cède* ou est *déprimé* (1).

III. Ainsi, tout épanchement, quel qu'il soit, ne
comprime le cerveau (du moins au point d'*altérer ses fonctions*) qu'autant qu'il est *comprimé*
par le crâne ou la dure-mère; et il n'est comprimé par le crâne ou la dure-mère (du moins, au
point de comprimer, à son tour, le cerveau jusqu'à
troubler ses fonctions) qu'autant qu'il atteint une
certaine limite; et il atteint, *plus ou moins rapi-*

(1) On conçoit que quand l'épanchement s'opère entre le crâne
et la dure-mère, c'est alors le cerveau et la dure-mère qui *cèdent;*
car ces *parties* résistent moins que le crâne.

dement, cette limite, selon la *force impulsive* des organes circulatoires à laquelle il est soumis.

IV. Dans tout épanchement cérébral donc, il faut tenir compte et de sa *quantité* ou de sa *limite*; et de la *pression* que, parvenu à cette limite, il éprouve de la part du crâne ou de la dure-mère; et de la *rapidité* avec laquelle il atteint cette limite. D'où il suit que, l'un quelconque de ces trois éléments étant *supprimé* ou *modifié*, ou la compression du cerveau n'*aurait plus lieu*, ou elle n'aurait lieu qu'avec de *certaines modifications données*. Supposez la *pression* des enveloppes enlevée (et c'est ce que fait l'opération du trépan), la compression cesse; supposez la *quantité* de l'épanchement trop faible, la compression n'est pas produite; supposez la *rapidité* de l'épanchement ralentie (ou la *force impulsive* qui le produit diminuée), et l'effet de la compression est ralenti de même (1).

(1) Ce dernier point explique pourquoi, dans les *épanchements artériels* ou provenant de l'ouverture des artères, les effets sont si rapides et si prononcés, tandis que, dans les *épanchements veineux* ou provenant de l'ouverture des sinus, les effets sont, au contraire, si faibles, si lents, et même nuls, dans la plupart des cas. Il est évident que de l'inégalité dans la *force impulsive* à laquelle sont soumises ces deux sortes d'épanchements, résulte toute la diversité de leurs effets : car la *limite* à laquelle il faut que tout épanchement parvienne pour *agir*, est presque soudainement

V. Mais il n'est pas seulement *ralenti ;* il exige, pour être produit, une *quantité d'épanchement plus grande ;* car toute action *brusque et subite* a, sur nos organes, un effet beaucoup plus marqué qu'une action, *d'ailleurs pareille*, mais *graduelle et lente.* Or, on a vu (1) que les fonctions du cerveau ne sont troublées qu'autant qu'il est *déprimé* ou *affaissé*, c'est-à-dire *lésé*, jusqu'à un certain point : une *dépression moindre*, mais *subite*, le *lésera* donc *autant* qu'une *dépression plus grande*, mais *plus lente.* En d'autres termes, et quant à l'épanchement, sa *rapidité* et sa *quantité* sont deux éléments qui se compensent l'un par l'autre, une plus *grande rapidité* par une *moindre quantité*, et réciproquement, une moindre *quantité* par une plus *grande rapidité ;* et de là vient, comme on l'a vu encore (2), que les *épanchements séreux chroniques* (3) peuvent être portés si loin sans provoquer les effets de la compression.

atteinte dans l'*épanchement artériel*, tandis qu'elle ne l'est que beaucoup *plus tard*, et avec beaucoup de peine, dans l'*épanchement veineux.*

(1) *Voyez* le chapitre précédent.

(2) *Ibid.*

(3) Ou même ceux qu'on nomme *séreux aigus*, car, pour si *aigus* qu'on les suppose, ils sont toujours *très lents* par rapport aux épanchements artériels, lesquels s'opèrent *soudainement*, comme je viens de le dire.

VI. Le mécanisme de l'action des épanchements cérébraux une fois déterminé, il s'agit de déterminer le mécanisme selon lequel se forment les *exubérances* ou *hernies cérébrales*.

VII. Tout le monde sait que le tissu cérébral a la faculté singulière de *s'épanouir* ou de se *gonfler*, surtout lorsqu'il est *lésé*, et par suite de *proéminer* ou *faire saillie* à travers ses enveloppes, dès que ces enveloppes éprouvent une certaine solution de continuité. C'est cette *proéminence* ou *saillie* du tissu cérébral à travers ses enveloppes, rompues ou enlevées (1) dans un point donné de leur étendue, qu'on nomme *exubérance* ou *hernie cérébrale* (2).

VIII. Les anatomistes et les chirurgiens ne se sont pas toujours fait des idées justes sur la nature de ces *exubérances*. Quelques uns de ceux-ci surtout, les prenant pour des *fongus* de la dure-mère, pour des *végétations* de cette membrane (3), pour des *sucs endurcis*, etc., n'ont pas craint de faire une règle pratique de leur extirpation, c'est-

---

(1) Ou simplement *cédant*, comme dans l'*encéphalocèle congénial*, par exemple.

(2) Il n'y a pas proprement *hernie* ou *déplacement*, mais simple débordement des enveloppes par la *partie exubérante*.

(3) Les *tumeurs fongueuses* de la dure-mère sont une affection essentiellement distincte des simples *exubérances*.

à-dire de l'extirpation de la substance même du cerveau. C'est en parlant de ces chirurgiens que Louis a dit : « On concevra sans peine pourquoi » la plupart de leurs malades sont restés hébé- » tés (1). »

IX. Cependant le même Louis, à l'occasion d'une *excroissance cérébrale* que Volcher Coïter dépeint avec tous ses caractères : « dure, insen- » sible, repullulant sans cesse malgré les causti- » ques (2), » dit : « Est-ce le cerveau ou la dure- » mère qui ont produit cette excroissance ? » Et il ajoute : « On aurait probablement abrégé la cure » par l'extirpation (3). »

X. Louis n'était donc ni bien sûr du diagnostic, puisqu'il se demande si une excroissance, si exac- tement caractérisée, provenait du cerveau ou de la dure-mère; ni bien revenu encore des extirpa- tions, puisqu'il suppose que, l'excroissance dé- pendît-elle du cerveau, l'extirpation aurait pu *abréger la cure.* Or, on verra bientôt, par les ex- périences qui suivent, que l'extirpation ne peut, en aucune façon, remédier à des *excroissances*

---

(1) *Voy.* Louis, Mémoire sur les *tumeurs fongueuses de la dure-mère.* Mém. de l'Acad. roy. de chir., tom. V.

(2) *Stupidi sensus, dura.... semper ex profundo repullulabat...,* dit Volcher Coïter.

(3) *Voyez* Louis, *Mém. sur les tum. fong. de la dure-mère,* etc.

qui, par leur nature, *repullulent sans cesse* à mesure qu'on les extirpe; et qui même, comme on le verra encore, repullulent d'autant plus rapidement qu'on *altère* ou *lèse* le tissu cérébral, soit par l'extirpation, soit par les caustiques, etc.

XI. Fallope est l'un des premiers qui aient reconnu dans ces *excroissances* la substance du cerveau : aussi se gardait-il de les extirper; mais il cherchait à les réprimer par des caustiques (1). Volcher Coïter se bornait quelquefois aussi à l'emploi des caustiques, comme dans le cas où Louis suppose qu'il aurait mieux fait d'extirper; dans d'autres cas, au contraire, il extirpait hardiment, quoiqu'il n'ignorât pourtant pas toujours que c'était la substance du cerveau qu'il extirpait ainsi (2).

XII. On est peu étonné sans doute de voir des erreurs pratiques aussi funestes régner à l'époque ou de Fallope ou de Volcher Coïter; mais ces erreurs ont subsisté long-temps après eux; et ce n'est guère que de l'époque où ont paru les savants mémoires de l'Académie royale de chirurgie, que date leur destruction entière.

(1) Fallope dit : *Sunt qui secant totam* **illam partem egressam è** *cavitate ossis; ego non seco, sed relinquo inibi,* etc.

(2) *Id cerebri quod abstuleram. omnibus demonstravi,* dit-il dans une occasion.

§ II.

I. J'ai fait connaître, par mes premières expériences, la plupart des circonstances qui constituent le phénomène du *gonflement*, soit partiel, soit en masse, de l'encéphale. D'un autre côté, j'ai fait voir, par de nouvelles expériences, quel est le rôle que ce *gonflement* joue dans l'action mécanique des épanchements cérébraux.

II. Il s'agit maintenant de voir quel est le mécanisme selon lequel ce *gonflement* s'opère.

III. Sur plusieurs animaux, oiseaux et mammifères, j'ai fait une ouverture à l'un des deux os frontaux et à la dure-mère sous-jacente ; et bientôt j'ai vu la portion correspondante du cerveau, qui pourtant n'avait point été touchée, s'engager peu à peu dans cette ouverture, la dépasser, et former ainsi, au-dessus du niveau du crâne, une certaine *exubérance* ou *proéminence*.

IV. Sur plusieurs autres animaux, après avoir fait une ouverture qui comprenait de même l'un ou l'autre os frontal et la dure-mère sous-jacente, j'ai tantôt coupé et tantôt brûlé (soit avec un fer rouge, soit avec les acides sulfurique, nitrique, etc.) la portion du cerveau engagée dans l'ouverture des enveloppes ; et, dans tous ces cas, l'*exubérance* a été incomparablement plus grande que dans le cas précédent où la substance du cerveau n'était pas lésée.

V. Sur plusieurs animaux enfin, j'ai fait une ouverture au crâne, sans toucher à la dure-mère; et, dans ce nouveau cas, le cerveau étant contenu par la dure-mère, il ne s'est pas formé, du moins immédiatement, d'*exubérance*.

Je dis *immédiatement;* car, au bout de quelque temps, j'ai vu la dure-mère céder à l'impulsion du cerveau, et, refoulée par le cerveau, former, au-dessus du niveau de l'ouverture du crâne, une véritable *proéminence* (1). Mais cette *proéminence* a toujours été beaucoup moins élevée que dans le cas où la dure-mère manquait, et surtout, comme je viens de le dire, que dans le cas où la lésion du cerveau compliquait l'ablation de la dure-mère.

VI. Louis se trompe donc quand il dit : « Il n'y » a point de protubérance du cerveau, tant que » la dure-mère contient ce viscère (2); » et il se

---

(1) L'*encéphalocèle congénial* est, comme je l'ai déjà dit, un exemple naturel de ce *refoulement de la dure-mère* par le cerveau. Quesnay lui-même, qui nie la possibilité des *exubérances*, tant que subsiste la dure-mère, en cite plusieurs exemples; mais il les attribue au gonflement de la dure-mère. Voy. *Mém. de l'Acad. roy. de chir.*, t. I.

(2) *Voyez* Louis, *Mém. de l'Ac. roy. de chir.*, t. V.

trompe encore quand il ajoute : « Dans le cas
» même où il y a incision de la dure-mère, l'ex-
» pansion du cerveau n'a lieu que par une altéra-
» tion particulière de sa propre substance à la
» suite de sa lésion (1). » Ainsi donc : 1° le cerveau
se *gonfle naturellement*, ou sans *lésion* de sa substance ; 2° il se *gonfle*, malgré la *résistance* de la
dure-mère ; et 3° c'est surtout lorsque sa substance
est lésée, et la dure-mère enlevée, que son *gonflement* prend toute son étendue.

VII. D'où il suit, d'une part, que, dans l'état
naturel, le cerveau *fait sans cesse effort* contre
ses enveloppes, qui, à leur tour, le *repoussent* ou
le *répriment sans cesse ;* et de l'autre, que, dès
que cette *répression du cerveau par ses enveloppes manque* ou *cède*, dans un point donné de
son étendue, il se forme aussitôt, et par cela seul,
en ce point, une *exubérance.*

VIII. Mais l'*exubérance* n'est pas toujours simple : dans quelques cas, la partie *exubérante* se
trouve comprimée et comme étranglée par les
bords de l'ouverture des enveloppes ; dans ces cas,
l'*étranglement* qui *comprime*, ou *lèse*, accroît
l'*exubérance*, laquelle, à son tour, ne peut s'accroître sans accroître l'*étranglement ;* et c'est

____

(1) *Voyez* Louis, *ibid.*

aussi dans ces cas que se manifestent les symptômes les plus graves des *exubérances*, la stupeur,
le trouble des mouvements, les convulsions, etc.,
selon les parties de l'encéphale qu'elles occupent:
les lobes cérébraux, le cervelet, la moelle allongée, etc.

IX. Or, cet étranglement des *exubérances* par
le bord de l'ouverture des enveloppes a surtout
lieu quand ces ouvertures sont petites; il a moins
lieu quand elles sont grandes; et l'on conçoit
qu'il ne saurait plus avoir lieu du tout quand les
ouvertures sont *complètes*, c'est-à-dire quand il y
a *ablation totale* des enveloppes.

On conçoit même que, dans ce cas de l'ablation totale des enveloppes, les *exubérances* ne
sont plus possibles; car toute exubérance n'étant,
comme on vient de voir, que l'*expansion* ou *turgescence* d'un point donné du cerveau, résultant
du manque de répression, sur ce point, par les
enveloppes, il s'ensuit que, quand les enveloppes
manquent à tout le cerveau tout à la fois, ce n'est
plus une *exubérance* ou *expansion partielle* qui
a lieu, mais une *expansion générale* et qui comprend le cerveau en masse.

X. Ainsi, dans l'état naturel et normal, il ne
peut se former d'*exubérance*, parce que le cerveau est *également contenu partout;* et, dans le

cas de l'ablation totale des enveloppes, il ne peut s'en former aussi par la raison inverse, parce que le cerveau *cesse également d'être contenu partout*. Or, comme, dans ce cas-ci, l'*expansion générale* qui survient n'est que le développement *naturel et uniforme* de toutes les parties de l'encéphale, il s'ensuit que les fonctions de ces parties ne sont pas troublées, et il s'ensuit encore que le trouble de ces fonctions ne commence que lorsqu'il se forme des *exubérances*, c'est-à-dire des *développements partiels*, et surtout que lorsque ces *exubérances* se compliquent d'*étranglement*.

XI. A ne considérer donc que le côté physiologique du phénomène, l'ablation totale des enveloppes, ou du moins de leur région supérieure (car l'ablation de cette région supérieure des enveloppes suffit pour le développement en masse de l'encéphale), constitue le moyen direct et de prévenir et de réprimer absolument les *exubérances;* et, à considérer le côté pratique, on voit qu'on approchera d'autant plus de cette *répression absolue des exubérances*, que l'*ouverture* des enveloppes sera plus grande ou plus voisine de leur *ablation totale* (1).

____

(1) Un autre moyen direct est la restitution de la continuité des enveloppes, soit par une *plaque* (qui ferme ou bouche l'ouverture),

XII. Quesnay avait déjà vu le bon effet des grandes ouvertures de trépan, soit pour prévenir, soit pour réprimer les *exubérances*, bien que, suivant l'erreur ancienne, il attribuât encore leur formation au *gonflement de la dure-mère* (2), et qu'il n'ait nullement indiqué d'ailleurs la cause de ce bon effet.

§ III.

I. Par tout ce qui précède, on voit : 1° que les *exubérances cérébrales* ne sont que l'*expansion* d'un point donné du cerveau ;

2° Que leur formation, sur ce point, provient de ce que, en ce point même, le cerveau n'est plus contenu par ses enveloppes ;

3° Que toute *altération* ou *lésion* quelconque de la substance du cerveau accroît les *exubérances* ;

Et 4° que l'ablation totale des enveloppes prévient absolument les *exubérances*, parce que, à l'*exubérance* ou *expansion partielle*, elle substitue une *expansion générale* et qui comprend le cerveau en masse.

soit par tout autre procédé pareil. Mais c'est là un moyen *mécanique*, *artificiel* ; et je ne parle pas ici de ce genre de *moyens*.

(2) *Le gonflement de la dure-mère n'arrive guère*, dit-il, *quand l'ouverture du crâne est fort grande*. Mém. de l'Acad. roy. de chir., tom. I.

II. On voit maintenant pourquoi, dans mes précédentes expériences, où je cherchais à n'opérer que des *lésions simples*, je commençais par mettre à nu tout l'encéphale par l'ablation totale de la région supérieure de ses enveloppes. Je prévenais non seulement, par là, toute action compressive de la part des épanchements, comme on l'a vu dans le précédent chapitre; je prévenais de plus, comme on le voit dans celui-ci, et toute *exubérance*, et tout *étranglement*, et, par conséquent, tous les effets de l'une ou de l'autre de ces complications.

III. Il ne reste plus qu'à rechercher quelle est la cause même de laquelle dépendent les *exubérances*. Jusqu'ici, je me suis servi indifféremment des mots *gonflement*, *expansion*, *turgescence*, *exubérance*, etc. ; et, par tous ces mots, je n'ai voulu qu'indiquer le fait.

Mais ce fait tient-il à une *force propre*, à une *expansion active* par laquelle le tissu cérébral *s'épanouit* et *se développe?* Ne tient-il, au contraire, qu'à la *dilatation* ou *expansion* de ce tissu par l'*impulsion interne* du système vasculaire, impulsion à laquelle ce tissu cède?

IV. Mes précédentes expériences sur l'action mécanique des épanchements cérébraux me paraissent jeter quelque jour sur cette question.

On a vu que ces épanchements ne déterminent la compression du cerveau que parvenus à une *certaine limite*, et qu'ils parviennent plus ou moins rapidement à cette limite, selon la *force impulsive* des organes circulatoires.

Or, cette force impulsive qui, dans le cas des épanchements, pousse le sang entre le cerveau et ses enveloppes, et qui, dans le cas des épanchements artériels, l'y pousse, et par suite *déprime le cerveau* (car le *sang poussé* ne peut se faire place entre cet organe et ses enveloppes qu'en le déprimant) avec tant de *rapidité*, est la même qui pousse sans cesse le sang dans l'intérieur de cet organe. Si donc, en poussant le sang entre le cerveau et ses enveloppes, elle porte l'*épanchement* (ou le sang poussé) au point de surmonter la *résistance propre* de cet organe et de le *déprimer* ou de l'*affaisser*, elle doit évidemment, en poussant sans cesse le sang dans son intérieur, tendre sans cesse à surmonter pareillement sa *résistance propre* et, si je puis ainsi dire, à le *déprimer* en sens inverse, ou à le *gonfler*; et aussi le *distend*-elle ou le *gonfle*-t-elle en effet, dès qu'il est privé de ses enveloppes, c'est-à-dire des parties mêmes qui le *répriment* ou le *contiennent*.

V. Ainsi, 1° le cerveau est sans cesse *gonflé* ou *distendu* par le sang que la *force impulsive* des organes circulatoires pousse sans cesse dans son intérieur ; 2° dans l'état naturel, ce *gonflement* du cerveau est *réprimé* ou *contenu* dans une certaine limite par ses enveloppes ; et 3° dès que ces enveloppes *manquent* ou *cèdent* sur un point donné, le *gonflement* dépasse aussitôt en ce point même cette limite, et y forme une *proéminence* ou *exubérance*.

VI. Le *gonflement* du cerveau tient donc à la même cause que sa *compression* dans le cas des épanchements. C'est toujours la *force impulsive* des organes circulatoires qui agit : seulement elle agit dans un sens inverse, dans l'un de ces cas par rapport à l'autre ; c'est-à-dire de *dedans en dehors* par l'afflux du sang dans l'intérieur du cerveau, dans le cas d'exubérance ; et alors elle le *distend* ou le *gonfle* : et de *dehors en dedans* par l'afflux extérieur du sang entre le cerveau et ses enveloppes, dans le cas d'épanchement ; et alors elle le *déprime* ou l'*affaisse*. Il est presque inutile d'ajouter que, dans le cas d'épanchement, l'action de dehors en dedans ne l'emporte sur l'action inverse que parce que, d'une part, le calibre des vaisseaux qui déterminent l'épanchement l'emporte sur le calibre des vaisseaux qui déterminent l'afflux interne (1), et que parce que, de l'autre,

____

(1) Ces derniers vaisseaux se ramifient et se divisent, en effet,

tant que les vaisseaux sont entiers, ils amortissent par la résistance de leur tissu une grande partie de la force impulsive des organes circulatoires, tandis que, quand ils sont rompus, l'impulsion du sang ne peut plus être arrêtée que par la substance cérébrale même.

VII. Le *gonflement* du cerveau dépend donc essentiellement de la *force impulsive* des organes circulatoires. Or, cette *force impulsive* qui tend sans cesse à *distendre* ou à *gonfler* cet organe, agite, par cela même, toutes ses parties d'une sorte de mouvement ou d'oscillation intime et continuelle.

Ainsi donc, indépendamment du mouvement alternatif d'abaissement et d'élévation qui, comme l'ont montré Schlichting, Haller et Lamure, répond aux mouvements alternatifs d'inspiration et d'expiration, et qui le meut en masse, le cerveau est sans cesse agité, ou mû, dans toutes ses parties, par l'action interne de la *force impulsive* des organes circulatoires.

à l'infini, en pénétrant dans l'intérieur de l'organe pour y porter le sang.

CHAPITRE XX.

CONSIDÉRATIONS SUR L'OPÉRATION DU TRÉPAN.

De l'opération même du trépan.

§ Ier.

Nécessité de l'opération du trépan dans les cas d'épanchements cérébraux.

1. L'opération du trépan n'a qu'un objet, savoir, de prévenir ou de faire cesser la compression du cerveau.

Or, la compression du cerveau peut être produite par plusieurs causes : par une portion d'os fracturé (1), par un épanchement de pus, de sang, etc., par une tumeur fongueuse de la dure-mère (2), etc.

(1) » Les fractures, dit Quesnay, ne sont pas de simples signes » qui indiquent l'opération du trépan, elles sont elles-mêmes des » causes qui l'exigent. » *Mém. de l'Acad. roy. de chir.*, t. I.

(2) *Voyez* le mémoire de Louis sur les *tumeurs fongueuses de la dure-mère : Mém. de l'Acad. roy. de chir.*, t. V.

II. Je ne considère ici que la compression produite par les épanchements cérébraux. Le cas des *fongus* de la dure-mère est un cas très particulier. Celui des fractures est beaucoup plus général ; mais il n'offre, en théorie, aucune difficulté (1)

Reste donc le cas des épanchements.

III. On a vu, dans le XVIIIe chapitre de cet ouvrage, quel est le mécanisme selon lequel agissent les épanchements pour comprimer le cerveau. Un épanchement, quelque considérable qu'il soit, ne comprime le cerveau que parce qu'il est, à son tour, comprimé par le crâne ou la dure-mère.

L'ablation du crâne et de la dure-mère, c'est-à-dire une ouverture faite au crâne et à la dure-mère, c'est-à-dire encore, et en un seul mot, l'opération du trépan, est donc le seul moyen de faire cesser la compression du cerveau, lorsque cette compression est produite par un épanchement.

IV. La nécessité de l'opération du trépan, dans le cas des épanchements cérébraux, est donc une nécessité démontrée (2).

(1) Il est trop évident que, si une portion d'os fracturé comprime le cerveau, il faut soulever ou enlever cette portion d'os, et que, si l'on ne peut y réussir que par le trépan, il faut employer le trépan.

(2) *Voyez* pour le détail des preuves relatives à cette démonstration, le XVIIIe chapitre de cet ouvrage.

§ II.

Signes caractéristiques des épanchements soudains.

I. On connaît la règle proposée par J.-L. Petit pour discerner la commotion du cerveau (c'est-à-dire la lésion de la substance du cerveau, effet immédiat de la commotion) d'avec les épanchements (1).

« Cet habile praticien, dit Quesnay, croit que
» ces accidents (la perte de connaissance et l'assou-
» pissement) ne sont que l'effet de la commotion
» du cerveau, quand ils arrivent dans l'instant
» même du coup; et que lorsqu'ils arrivent en-
» suite, ils sont, au contraire, causés par un épan-
» chement qui s'est fait sous le crâne depuis le
» coup (2). »

« Il faut cependant faire attention, ajoute Ques-
» nay, que la perte de connaissance qui est causée
» par commotion, peut être suivie d'une autre qui
» dépend d'un épanchement, et que l'une et
» l'autre peuvent même quelquefois se confondre
» ensemble (3). »

II. La remarque de Quesnay est très juste. L'é-

(1) *Voyez* J.-L. Petit, *Traité des maladies chirurgicales*, etc.,
t. I, p. 86.

(2) *Mém. de l'Acad. roy. de chir.*, t. I.

(3) *Ibid.*

panchement peut survenir à l'instant même de la commotion. La rupture d'une artère détermine, comme nous l'avons vu, un épanchement soudain (1).

La proposition de J.-L. Petit est donc une proposition complexe, et qui doit être divisée pour devenir précise.

III. D'une part, les effets de la compression du cerveau qui ne surviennent qu'un certain temps après la commotion, sont dus à un épanchement.

Mais, d'autre part, les effets qui surviennent à l'instant de la commotion peuvent être dus à un épanchement aussi bien qu'à la lésion de la substance même du cerveau. Comment donc distinguer, dans ce dernier cas, les effets de l'épanchement des effets de la lésion ?

IV. Les expériences du XVIIIe chapitre de cet ouvrage fournissent quelques faits qui pourront servir, je crois, à cette distinction.

D'abord, les effets de la lésion de la substance même du cerveau se développent toujours d'une manière subite et brusque.

Les effets d'un épanchement, même d'un épanchement dû à l'ouverture d'une artère, ne se développent jamais, au contraire, que progressivement et successivement.

<hr>

(1) Voyez ci-devant le XVIIIe chapitre de cet ouvrage, p. 291.

Dans les expériences où je perçais l'une des artères supérieures des lobes cérébraux, je voyais
l'épanchement gagner les lobes cérébraux, le cervelet, la moelle allongée, et je voyais successivement (1) se développer les effets de la compression
des lobes cérébraux, du cervelet, de la moelle
allongée, c'est-à-dire la stupeur, la perte d'équilibre, les convulsions (2).

Les effets de la compression du cerveau, produite par un épanchement, sont donc toujours
successifs.

V. En second lieu, les lésions de la substance
même du cerveau sont toujours plus ou moins locales, du moins quand l'individu survit (3); et alors
le trouble de telle ou telle fonction donnée est le
signe, direct et sûr, qui marque le siége de la lésion.

L'effet des épanchements cérébraux, au contraire, du moins des épanchements dus à l'ouverture des artères, est toujours *universel*, car l'épanchement dû à l'ouverture des artères s'étend
successivement partout et comprime tout.

Dans mes expériences, l'épanchement produit

(1) Quoique très rapidement.

(2) *Voyez* ci-devant, chapitre XVIIIe, p. 291.

(3) Et il ne saurait être question pour le diagnostic que des cas
où l'individu survit. Quand la lésion est très générale, il y a mort
soudaine.

par l'ouverture d'une artère de la partie supérieure des lobes cérébraux gagnait bientôt, comme on a vu, et les lobes cérébraux, et le cervelet, et tout l'encéphale ; et par conséquent l'effet de cet épanchement produisait bientôt la compression de l'encéphale entier.

VI. Ainsi, 1° l'effet des épanchements, même des épanchements *soudains*, les seuls dont je m'occupe ici, est toujours *successif*; 2° il finit toujours par être *universel*; et voilà les deux *caractères* ou *signes* qui, bien démêlés, distinguent toujours ces épanchements de la commotion.

§ III.

Siége des épanchements en général.

I. Un épanchement, soit de pus, soit de sang (1), peut être local ou général. S'il est général, il occupe tout l'encéphale; et alors il n'y a pas lieu à la question de la *détermination du siége*.

S'il est local, il ne *lèse* qu'une partie; et alors le trouble de la fonction de la partie lésée est le *signe* qui marque le siége de la lésion ou de la cause de la lésion, c'est-à-dire de l'épanchement.

II. La question du siége des épanchements est

(1) Sauf le cas, bien entendu, où le sang provient de la rupture d'une artère, cas où l'épanchement est toujours général, comme il vient d'être dit.

donc une question qui se trouve résolue par les expériences de cet ouvrage.

§ IV.

Ouvertures faites par le trépan.

I. Après avoir examiné l'opération du trépan sous le rapport des *épanchements*, il faut l'examiner sous le rapport des *exubérances*.

II. Or, on a vu que plus les ouvertures faites au crâne sont larges, moins il se forme d'*exubérances*. On a même vu que le seul moyen de faire cesser une *exubérance*, c'est-à-dire le gonflement d'une partie du cerveau engagée dans une ouverture du crâne, est de substituer à une ouverture, devenue dès lors trop étroite, une ouverture plus large (1).

III. Les grandes ouvertures du crâne sont donc préférables aux ouvertures étroites; car elles donnent, d'abord, une issue plus facile à l'*épanchement*, et elles préviennent ensuite les *exubérances*.

IV. Quesnay l'avait remarqué.

« Cet accident (l'étranglement des méninges » poussées par le cerveau) a bien moins lieu, dit-» il, quand les ouvertures du crâne ont été fort

(1) *Voyez* ci-devant, le chapitre XIX de cet ouvrage, p. 313.

» grandes, que quand elles n'ont été que peu con-
» sidérables ; car, pendant que le crâne est ou-
» vert dans les plaies de tête, le gonflement de
» la dure-mère n'arrive guère quand l'ouverture
» est fort grande (1). »

§ V.

Guérison des plaies du cerveau dans l'homme.

I. J'ai prouvé, par une foule de faits réunis dans cet ouvrage, que les diverses parties du cerveau peuvent être blessées et perdre leurs fonctions ; et puis guérir, et recouvrer, en guérissant, les fonctions qu'elles avaient perdues.

II. D'habiles observateurs avaient déjà recueilli, sur l'homme même, plusieurs faits de ce genre.

III. « Le cerveau, dit Quesnay, est formé d'une
» substance si tendre, et ses fonctions sont, en
» général, si importantes à la vie, qu'il semble que
» le moindre choc ou la moindre blessure doive
» causer dans cette partie un désordre irrépara-
» ble, et y attaquer la vie dans son principe. Ce-
» pendant nous avons une infinité d'observations
» qui nous rassurent, et qui nous font connaître

(1) *Mém. de l'Acad. roy de chir.*, t. I.

» que les plaies de ce viscère, surtout celles de la
» partie corticale, se guérissent aussi facilement
» que celles des autres viscères (1). »

IV. Les observations rassemblées par Quesnay
montrent que le cerveau de l'homme peut être
blessé, qu'il peut l'être avec perte de substance (2),
et que néanmoins il peut conserver ses fonctions,

(1) *Mém. de l'Acad. roy. de chir.*, t. I.

(2) Voici deux observations de ce genre, toutes deux très curieuses, et que j'emprunte à Lapeyronie.

« 1° Un paysan âgé de dix-huit ans reçut un coup de pierre sur le
» pariétal droit; cet os fut fracturé; les esquilles ouvrirent la dure-
» mère et blessèrent le cerveau. Le jeune homme, qui avait été
» renversé par le coup, resta deux jours sans connaissance. En
» retirant les esquilles dans le premier pansement, on ramassa,
» outre beaucoup de sang caillé, une très grande cuillerée des
» débris de la propre substance du cerveau. Le malade fut se-
» couru à propos, et il guérit sans qu'il lui restât aucun ressenti-
» ment de sa blessure.

» 2° Un homme de trente ans fit une chute sur le front; la première
» table du coronal fut simplement fêlée, mais la nature des acci-
» dents décida à trépaner le malade. L'ouverture du crâne dé-
» couvrit des esquilles de la seconde table qui avaient ouvert la
» dure-mère et blessé le cerveau. Le second jour, la portion de la
» substance du cerveau, qui répondait à l'ouverture du crâne,
» se gonfla et s'échappa à travers le trou du trépan. Pendant dix
» jours le malade perdit à chaque pansement environ la grosseur
» d'une noisette de la substance du cerveau, ce qui fit en tout
» la quantité de deux cuillerées de cette substance. Le malade
» guérit sans qu'il lui restât aucun accident. » *Observations par
lesquelles on tâche de découvrir la partie du cerveau où l'âme
exerce ses fonctions.* Mém. de l'Acad. roy. des sc., année 1741.

ou les réacquérir après les avoir perdues. Et de toutes ces observations rapprochées, Quesnay tire cette conclusion aussi pleine de sens que profonde :

« La connaissance de ces faits présente, dit-il,
» aux chirurgiens un point de vue particulier; car
» non seulement les cures que nous venons de
» rapporter doivent les encourager à traiter les
» plaies de la substance du cerveau, quelque con-
» sidérables qu'elles soient, avec toute l'attention
» possible, puisqu'on peut espérer de réussir; mais
» elles leur font apercevoir encore qu'ils peuvent
» tenter sur le cerveau même certaines opéra-
» tions, que le danger dans lequel se trouve le
» malade permet, et que les indications prescri-
» vent comme l'unique secours que l'on puisse
» employer (1). »

§ VI.

Symptomes qu'offre dans l'homme la lésion du cerveau proprement dit.

I. On l'a déjà vu (et la démonstration de ce fait est l'un des résultats les plus importants de cet ouvrage), le cerveau proprement dit (2), est le siége exclusif de l'intelligence.

(1) Mém. de l'Acad. roy. de chir., t. I.
(2) Lobes ou hémisphères cérébraux.

II. Aussi, les lésions (du moins les lésions profondes) du cerveau proprement dit, sont-elles
constamment suivies de la perte de l'intelligence.
Et cet effet s'observe dans l'homme comme dans
les animaux.

III. Je trouve, dans le Mémoire de Lapeyronie,
déjà cité (1), quelques observations recueillies
sur l'homme, et qui offrent presque autant de
précision que pourraient en offrir des expériences.

« Un homme de trente-deux ans, dit Lapeyro-
» nie, avait commencé un an avant sa mort à
» avoir par intervalles des absences ; il était sujet
» à des pesanteurs de tête et à des étourdisse-
» ments très considérables...... ; dans ses bons mo-
» ments, il conservait toute sa mémoire; mais au
» bout de six mois il la perdit totalement ; quel-
» que temps après, ses absences tournèrent en
» assoupissements très considérables, ses sens s'af-
» faiblirent peu à peu ; il en perdit entièrement
» l'usage, et tomba dans un assoupissement lé-
» thargique dans lequel il mourut.

» Nous trouvâmes la partie supérieure du corps
» calleux presque entièrement détruite par une
» lymphe épaissie et à demi suppurée ; la portion

____

(1) *Observations par lesquelles on tâche de découvrir la partie
du cerveau où l'âme exerce ses fonctions.* Mém. de l'Acad. roy. des
sc., année 1741.

» restante de ce corps était méconnaissable par le
» désordre et la confusion qui y régnaient.... (1). »

IV. Voici une autre observation de Lapeyronie, plus curieuse encore. Il s'agit d'un abcès qui
s'était formé sur le corps calleux. Le malade avait
perdu l'usage de tous ses sens ; il était plongé dans
un assoupissement profond, etc. On appliqua jusqu'à trois couronnes de trépan sur le crâne. Enfin,
l'abcès fut ouvert. « Dès que le pus qui pesait sur
» le corps calleux fut vidé, dit Lapeyronie, l'as-
» soupissement cessa, et la vue et la liberté des
» sens revinrent : les accidents recommencèrent à
» mesure que la cavité se remplissait d'une nou-
» velle suppuration, et ils disparaissaient à mesure
» que les matières sortaient. L'injection produisait
» le même effet que la présence des matières : dès
» que j'en remplissais la cavité, le malade perdait
» la raison et le sentiment, et je lui redonnais l'un et
» l'autre en pompant l'injection par le moyen
» d'une seringue..... Au bout de deux mois, le
» jeune homme fut parfaitement guéri ; il eut la
» tête entièrement libre, et ne ressentit plus la
» moindre incommodité, quoiqu'il eût perdu une

1) *Observations par lesquelles on tâche de découvrir la partie du cerveau où l'âme exerce ses fonctions.* Mém. de l'Acad. roy. des sc.. année 1741.

» portion très considérable de la substance du
» cerveau (1). »

V. Lapeyronie place, comme je l'ai déjà dit,
dans le corps calleux le siége de l'âme. Mais,
comme je l'ai déjà dit aussi, c'est que Lapeyronie
ne se rend pas bien compte de la véritable *étendue des lésions* qu'il croit n'intéresser que le corps
calleux (2).

Le corps calleux se prolonge de chaque côté
dans chaque hémisphère, et, par conséquent, la
lésion profonde du corps calleux est la lésion
même des hémisphères.

VI. Au reste, il n'est que trop évident que
le corps calleux, pris en soi, ne saurait être le
siége de l'intelligence.

D'abord, les oiseaux (3) manquent de corps
calleux; et cependant ils ont tous de l'intelligence,
et quelques uns même beaucoup d'intelligence.

Ensuite, on ne peut retrancher un lobe cérébral sur un mammifère, sans couper le corps
calleux, sans le diviser par le milieu, sans le détruire
en partie; et cependant, comme je l'ai fait voir
par une foule d'expériences réunies dans cet ou-

(1) *Ibid.*
(2) *Voyez* ci-devant, p. 262.
(3) Et tous les autres vertébrés ovipares.

vrage, on peut retrancher un lobe, et par conséquent diviser, détruire le corps calleux, sans détruire l'intelligence. Tant qu'un lobe cérébral reste entier, l'intelligence subsiste.

Le corps calleux, pris en soi, n'est donc pas le siége de l'intelligence.

Le siége réel de l'intelligence est l'hémisphère du cerveau; et le corps calleux n'est qu'une partie de cet hémisphère.

§ VII.

Apoplexie du cervelet observée sur des oiseaux.

1. Le 12 avril 1823, on m'apporta, parmi les animaux qui devaient servir à mes expériences, une jeune poule dont les allures représentaient tout-à-fait les allures d'un animal ivre.

Cette poule chancelait presque à chaque instant sur ses jambes, soit qu'elle se tînt simplement debout, soit qu'elle voulût marcher ou courir; elle tournait à droite quand elle voulait aller à gauche, à gauche quand elle voulait aller à droite; elle reculait au lieu d'avancer, etc. Très souvent aussi elle tombait sur ses jambes, qui fléchissaient et pliaient tout-à-coup sous elle. Mais c'était surtout quand elle s'élançait pour fuir ou pour grimper sur un point élevé que, ne pouvant plus maîtriser et régulariser des mouvements devenus plus rapides, elle tombait et roulait quelquefois long-temps à terre, sans pouvoir réussir à se relever et à reprendre l'équilibre.

Ces singuliers phénomènes avaient trop d'analogie avec ceux que venaient de me présenter mes expériences, alors toutes récentes encore, sur le cervelet, pour que je ne fusse pas impatient de voir ce qui pouvait en être. Je procédai donc tout de suite à cet examen.

Je commençai par mettre le crâne à nu : j'en trouvai les os tout parsemés de points noirâtres. J'enlevai les os; j'ouvris la dure-mère, et il s'écoula aussitôt une grande quantité de lymphe qui recouvrait l'encéphale.

Quant aux parties mêmes de l'encéphale, les lobes cérébraux et les tubercules bijumeaux étaient dans leur état naturel, et offraient leur couleur ordinaire. Le cervelet, au contraire, avait un aspect jaunâtre qu'il devait à un nombre infini de points et de stries jaunes, ou plutôt couleur de rouille, qui en couvraient toute la surface. Je l'ouvris, et je trouvai dans son centre un amas de matière purulente et coagulée, du volume à peu près d'un grain de millet. Cet amas de matière purulente était parfaitement isolé de l'organe qui le contenait dans une cavité creusée dans son intérieur. Les parois de cette petite cavité étaient extrêmement fines et lisses.

II. En 1828, je vis à la ménagerie du Jardin des Plantes un coq atteint d'une maladie cérébrale, dont tous les symptômes semblaient indiquer encore le siége dans le cervelet.

Dans la poule qui précède, les mouvements avaient quelque chose de fougueux et d'impétueusement désordonné. Dans ce coq, au contraire, les mouvements étaient calmes et lents; ils se faisaient avec peine, comme avec paresse, mais leur trouble et leur défaut d'équilibre n'en paraissaient pas moins.

Ainsi, par exemple, si l'animal se tenait debout, ses jambes fléchissaient à tout moment sous lui; s'il marchait, on apercevait une sorte d'hésitation dans ses mouvements; on le voyait chanceler, et quelquefois, surtout si on le faisait marcher vite, perdre l'équilibre et tomber. Enfin, sa tête et son cou étaient dans un état d'instabilité ou d'oscillation presque continuelle.

Ce coq mourut dans les premiers jours du mois d'août. J'ouvris son crâne. Les veines ou sinus de la dure-mère qui répondent au cervelet, tant le supérieur que les latéraux, étaient gonflés et gorgés de sang. Quant aux lobes cérébraux et aux tubercules bijumeaux, ils se trouvaient encore cette fois-ci dans leur état naturel, et offrant leur couleur ordinaire; mais le cervelet avait une couleur rosée, couleur qu'il tirait d'un nombre infini de points et de stries rouges dont toute sa surface était parsemée. Les points ressemblaient exactement à de petites ecchymoses qu'auraient produites des piqûres d'épingle faites sur cette surface; et les stries ressemblaient à des veinules gorgées de sang, ou, mieux encore, à des filets de sang. Au reste, il n'y avait que la superficie de l'organe qui offrît de pareilles stries et de pareils points : tout l'intérieur, parfaitement sain, conservait sa couleur naturelle.

III. Cette même année, 1828, on m'apporta un jeune coq qui ne pouvait, non plus, se tenir quelque temps debout sans chanceler sur ses jambes; il chancelait encore plus quand il voulait marcher ou courir : son cou oscillait ou tremblait presque toujours, surtout quand il s'allongeait et s'éloignait du corps. Cette oscillation cessait si l'on offrait quelque appui au bec ou à la tête de l'animal.

On voit que ces symptômes se rapprochaient tout-à-fait de ceux que je venais d'observer sur le coq précédent : aussi l'état des parties cérébrales fut-il entièrement le même.

La dure-mère m'offrit le même engorgement

de ses veines ou de ses sinus dans la région du cervelet; le cervelet, la même couleur rosée, et cette couleur également due à des points et à des stries rouges, dont toute sa surface était parsemée. Je retrouvai enfin la même intégrité dans l'intérieur du cervelet, et le même état naturel du reste de l'encéphale.

IV. Maintenant, si l'on compare ces trois observations entre elles, on voit, 1° qu'il y a deux degrés distincts d'apoplexie : une *apoplexie profonde*, ou dont le siége pénètre jusque dans le centre même de l'organe ; et une *apoplexie superficielle*, ou dont le siége n'atteint que la superficie de l'organe;

2° Qu'à chacun de ces degrés différents d'apoplexie correspondent des symptômes propres et déterminés : à l'*apoplexie profonde*, un trouble et un désordre complets des mouvements ; à l'*apoplexie superficielle*, une simple *instabilité* ou défaut de situation fixe et équilibrée;

3° Que l'*apoplexie profonde* s'accompagne de l'*apoplexie superficielle* (1), mais qu'il n'en est pas de même de celle-ci, qui peut exister sans l'au-

(1) Dans la première observation, la superficie de l'organe offrait des traces de lésion, comme l'intérieur.

tre (1), et qui n'en paraît que le premier degré ;

4° Enfin que l'apoplexie, même *l'apoplexie profonde*, l'apoplexie la plus grave par conséquent, est susceptible de guérison : ce que montre bien la première observation par la couleur jaune des points et des stries qui recouvraient la surface du cervelet, par l'isolement de la matière épanchée, et surtout par la cicatrisation parfaite des points de l'organe qui entouraient l'épanchement.

§ VIII.

Lésions simultanées du crâne et de l'encéphale.

I. Dans la première des trois observations qui précèdent, les os du crâne étaient, comme on l'a vu, parsemés de points noirâtres.

J'ajoute ici que les points altérés du crâne répondaient précisément aux points altérés de l'encéphale.

II. On m'apporta, le 3 décembre 1828, un jeune coq. Il devait servir à une expérience sur l'encéphale.

Je mis le crâne à nu, et j'aperçus, sur le frontal gauche, un point noirâtre.

(1) Dans les deux dernières observations, la surface de l'organe offrait seule des traces de lésion.

Je suivis ce point avec précaution : il me conduisit à un point correspondant placé sur la dure-
mère, et ce point de la dure-mère me conduisit
à un autre placé dans le lobe cérébral gauche.

Le *point altéré* du lobe cérébral était de couleur jaunâtre, et paraissait comme le dernier vestige d'une apoplexie ancienne et déjà guérie.

CHAPITRE XXI.

MOUVEMENT DU CERVEAU.

§ 1er.

I. Le mouvement du cerveau a été connu de tout temps. Ce mouvement se fait sentir très distinctement à la *fontanelle* des enfants. Il suffit, d'ailleurs, de la plus simple expérience de physiologie, il suffit de mettre le cerveau à découvert sur un animal vivant, pour voir aussitôt que le cerveau se meut en masse.

II. On a cru, pendant quelque temps, que le mouvement du cerveau n'était que le mouvement de la dure-mère (1). Et cependant il suffisait encore de la plus simple expérience de physiologie pour échapper à une pareille erreur ; car, quand on a enlevé la dure-mère, non seulement

(1) .....*Statim suspicari cœpimus quod dura-mater fortes eos atque ordinatos motus non effecerit per arterias quæ in ipsa disseminatæ sunt, verum per suam præcipuam texturam quæ cum textura cordis æmulatione contendit.* Baglivi : *De fibra motrice.* Baglivi va si loin, qu'il appelle la dure-mère le *cœur du cerveau, cor cerebri. Ibid.*

le cerveau se meut, mais il se meut d'une manière plus marquée.

III. Vers le milieu du dernier siècle, Schlichting vit le rapport qui lie le mouvement du cerveau aux mouvements de la respiration (1). Il vit le cerveau s'élever pendant l'expiration ; il le vit s'abaisser pendant l'inspiration. Et cette partie de ses expériences est incontestable : une correspondance réelle, certaine, lie donc le mouvement du cerveau aux mouvements de la respiration.

IV. Mais quelle est la cause de cette correspondance ? C'est cette cause que ne tardèrent pas à chercher Haller et Lamure (2).

V. Selon Haller, selon Lamure, le mouvement du cerveau dépend du *flux* et du *reflux* alternatifs du sang veineux. Dans l'expiration, le sang *reflue* de la veine cave supérieure dans les veines

(1) *De motu cerebri*. Mém. de l'Acad. des sciences : *Savants étrangers*, t. I. p. 113.

(2) Schlichting n'avait eu, sur la cause, du mouvement du cerveau, que des vues très vagues. Il ne sait s'il faut attribuer ce mouvement au sang ou à l'air... *Dubius persæpe atque diutius hæsi, dit-il, utrum universum cerebrum detumescens se constringat, ...ut systolis cerebri effectu,...... An ne expiratione cruor aut aer, vel uterque, majori copia cerebrum versus et in illud fortius prematur, ipsum que tumefaciat, atque inspiratione, cessante tunc ista pressione, cruor aut aer, aut uterque, deorsum delabatur, aut superiorum partium pressione deprimatur, atque sic collapsum, aut constrictum cerebrum detumescat?* Ibid, p. 117.

jugulaires, et des veines jugulaires dans les sinus du cerveau, et le cerveau s'élève. Dans l'inspiration, au contraire, le sang est *aspiré*, et par suite *flue* ou coule des sinus du cerveau dans les veines jugulaires, des veines jugulaires dans la veine cave supérieure, et le cerveau s'abaisse (1).

VI. Le reflux du sang, pendant l'expiration, de la veine cave supérieure dans les veines jugulaires, est un fait constant.

Si, sur un animal vivant, on met à nu la veine jugulaire, surtout près de la poitrine, on voit, à chaque expiration (2), le sang refluer du cœur vers le cerveau.

D'un autre côté, si, sur un animal vivant, on ouvre un sinus du cerveau, on voit le sang couler d'un mouvement inégal, ralenti pendant l'inspiration, et accéléré pendant l'expiration (3).

VII. Ainsi donc, pendant l'expiration : d'une

(1) *Voyez*, pour Haller, *ses Mém. sur les parties sensibles et irritables du corps animal* et ses *Éléments de physiologie*. t. IV; et, pour Lamure, son mémoire intitulé : *Recherches sur la cause des mouvements du cerveau, qui paraissent dans l'homme et les animaux trépanés*. Mém. de l'Acad. roy. des sc., année 1749.

(2) Ce reflux ne dépend pas uniquement de l'expiration. Il subsiste après la mort de l'animal (et même quand le thorax est ouvert), tant que l'oreillette droite du cœur se contracte.

(3) J'ai déjà indiqué ce fait dans le XVIIIe chapitre de cet ouvrage. *Voyez* ce chapitre, à la p. 287.

part, le sang reflue du cœur dans les veines jugulaires ; et, d'autre part, les sinus du cerveau se gonflent.

VIII. Mais, 1° le reflux du sang dans les veines jugulaires, va-t-il jusqu'à gonfler les sinus du cerveau ? Et, 2° le gonflement des sinus va-t-il jusqu'à soulever le cerveau ? C'est ici que commencent les difficultés.

IX. On peut douter, premièrement, que le reflux du sang, à cause des valvules, s'étende des veines jugulaires jusqu'aux sinus.

J'ai toujours vu, sur la veine jugulaire, le reflux être très sensible près du cœur ; l'être déjà beaucoup moins à l'endroit où la jugulaire primitive se divise en deux autres (la jugulaire externe et la jugulaire interne) ; et ne l'être presque plus, passé cette division.

X. On peut douter, en second lieu, que le gonflement des sinus aille jusqu'à soulever le cerveau ; car si plusieurs sinus sont placés sous le cerveau, plusieurs le sont au-dessus.

Toutes les artères, du moins toutes les artères principales, tous les *troncs artériels* du cerveau, sont placés, au contraire, à la base du cerveau, ou sous le cerveau.

XI. A ne considérer donc que le côté anatomique du phénomène, le mouvement du cerveau

semblerait dépendre, au moins autant, si ce
n'est même beaucoup plus, de l'action des artères
que de l'action des sinus veineux. Et c'est en effet
ce que plusieurs physiologistes n'ont pas craint
d'avancer.

« Les mouvements alternatifs d'élévation ou
» d'abaissement qu'offre le cerveau sont isochro-
» nes, dit Richerand, à la systole et à la dias-
» tole des artères placées à sa base : l'élévation
» correspond à la dilatation, l'abaissement au res-
» serrement de ces vaisseaux ; la respiration n'est
» pour rien dans ce phénomène (1). »

XII. Voilà donc le mouvement du cerveau tour
à tour attribué aux sinus veineux et aux artères. Et
ce n'est pas tout. Selon Haller, il n'y a pas un
seul mouvement du cerveau ; il y en a deux : un
qui répond au reflux du sang dans les sinus veineux, et un autre qui répond au mouvement des
artères.

XIII. La question qui m'occupe, en ce moment,
est donc très complexe. Il s'agit de voir, d'abord,
s'il y a deux mouvements du cerveau, ou s'il n'y en

(1) *Nouveaux Éléments de physiologie*, t. I. Il y a bien des erreurs dans cette proposition de Richerand ; car, comme on va le
voir : 1° le mouvement du cerveau n'est pas isochrone à celui des
artères, mais à celui de la respiration ; et 2° la respiration est *pour
tout* dans ce phénomène.

a qu'un ; il s'agit de voir ensuite quelles sont les forces par lesquelles le cerveau se meut, soit qu'il n'ait qu'un mouvement, soit qu'il en ait deux.

XIV. Je commence par examiner la première de ces deux questions, savoir, s'il n'y a qu'un mouvement du cerveau, ou s'il y en a deux.

§ II.

I. Je mis, sur un lapin, le cerveau à nu, par l'ablation de la voûte du crâne.

Je vis aussitôt le mouvement du cerveau ; et je vis qu'il répondait, avec l'évidence la plus complète, aux mouvements de la respiration.

Le cerveau s'élevait pendant l'expiration ; il s'abaissait pendant l'inspiration.

Il y avait pourtant des moments, et ces moments se reproduisaient même assez fréquemment, où le cerveau paraissait immobile.

Mais dès qu'on gênait la respiration, en pressant, par exemple, les narines de l'animal, on voyait aussitôt le mouvement du cerveau reparaître, et reparaître avec d'autant plus de force que l'animal faisait de plus grands efforts pour respirer.

Ainsi, plus les inspirations étaient profondes, plus le cerveau s'abaissait d'abord, pendant l'inspiration, et plus il s'élevait ensuite au moment de l'expiration.

Le mouvement du cerveau correspond donc aux mouvements de la respiration.

II. Et de plus, ce mouvement qui répond à la respiration est, pour le cerveau, le seul mouvement de totalité, *de masse.*

Car, 1° dans les moments où la respiration se fait sans effort, il n'y a qu'un mouvement du cerveau presque insensible; 2° quand il y a un mouvement marqué du cerveau, il répond toujours à un mouvement de la respiration; et 3° enfin on peut ralentir, accélérer, affaiblir, accroître le mouvement du cerveau, selon qu'on ralentit ou qu'on accélère, selon qu'on accroît ou qu'on affaiblit les mouvements de la respiration.

III. Il n'y a donc, comme je viens de le dire, qu'un mouvement du cerveau (1); et, comme je viens de le dire encore, ce mouvement correspond aux mouvements de la respiration.

IV. Haller croit qu'il y a deux mouvements du cerveau, dont l'un répond à la respiration; et dont

(1) C'est-à-dire *qu'un mouvement du cerveau en masse :* car pour le mouvement, pour l'agitation intime de toutes les parties du cerveau, mouvement déterminé par l'action de tous les vaisseaux artériels et veineux qui se rendent dans cet organe, et dont j'ai parlé dans un précédent chapitre (*Voyez* ci-devant, chapitre XIX, pag. 319), ce mouvement n'est pas un mouvement du cerveau en masse; et, de plus, il n'est pas sensible à l'œil.

l'autre répondrait, selon lui, au mouvement des artères (1).

Mais c'est que Haller borne, et tout-à-fait à tort, le premier aux seuls mouvements du cerveau qui se lient, d'une manière si manifeste, aux grands efforts de la respiration (2).

V. Haller fait donc, d'un seul mouvement, mal vu, deux mouvements distincts; le mouvement qu'il attribue aux artères n'est donc encore que le mouvement déterminé par la respiration, mais un mouvement plus faible, parce qu'il est déterminé par des efforts de respiration plus faibles. Il n'y a donc, encore une fois, qu'un seul mouvement du cerveau, et ce mouvement unique ne dépend que d'une seule cause, savoir, la respiration.

VI. Mais selon quel mécanisme, mais par quelles forces, la respiration détermine-t-elle ce mouvement?

C'est ici la seconde des deux questions qu'il s'agit de résoudre.

§ III.

I. Haller et Lamure expliquent le soulèvement du cerveau pendant l'expiration par le re-

(1) *Eléments de physiologie*, t. IV. p. 176.
(2) *Dum clamatur, cerebrum exseritur, et exsufflatur... in clamore et tussi sinus duræ membranæ elevantur*, etc. *Ibid*, t. IV. p. 172.

flux du sang de la veine cave supérieure dans les veines jugulaires, et des veines jugulaires dans les sinus de la dure-mère.

II. Pour décider si cette cause est en effet la vraie, il n'y a qu'une expérience à faire : il n'y a qu'à supprimer l'action de ce reflux ; il n'y a qu'à empêcher ce reflux, ou du moins qu'à l'empêcher de se transmettre jusqu'au cerveau.

III. Lamure l'avait bien senti : aussi cherche-t-il, dans toutes ses expériences, à soustraire le cerveau à l'action du reflux du sang veineux.

Mais, sur ce point, les expériences de Lamure sont très incomplètes.

IV. Il lie, d'abord, les deux veines jugulaires ; mais il reste les deux veines vertébrales.

Puis, il coupe tout à la fois les veines jugulaires et les vertébrales ; et néanmoins (ce qui va directement contre son explication), il voit le mouvement du cerveau subsister encore.

V. « Ayant coupé, dit-il, les veines jugulaires, » ayant plongé le scalpel dans l'intervalle des deux » apophyses transverses des vertèbres du col pour » couper les veines vertébrales, le mouvement » du cerveau subsistait encore aussi sensible qu'au- » paravant (1). »

(1) *Recherches sur la cause des mouvements du cerveau*, etc.

VI. C'est qu'en effet les veines jugulaires et les vertébrales ne sont pas la seule source d'où les sinus et les veines du cerveau tirent leur sang; et que, comme nous le verrons bientôt, tant que le cerveau peut recevoir du sang, le mouvement du cerveau subsiste.

VII. J'ai répété les expériences de Lamure. J'ai voulu voir, d'abord, ce que produirait la ligature des veines du cerveau, et ensuite ce que produirait la section de ces mêmes veines.

§ IV.

I. J'ai lié les deux veines jugulaires primitives sur un lapin.

J'avais commencé par mettre le cerveau à nu; et j'avais observé, pendant quelque temps, le mouvement de cet organe, qui, comme on l'a vu, répond exactement à celui de la respiration (1).

Les veines jugulaires étant liées, comme je viens de le dire, le cerveau parut bientôt très gonflé.

Immédiatement après l'opération, le mouvement du cerveau subsistait, et se manifestait

(1) Je remarque, une fois pour toutes, que le cervelet, que la moelle allongée, que la moelle épinière même, se meuvent tout comme le cerveau proprement dit.

surtout quand on gênait la respiration de l'animal en pressant un peu ses narines.

Deux heures après l'opération, le cerveau était
beaucoup plus gonflé encore, ainsi que ses sinus
et ses veines. Mais déjà, quand l'animal respirait
librement, le mouvement du cerveau n'était plus
sensible; et lors même qu'on gênait la respiration
de l'animal, le mouvement du cerveau paraissait
à peine.

L'animal, que j'avais mis dans un coin, ne
bougeait presque pas.

Le lendemain de l'opération, il vivait encore.
Le cerveau était beaucoup plus tuméfié que la
veille, et ses mouvements encore plus faibles.

II. J'ai répété cette expérience sur plusieurs
autres lapins. Quelques uns ont survécu jusqu'au
lendemain de l'opération; d'autres n'ont survécu
que quelques heures.

Sur tous, le cerveau s'est tuméfié; et plus il
s'est tuméfié, plus ses mouvements sont devenus
faibles (1).

III. Après ces premières expériences sur la
ligature des veines jugulaires, j'ai voulu voir ce

(1) Je n'ai jamais pu lier les veines vertébrales sur l'animal
vivant. Mais il est évident que l'effet de la ligature des vertébrales ne ferait que s'ajouter à l'effet de la ligature des jugulaires,
et que les deux effets ne pourraient qu'agir dans le même sens.

que ferait la ligature des artéres carotides et vertébrales.

§ V.

I. Je liai, sur un lapin, les deux carotides primitives et une des deux vertébrales.

Ces ligatures opérées, on voyait le cerveau de
l'animal se déprimer et s'affaisser de plus en plus.

Quant au mouvement de cet organe, non seulement il subsistait comme auparavant, mais il
était beaucoup plus marqué. Il l'était surtout incomparablement plus, pour peu qu'on gênât la
respiration de l'animal, et qu'on provoquât par
conséquent des inspirations plus fortes.

Bientôt le mouvement devient de plus en plus
manifeste, et cela même sans qu'on gêne la respiration de l'animal.

Deux heures après l'opération, le mouvement
est plus prononcé encore, surtout quand on gêne
la respiration; et le cerveau est de plus en plus
déprimé.

L'animal, mis dans un coin, ne bouge presque
pas.

II. J'ai dit que, pour accroître le mouvement du
cerveau, il faut gêner la respiration de l'animal
en pressant ses narines; il ne faut pas pourtant les
boucher tout-à-fait, car on empêcherait l'animal

de respirer. Il faut, au contraire, non seulement que l'animal respire, mais qu'il respire par des inspirations plus fortes.

III. Cette expérience décide évidemment contre l'opinion qui attribue le mouvement du cerveau à l'action des artères; car, dans cette expérience, l'action des artères a été réduite; et plus cette action a été réduite, plus le mouvement du cerveau s'est accru.

IV. Le mouvement du cerveau, le mouvement qui meut le cerveau en masse, le mouvement de cet organe qui répond à la respiration, ne dépend donc pas des artères.

V. J'ai répété les expériences qu'on vient de voir sur plusieurs autres lapins, et toujours avec le même résultat.

VI. J'ai lié, tantôt les deux carotides primitives seules, tantôt les deux carotides et une vertébrale, et le mouvement du cerveau, loin d'en être affaibli, en a toujours paru augmenté.

Quand j'ai lié les deux carotides primitives et les deux vertébrales, l'animal est toujours mort presque sur-le-champ.

§ VI.

I. Je reviens à l'action des veines.

II. J'ai ouvert, j'ai coupé, sur plusieurs lapins, les veines jugulaires et les vertébrales : dans tous ces cas, le mouvement du cerveau s'est de plus en plus affaibli; mais, quoique de plus en plus faible, il a toujours subsisté (1).

III. D'un autre côté, l'ouverture des sinus supérieurs, soit du cerveau proprement dit, soit du cervelet, n'a jamais arrêté le mouvement du cerveau (2).

IV. Ainsi donc : 1° la ligature, soit des deux artères carotides, soit des deux carotides et d'une vertébrale, rend le mouvement du cerveau plus marqué;

2° La ligature des veines jugulaires affaiblit ce mouvement sans l'éteindre;

Et 3° l'ouverture même des veines jugulaires et des vertébrales, qui l'affaiblit plus encore, ne l'éteint pas.

V. Nous verrons, plus loin, l'explication, nette et précise, de ces trois faits.

(1) Du moins tant que l'animal a conservé assez de sang pour respirer et pour vivre. Et dans tous ces cas, comme on le verra bientôt, après la mort même de l'animal le thorax ayant été comprimé, le mouvement du cerveau a recommencé.

(2) On a vu, d'ailleurs, dans le XVIIIe chapitre de cet ouvrage, que l'hémorrhagie de ces sinus n'est jamais bien considérable.

§ VII.

I. Lamure a dit :

«Quand on connaît la communication des veines
» jugulaires et vertébrales avec les sinus latéraux,
» la communication de ceux-ci avec tous les autres
» sinus de la dure-mère, il n'y a aucune difficulté
» à concevoir que le sang, repoussé par les jugulai-
» res et les vertébrales, doit gonfler tous les sinus
» de la dure-mère, et par conséquent soulever les
» portions du cerveau qui sont posées sur quelques
» uns de ces sinus. Je crois cependant que cette pre-
» mière cause n'est pas celle qui produit princi-
» palement l'élévation du cerveau ; son mouve-
» ment paraît trop uniformément répandu dans
» toute sa masse. La dilatation des veines qui
» entrent dans le tissu de ce viscère me semble
» être la principale cause de son gonflement.

» Cette dilatation, ajoute Lamure, dépend du
» reflux du sang de la cavité des sinus dans les
» vaisseaux veineux qui s'y abouchent....... J'ai
» vu, continue-t-il, dans l'animal vivant, qu'une
» veine qui serpentait sur la surface du cerveau
» se remplissait aussitôt que ce viscère se portait
» en dehors, et qu'elle se vidait lorsqu'il s'affais-
» sait. Le sang repoussé par les veines jugu-
» laires et les vertébrales peut donc refluer jusque

» dans les vaisseaux qui composent le cerveau ;
» et lorsque ce reflux aura lieu, ce viscère, dont
» le volume augmente alors nécessairement, s'é-
» lèvera plus ou moins, suivant les différentes
» intensités de la cause que je viens d'expli-
» quer (1). »

II. Il y a donc, d'après Lamure, deux causes
de l'élévation du cerveau, savoir : la dilatation
des sinus sur lesquels repose ce viscère, et la dilatation de toutes les veines qui entrent dans sa
substance; et je n'hésite pas, avec Lamure,
à regarder cette dernière cause comme la principale.

III. L'*élévation* du cerveau est donc bien plus
un gonflement qu'un soulèvement.

Le cerveau ne se soulève, en effet, que par la
dilatation (proportionnellement petite) des sinus
sur lesquels il repose (2); et il se gonfle par la
dilatation (proportionnellement très grande) de
tous les vaisseaux qui pénètrent dans sa substance.

IV. J'ai déjà fait connaître le mécanisme du
gonflement du cerveau dans un autre chapitre
de cet ouvrage, en faisant connaître le mécanisme selon lequel les *exubérances* se forment (3).

____

(1) *Recherches sur les causes du mouvement du cerveau*, etc.

(2) Les sinus *caverneux*, *basilaires*, etc.

(3) *Voyez*, ci-devant, le chapitre XIXe p. 317.

V. Les *exubérances* ne sont, en effet, qu'un cas particulier du gonflement du cerveau ; et le mécanisme de l'un de ces phénomènes est, au fond, le même que le mécanisme de l'autre.

VI. Or, on l'a déjà vu, ce mécanisme tient essentiellement à la dilatation de tous les vaisseaux, tant artériels que veineux, qui pénètrent dans la substance cérébrale et s'y ramifient.

VII. Je dis vaisseaux artériels et veineux. En effet, si l'on ouvre une artère, et que l'on examine le jet de sang qui en coule, on verra ce jet de sang être beaucoup plus fort à chaque expiration, et surtout à chaque expiration un peu forte (1).

§ VIII.

I. Ainsi donc, d'une part, le sang veineux reflue vers le cerveau à chaque expiration, et, de l'autre, le sang artériel s'y porte avec plus de force. Le cerveau est donc gonflé à chaque expiration ; et voilà pourquoi il s'élève.

II. Au contraire, à chaque inspiration, le thorax, qui s'était resserré pendant l'expiration, se dilate ;

____

(1) *Voyez*, sur ce point, les expériences, si remarquables par leur précision, de M. Poiseuille : *Recherches sur la force du cœur aortique*. Paris, 1828. *Voyez* aussi M. Magendie : *Précis élémentaire de physiologie*, t. II, p. 426.

il s'y fait un vide qui attire, qui aspire le sang des veines jugulaires et vertébrales, et par les veines jugulaires et vertébrales des sinus du cerveau, et par les sinus du cerveau de toutes les veines de cet organe; d'un autre côté, le sang des artères est poussé dans le cerveau avec moins de force. Le cerveau a donc moins de sang, et par conséquent il se dégonfle ou s'abaisse.

III. Mais, de ces deux causes du mouvement du cerveau, l'action du sang artériel et l'action du sang veineux, quelle est celle qui doit être regardée comme la principale? Évidemment, c'est l'action du sang veineux (1).

§ IX.

I. L'action des artères concourt au gonflement

(1) Lorry, qui a bien vu le concours de ces deux causes : l'action du sang artériel et l'action du sang veineux, n'a pas vu que, de ces deux causes, la principale est l'action du sang veineux. Il semble regarder ces deux causes comme étant d'un effet à peu près égal. « Pendant l'effort expiratoire, dit-il, ...les » troncs des vaisseaux qui sont dans la poitrine reçoivent une » forte compression capable d'exprimer impétueusement le sang » des troncs artériels vers les branches qui sortent de la poi- » trine, et d'empêcher le retour du sang qui vient des différentes » parties et qui se présente dans la veine cave. Voilà une cause suf- » fisante pour augmenter sensiblement le volume du sang dans le » cerveau, et celui du cerveau lui-même. » *Mém. de l'Acad. des sciences : Savants étrangers*, t. 3, p. 308.

du cerveau; mais elle ne concourt pas à l'affaissement de cet organe, ou n'y concourt du moins
que d'une manière à peine sensible.

II. L'injection même des carotides sur l'animal
mort ne détermine pas un mouvement de gonflement et d'affaissement successifs, tel que celui
qui répond à la respiration.

III. J'ai injecté les carotides avec de l'eau, sur
plusieurs lapins qui venaient de mourir.

A chaque nouvelle quantité d'eau injectée, le
cerveau s'est tuméfié; mais, l'effort d'injection cessant, le cerveau ne s'est pas affaissé, ou ne s'est
affaissé du moins que d'une manière à peine sensible.

IV. La cause principale du mouvement du cerveau en masse, de ce mouvement si prononcé de
gonflement et d'affaissement alternatifs, de ce
mouvement qui répond à la respiration, la cause
principale de ce mouvement n'est donc pas dans
l'action des artères.

V. Est-elle, comme je viens de le dire, dans
l'action du sang veineux?

§ X.

I. Lamure avait déjà remarqué que, si l'on comprime le thorax sur un animal mort, on voit aus-

sitôt les mouvements du cerveau qui renaissent.

II. « L'animal étant mort, dit Lamure, je lui
» soufflai dans les narines, en comprimant en
» même temps le thorax ; le cerveau s'éleva très
» sensiblement ; mais je m'aperçus que la même
» chose arrivait, en ne faisant autre chose que
» comprimer et relâcher alternativement les côtes :
» par cette manœuvre, les mouvements du cer-
» veau paraissaient dans l'animal mort aussi sen-
» sibles que dans le vivant ; lorsque je comprimais
» les côtes, le cerveau s'élevait ; lorsque je les aban-
» donnais à elles-mêmes, il s'abaissait (1). »

III. J'ai répété, avec soin, l'expérience de Lamure ; et c'est en la répétant que je suis parvenu
à démêler enfin la vraie cause des mouvements du
cerveau.

IV. Si, sur un animal mort, on comprime et re-
lâche alternativement le thorax, le cerveau ayant
été préalablement mis à nu, on voit le cerveau
s'élever et s'abaisser alternativement.

Il s'élève pendant la compression du thorax,
compression qui répond à l'expiration ; il s'abaisse
pendant le relâchement du thorax, relâchement
qui répond à l'inspiration.

V. De plus, à chaque compression du thorax,

(1) *Recherches sur la cause des mouvements du cerveau, etc.*

on voit le cerveau se gonfler, et tous ses *vaisseaux veineux* (veines et sinus) se remplir de sang.

La compression du thorax produit une véritable injection de tous les *vaisseaux veineux* du cerveau.

Et cette injection de tous les *vaisseaux veineux* du cerveau, est la *cause principale* du gonflement du cerveau. L'action du sang artériel n'est qu'une *cause secondaire* de ce gonflement.

VI. Mais d'où vient ce sang veineux que la compression du thorax pousse dans le cerveau? Il ne vient pas uniquement des veines jugulaires et vertébrales, comme le supposaient Haller et Lamure. Ce sang vient surtout d'une autre source; et cette autre source, oubliée jusqu'ici, est dans les sinus veineux du grand canal des vertèbres.

§ XI.

I. Je liai les deux veines jugulaires primitives, sur un lapin.

Le lendemain de l'opération l'animal vivait encore. Le cerveau était très tuméfié.

On ne voyait plus les mouvements de ce viscère pendant la respiration ordinaire; et même, quand on gênait la respiration, ces mouvements reparaissaient à peine.

J'ouvris les deux veines jugulaires : presque aussitôt le cerveau se dégonfla ; les yeux et surtout la paupière interne, qui étaient sortis de l'orbite, y rentrèrent ; la respiration fut plus libre ; et les mouvements du cerveau, qui avaient presque disparu, reparurent.

Je laissai l'animal mourir d'hémorrhagie ; et le mouvement du cerveau, quoique de plus en plus faible, subsista jusqu'aux derniers efforts inspiratoires de l'animal.

A peine l'animal fut-il mort, que j'ouvris les deux veines vertébrales ; une certaine quantité de sang s'en écoula encore.

Enfin, quand tout écoulement de sang, soit par les jugulaires, soit par les vertébrales, fut arrêté, je comprimai les parois du thorax. Les premiers efforts de compression ne produisirent aucun effet ; mais bientôt, à chaque compression du thorax, je vis le cerveau s'élever ou se gonfler, et, à chaque relâchement du thorax, je le vis s'abaisser.

II. Le sang qui, pendant l'expiration ou la compression du thorax, produit le gonflement du cerveau, ne vient donc pas uniquement des veines jugulaires et vertébrales.

III. J'ouvris, sur ce lapin même, le canal vertébral dans la région lombaire. Je coupai, je sou-

levai la moelle épinière, et j'ouvris les sinus vertébraux. Il s'en écoula aussitôt une grande quantité
de sang, quoique l'animal en eût déjà perdu beaucoup par l'ouverture des veines jugulaires et vertébrales.

Je fis suspendre l'animal par la tête; et l'hémorrhagie des sinus, qui s'était arrêtée, reparut. Enfin, quand je supposai les sinus à peu près vides,
je fis recommencer la compression du thorax; et,
cette fois-ci, je la fis recommencer en vain : les
mouvements du cerveau ne furent plus reproduits.

J'ai répété plusieurs fois cette expérience, et
toujours le résultat a été le même.

IV. La véritable source du sang veineux qui,
par son reflux, produit le gonflement du cerveau
(pendant la compression du thorax, quand l'animal est mort, et, quand l'animal vit, pendant
l'expiration) est donc dans les deux grands sinus
des vertèbres.

§ XII.

I. Dans le lapin, animal sur lequel les expériences qui précèdent ont été faites, les deux sinus
vertébraux règnent tout le long du canal vertébral, de chaque côté du corps des vertèbres.

Pendant tout ce long trajet, ils communiquent

l'un avec l'autre par une suite de sinus moyens. Chaque sinus moyen est placé sur le corps même de chaque vertèbre. Enfin, arrivés au cerveau, les deux longs sinus vertébraux se continuent avec les sinus de la base du crâne.

Pendant ce long trajet encore, on voit sortir de chaque sinus vertébral, par chaque trou de conjugaison, toutes les veines de la colonne vertébrale.

II. Pour ce qui est des veines dorsales en particulier, lesquelles concourent surtout au phénomène qui nous occupe, ces veines vont directement des sinus vertébraux à la veine *azygos* (1), de la veine *azygos* à la veine cave supérieure, et de la veine cave supérieure à l'oreillette droite du cœur.

III. Ainsi donc pendant l'expiration (ou, sur l'animal mort, pendant la compression du thorax), le sang reflue du thorax, par les veines dorsales ou thoraciques, dans les sinus vertébraux, et des

______

(1) Ajoutez que ni la veine *azygos*, ni les *sinus vertébraux* n'ont de valvules : ce qui permet au sang de refluer de la veine *azygos* dans les sinus vertébraux, et des sinus vertébraux dans les sinus du crâne.

De plus, outre la veine *azygos*, il y a, dans le lapin, deux *demi-azygos*, une de chaque côté. Chaque veine *demi-azygos* se rend dans la veine cave supérieure de son côté.

sinus vertébraux jusque dans les sinus du crâne,
et des sinus du crâne jusque dans les veines propres du cerveau; et c'est par ce reflux (1) que le
cerveau se gonfle.

Pendant l'inspiration, au contraire (et, sur l'a-
nimal mort, pendant le relâchement du thorax),
le sang reprend son cours des veines du cerveau
dans les sinus du crâne, des sinus du crâne dans
les sinus vertébraux, des sinus vertébraux dans les
veines du thorax, des veines du thorax dans l'oreillette droite du cœur; et le cerveau s'affaisse.

IV. L'action des sinus vertébraux, action ina-
perçue jusqu'ici, est donc la première et principale cause des mouvements du cerveau.

§ XIII.

I. Les mouvements alternatifs de gonflement et
d'affaissement du cerveau dépendent donc de l'action du sang veineux, et surtout de l'action du
sang veineux contenu dans les grands sinus des
vertèbres.

Et cela posé, toutes les circonstances des expériences précédentes s'expliquent.

(1) Du moins *principalement.* Car, je le répète, l'afflux du sang
artériel concourt aussi au gonflement du cerveau. Mais il ne s'agit,
en ce lieu-ci, que de la *cause principale* de ce gonflement.

II. On a vu, d'abord, que la ligature, soit des deux carotides, soit des deux carotides et d'une vertébrale, rend le mouvement du cerveau plus marqué :

C'est que, des deux causes qui concourent au mouvement du cerveau, l'action du sang artériel et l'action du sang veineux, la première, l'action du sang artériel, *agit* d'une manière presque uniforme, parce qu'elle n'*agit* guère que pour le gonflement (1), et par conséquent masque, par son uniformité même, une partie de l'action inégale de la seconde. Plus l'afflux artériel sera proportionnellement affaibli, plus l'action du *reflux veineux* paraitra donc avoir de force.

III. On a vu, en second lieu, que la ligature des veines jugulaires affaiblit le mouvement du cerveau :

C'est que le mouvement du cerveau se compose d'un gonflement et d'un dégonflement successifs. Or, la ligature des veines jugulaires rend le dégonflement plus faible ; et par suite le gonflement moins sensible ; et par suite le mouvement total moins marqué (2).

(1) En effet, l'action des artères tend toujours à gonfler le cerveau, seulement elle le gonfle un peu moins pendant l'inspiration que pendant l'expiration.

(2) Le mouvement total est d'autant plus marqué que le gonflement et le dégonflement le sont plus aussi ; ou, en d'autres termes, qu'il y a plus de différence entre le gonflement et le dégonflement.

IV. On a vu, en troisième lieu, que l'ouverture des veines jugulaires et vertébrales affaiblit plus encore le mouvement du cerveau :

C'est que, le mouvement du cerveau dépendant surtout du reflux du sang veineux, on ne peut diminuer la quantité du sang veineux sans diminuer la force du reflux, et par suite le mouvement du cerveau, effet de ce reflux.

V. On a vu, enfin, que l'ouverture des veines jugulaires et vertébrales, qui affaiblit beaucoup le mouvement du cerveau, ne l'éteint pourtant pas :

C'est que les veines jugulaires et vertébrales ne sont pas l'unique source du sang veineux qui, par son reflux, gonfle le cerveau.

VI. La principale source de ce sang est dans les sinus des vertèbres.

§ XIV.

I. De tout ce qui précède, je tire les conclusions suivantes :

1° Les mouvements alternatifs de gonflement et d'abaissement du cerveau répondent aux mouvements de la respiration ;

2° Le cerveau s'élève pendant l'expiration, il s'abaisse pendant l'inspiration ;

3° Ce qu'on appelle l'*élévation* du cerveau est un gonflement bien plus qu'un soulèvement ;

4° Des deux causes qui concourent au gonflement du cerveau, l'afflux du sang artériel et le reflux du sang veineux, le reflux du sang veineux est la principale;

5° Ce sang veineux qui, pendant l'inspiration, reflue dans le cerveau et le gonfle, ne vient pas seulement des veines jugulaires et vertébrales, comme on l'avait cru jusqu'ici; il vient surtout des sinus vertébraux.

6" Le sang artériel ne concourt, du moins d'une manière sensible, qu'au gonflement du cerveau;

7° Le sang veineux, par son afflux vers le thorax, pendant l'inspiration, détermine seul l'affaissement de cet organe.

II. L'afflux et le reflux alternatifs du sang veineux, voilà donc les deux principales causes du dégonflement et du gonflement alternatifs du cerveau.

III. J'ai dit plus haut que la dilatation des artères du cerveau concourt à son gonflement. Mais les artères se dilatent-elles en effet? Cette question a beaucoup occupé les physiologistes, et n'était point encore résolue.

IV. J'ai cherché à la résoudre par les expériences du chapitre qui suit.

CHAPITRE XXII.

MÉCANISME DU MOUVEMENT OU BATTEMENT DES ARTÈRES (1).

§ Ier.

I. La question générale du mécanisme du mouvement des artères se divise en deux questions particulières : la première, relative à la *cause* qui détermine ce mouvement; et la seconde, relative au *mode* selon lequel il s'opère.

II. Pour plus de clarté, je traiterai ces deux questions l'une après l'autre. Je commence par celle qui se rapporte à la *cause*.

§ II.

Cause physique du mouvement des artères.

I. Galien attribuait cette cause, comme chacun sait, à une prétendue *faculté pulsifique*, dérivée du cœur par les tuniques des artères; et voici l'expérience sur laquelle il fondait son opinion.

(1) Mémoire lu à l'Acad. roy. des sciences, le 23 janvier 1837.

II. Une artère étant ouverte par une incision longitudinale, Galien introduisait un tuyau dans l'intérieur de cette artère : il liait ensuite les tuniques
de l'artère par-dessus le tuyau ; et aussitôt, quoique
le sang continuât à couler dans toute la partie de
l'artère inférieure à la ligature, le battement de
l'artère n'en cessait pas moins, selon Galien, dans
toute cette partie (1).

III. Cette expérience ingénieuse n'a contre elle
que de n'être pas exacte. Je l'ai répétée bien des
fois, et après bien des physiologistes (2), et toujours, et comme eux, avec un résultat complétement inverse de celui de Galien.

J'ai mis, sur plusieurs moutons, l'aorte abdominale à nu ; je l'ai ouverte par une incision longitudinale ; j'ai introduit un tuyau de plume (3)
dans sa cavité ; j'ai lié les tuniques de l'artère par-
dessus le tuyau ; j'ai même, dans la plupart des
cas, coupé totalement l'artère, dont les deux
bouts se trouvaient alors séparés par un tuyau intermédiaire, fixé à chaque bout par une ligature ;

---

(1) Galien : *An sanguis in arteriis naturâ contineatur*, ch. VIII.

(2) Surtout Vieussens. M. Magendie l'a aussi répétée, mais dans
d'autres vues. (*Précis élémentaire de physiologie*, t. II, 2ᵉ éd.,
p. 266.)

(3) Vu le diamètre de l'aorte abdominale du mouton, je me
suis servi, pour ces expériences, de tuyaux de plume d'oie.

et constamment j'ai vu le sang traverser le tuyau, passer dans la partie postérieure ou inférieure de l'artère; et cette partie inférieure, et toutes les artères qui en dépendent, les artères crurales, les artères de la jambe, celles du pied, continuer de battre.

L'expérience de Galien n'est donc pas exacte; et la *faculté pulsifique* qu'il imagine sur cette expérience même, et sur cette expérience seule, n'est qu'un vain mot.

IV. Harvey est le premier qui ait montré clairement, dans l'*effort impulsif* du sang poussé par les contractions du cœur, la cause directe du mouvement des artères.

De cette expérience si simple dans laquelle il suffit d'interrompre le *cours du sang* par une ligature pour suspendre le *battement* dans toute l'étendue de l'artère inférieure à la ligature, et de supprimer la ligature pour restituer tout à la fois et le *cours du sang* et le *battement* de l'artère, il concluait que le *battement* de l'artère n'est donc que l'effet du *cours* ou de l'*effort* du sang.

Et de ce fait pathologique qu'il avait eu occasion d'observer, fait remarquable où, malgré l'ossification complète de l'aorte et des crurales, dans une certaine étendue, il avait vu néanmoins toutes les artères inférieures, même celles du pied, continuer de battre, il concluait que le *battement des artères* ne venait donc pas du cœur par leurs tuniques, quoi qu'en eût dit Galien, puisque l'*ossification* de ces tuniques, c'est-à-dire leur *interruption*, n'avait pas empêché ce *battement* de survivre.

V. On s'étonne que des idées si nettes n'aient pas détourné Lamure de chercher ailleurs la cause physique du battement des artères, et de la placer dans le soulèvement de l'artère, déterminé par le soulèvement du cœur.

Lamure commence par élever quelques objections contre le fait observé par Harvey. D'abord, dit-il, Harvey ne parle du battement des artères placées au-dessous de l'ossification, que comme d'un *fait dont il se ressouvient;* et, en second lieu, ajoute-t-il, il n'a pas constaté la circonstance (seule essentielle, en effet, par rapport à la théorie de Lamure) de l'*immobilité* de la portion d'artère ossifiée.

VI. Cependant rien n'est plus aisé que de reproduire le fait d'Harvey, du moins quant à son résultat mécanique, seul résultat à considérer ici, et de le reproduire avec la circonstance d'*immobilité* exigée par Lamure.

Si, après avoir coupé transversalement l'aorte abdominale sur un mouton, comme je le disais tout-à-l'heure, on en rejoint les deux bouts par un tuyau intermédiaire, fixé à chaque bout par une ligature, on n'a qu'à comprimer, qu'à fixer alors ce tuyau contre le corps des vertèbres, pour interrompre tout soulèvement des artères inférieures par le soulèvement du cœur; et toutefois, le battement de ces artères inférieures n'en continue pas moins, ainsi que je l'ai constaté à plusieurs reprises; et, par conséquent, ce n'est pas du soulèvement des artères par le soulèvement du cœur que ce battement dérive.

VII. Lamure ne se bornait pas aux objections que je viens de rapporter contre le fait d'Harvey; il s'appuyait, en outre, pour combattre la théorie de l'*effort impulsif* du sang, sur l'expérience suivante.

Il interceptait une portion d'artère, pleine de sang, entre deux ligatures; et comme il voyait cette portion d'artère se mouvoir encore, ou, plutôt (ce qu'il ne distinguait pas et dont la distinction faisait pourtant tout le fond de l'expérience) être mue par la portion supérieure de l'artère à laquelle elle tenait, prenant ce mouvement communiqué pour un mouvement propre, il concluait que l'*effort impulsif* du sang n'était donc pas nécessaire pour que l'artère se mût, et conséquemment que ce n'était pas de cet *effort* que ce mouvement dépendait.

VIII. L'expérience invoquée par Lamure ne repose donc que sur une illusion ; la véritable cause, la cause physique, la cause directe du mouvement des artères est donc la *force impulsive* du sang poussé par les contractions des ventricules du cœur, force reconnue et démontrée par Harvey.

§ III.

Mode selon lequel se meuvent les artères.

I. Mais, la question relative au *mode* selon lequel se meuvent les artères n'est pas, à beaucoup près, aussi simple que celle qui concerne la *cause* physique de ce mouvement.

II. Selon Galien, le *battement* des artères, le *pouls*, n'est que l'effet de leur *diastole* et de leur *systole*, ou de leur *dilatation* et de leur *resserrement* successifs (1). Harvey ne voit de même le battement de l'artère que dans le jeu alternatif par lequel ses parois se dilatent et se resserrent (2); Weitbrecht, le premier, le voit dans la *locomotion*, ou mouvement en masse, de l'artère (3); Lamure, dans son *soulèvement* (4); Arthaud, dans le *redressement de ses angles* (5).

(1) Galien : *De pulsuum differentiis*, lib. II, cap. III.
(2) Harvey : *De circ. sang. Exerc. anatom.*, etc.
(3) Weitbrecht : *De circul. sang. Cogitat. physiol.*, etc.
(4) Lamure : *Recherches sur la cause de la pulsation des artères*, etc.
(5) Arthaud : *Dissertation sur la dilatation des artères*, etc.

III. Harvey coupait une artère mise à nu ; et en la prenant, au point coupé, entre ses doigts, il la voyait se dilater à chaque pulsation.

IV. Weitbrecht, frappé de la difficulté d'expliquer le mouvement total de l'artère par la seule donnée de sa dilatation et de son resserrement successifs, chercha le premier, comme je viens de le dire, à y joindre la donnée du mouvement en masse, du déplacement ou de la *locomotion* de l'artère.

V. Lamure supposa que le battement de l'artère consistait surtout dans son *soulèvement*, de ce que, une artère étant détachée des parties sous-jacentes, cette artère lui semblait fuir le doigt placé *au-dessous* pour aller frapper le doigt placé *au-dessus*.

VI. Arthaud, ayant *redressé* ou rendu *droites* les artères du mésentère sur plusieurs animaux, vit ou crut voir que ces artères qui *battaient*, tandis qu'elles avaient leurs *courbures*, ne *battaient plus*, ces *courbures* étant effacées.

§ IV.

I. J'ai répété ces expériences.

II. Le bout d'une artère coupée, pris entre les doigts, paraît se dilater, comme le dit Harvey, à chaque pulsation; et, en effet, il se dilate d'autant plus qu'on presse davantage l'artère. Mais ce n'est là qu'une expérience bien vague; il est bien difficile d'y distinguer ce qui n'est que l'effort de l'artère, poussée par le sang contre la pression des doigts, de ce qui tient à sa dilatation naturelle; et l'on conçoit qu'une telle expérience n'ait eu que bien peu d'autorité sur les auteurs subséquents.

III. L'expérience de Lamure n'est point exacte. Si l'on détache une artère des parties sous-jacentes, elle frappe le doigt placé *au-dessous* comme le doigt placé *au-dessus*.

IV. L'expérience d'Arthaud n'est pas, non plus, d'une exactitude complète; car, bien qu'en *redressant*, en effaçant les courbures d'une artère, on *affaiblisse* en effet beaucoup sa *locomotion*, cependant on ne l'*éteint* point.

V. Ainsi donc, l'expérience d'Harvey est insuffisante; celle de Lamure inexacte; celle d'Arthaud incomplète; et la question du *mode* selon lequel s'opère le mouvement des artères reste soumise à tout le vague et à tous les doutes qui, dans les sciences d'expériences, ne cèdent qu'aux seules expériences complètes et décisives.

VI. Or, cette question importante, prise dans son ensemble, m'a paru n'être que la détermination expérimentale des divers éléments qui concourent

au mouvement total de l'artère, tels que la *dilatation*, la *locomotion*, ou d'autres; et par conséquent le premier point a été, pour moi, de m'assurer du nombre et de la nature de ces éléments.

§ V.

Dilatation des artères.

I. Il s'agissait d'abord de constater si l'artère se
dilate et se resserre alternativement, quand elle
se meut.

II. Galien suppose la *diastole* et la *systole*, sans
les démontrer; Harvey ne les démontre que par
une expérience dénuée de précision ; Weitbrecht
cherche à substituer la *locomotion* à la *dilatation*; Lamure l'y substitue formellement; Arthaud
affirme que *l'artère se meut sans dilatation ;* il
s'est servi, tour à tour, pour ses explorations, de
ligatures, de compas, et jamais il n'a vu l'artère
se dilater.

III. Bichat, qui a répandu tant de lumière sur le
mécanisme du cours du sang, pense que « la dila-
» tation et le resserrement des artères sont peu de
» chose et même presque nuls, dans l'état ordi-
» naire(1). » Pour lui, comme pour Weitbrecht, la
*cause spéciale du pouls est dans la locomotion de
l'artère* (2).

(1) Bichat : *Anatomie générale*, art. *Remarques sur le pouls.*
(2) *Ibid.*

IV. Depuis Bichat, presque tous les physiologistes joignent la *dilatation* à la *locomotion* pour expliquer le *pouls*, le *battement* des artères. De nos jours, M. Magendie a tenté, de nouveau et avec succès, de constater directement la *dilatation* de l'artère (1); et M. Poiseuille a imaginé un instrument qui la lui a démontrée, et qui, de plus, lui à démontré qu'*elle n'est pas très considérable* (2).

V. De mon côté, je suis parvenu à la démonstration directe de la *dilatation* de l'artère par le procédé que je vais décrire. Voulant isoler les uns des autres, comme je viens de le dire, les divers éléments qui concourent au mouvement total de l'artère, il me fallait un appareil qui se mût avec l'artère sans changer de forme, ou dont la forme ne fût affectée que par la seule *dilatation*. Dans cette vue, j'ai fait fabriquer une lame très mince d'acier à ressort de montre; j'ai fait faire, de cette lame, de petits anneaux brisés embrassant exactement et tout juste les artères autour desquelles je les appliquais, ou dont les deux bouts, l'artère étant embrassée par l'anneau, venaient aboutir l'un à l'autre.

On conçoit que ces anneaux ayant assez de flexi-

______

(1) *Précis élément. de physiol.*, t. II, 2ᵉ éd., p. 387.
(2) *Journ. de physiol. expérim.* de M. Magendie, 1830, p. 46.

bilité pour céder au moindre effort, et assez de
ressort pour revenir aussitôt à leur premier état,
l'effort cessant, la moindre *dilatation* de l'artère
devait les ouvrir, et qu'ils devaient se fermer à son
moindre *resserrement*. De plus, ces sortes d'anneaux incomplets, ou à continuité interrompue en
un point donné, étant formés comme de deux
branches mobiles, il est aisé, en les ouvrant, de
les placer autour des artères que l'on veut soumettre à l'exploration; et si, ce qui, je le répète,
est une condition de rigueur, ils embrassent tout
juste l'artère sur laquelle on les place, le phénomène que l'on recherche ne tarde pas à se manifester.

VI. J'ai appliqué un de ces anneaux incomplets,
ou à branches mobiles, autour de l'aorte abdominale d'un lapin. Aussitôt, j'ai vu les deux bouts de
l'anneau s'écarter et se toucher, ou s'ouvrir et se
fermer alternativement.

VII. J'ai répété cette expérience sur plusieurs
lapins; et constamment j'ai vu l'anneau à branches
mobiles accuser et traduire à l'œil, par le rapprochement et l'écartement alternatifs de ses bouts,
la dilatation et le resserrement alternatifs de l'artère.

VIII. Et ce jeu des branches mobiles de l'anneau,
déterminé par le jeu même des parois de l'artère,

s'est montré avec plus d'évidence encore sur l'aorte abdominale du chien, laquelle, comparée à celle du lapin, est tout à la fois plus volumineuse, et d'une énergie d'action plus marquée (1).

IX. L'artère se dilate et se resserre donc alternativement, quand elle se meut. La *dilatation* est donc un des faits, un des éléments du mouvement de l'artère. Est-il le seul?

§ VI.

Locomotion de l'artère.

I. Selon Weitbrecht, l'artère qui *bat* se déplace, ou, tour à tour, quitte et reprend sa place. Selon Arthaud, la *locomotion* des artères est toujours en raison des courbures qu'elles forment, et même, selon lui, les *artères droites* ne se *locomeuvent* pas.

II. Je commence par examiner ce qui se passe aux angles ou flexuoités des artères. A chaque angle, à chaque flexuosité, à chaque courbure d'une artère, il se fait un mouvement de *soulèvement* ou de *redressement*, mouvement remarquable et évident à la simple vue. Bien des physiologistes l'ont constaté à la crosse de l'aorte : là ce mouvement

______

(1) Les chiens sur lesquels ces expériences ont été faites étaient de moyenne taille.

éloigne l'artère de la colonne vertébrale, et produit un véritable *déplacement*, dans le sens strict du mot.

III. Nulle part, ce déplacement, cette locomotion des artères par le redressement, par le soulèvement de leurs courbures, ne se prête mieux à l'étude que sur les artères mésentériques. Toutes ces artères, libres, ou à peine soutenues par une membrane fine, se *locomeuvent* ou se *déplacent*, et surtout à leurs flexuosités ou courbures. On n'a qu'à renforcer ces *courbures* pour renforcer la *locomotion*, qu'à les diminuer pour l'affaiblir, qu'à les effacer pour l'affaiblir plus encore, sans cependant l'éteindre ou l'abolir entièrement, quoi qu'en ait dit Arthaud.

IV. En effet, les *artères droites* (1) mêmes se déplacent, ou, pour me servir de l'expression reçue, se *locomeuvent*. J'ai mis à nu l'une des deux carotides primitives sur un mouton; je l'ai déga-

---

(1) *Droites :* c'est-à-dire les moins *flexueuses*, car presque toutes les artères sont plus ou moins recourbées, ou à leur origine ou dans leur trajet; et, pour le système artériel à sang rouge, par exemple, elles le sont toutes à leur origine commune, la crosse de l'aorte. Ajoutez que l'effet de la *courbure* d'une artère se fait sentir sur celle qui la suit, lors même que celle-ci est *droite*. Ce que je dis donc ici des artères *droites* qui se *locomeuvent*, ne doit s'entendre que des artères *telles qu'elles sont en réalité*, et non d'artères qui *seraient absolument droites*.

gée des parties voisines et sous-jacentes, et je l'ai vue, tour à tour, se soulever, s'abaisser, se courber en arc, en un mot, se *locomouvoir* ou se *déplacer*, prendre et quitter tour à tour sa place.

V. Mais ce n'est pas tout. Il y a, dans un des sillons de la *panse* du mouton, une artère qui, lorsqu'on l'a dégagée des parties voisines, est plus libre encore que celles du mésentère, et qui présente plusieurs courbures successives et inverses. Or, quand cette artère se meut, on voit ses courbures opposées se changer alternativement les unes dans les autres, ou, successivement, les points convexes de chaque courbure devenir concaves, et les points concaves devenir convexes.

VI. Ainsi donc, le mouvement *locomotif* des artères *renforce*, *soulève*, *redresse*, *abaisse*, *efface*, *change* les courbures des artères ; et ce mouvement *locomotif* est le second élément du mouvement total de l'artère.

§ VII.

Succussion ou élongation de l'artère.

I. Si l'on met une artère à nu, l'une des deux carotides primitives, par exemple, on reconnaît bientôt qu'elle est mue d'un mouvement de secousse qui, tour à tour, la pousse d'arrière en avant et la ramène d'avant en arrière (1). Pour plus d'évidence, j'ai marqué d'un trait coloré un point donné de la carotide primitive, mise à nu et dégagée des parties voisines, sur un mouton; et j'ai vu, tour à tour, ce trait coloré avancer ou reculer par rapport à une ligne fixe, à une aiguille immobile, par exemple, à laquelle je le comparais.

II. Aux mouvements de *dilatation* et de *locomotion* de l'artère, qui viennent d'être démontrés, se joint donc un mouvement de *secousse* qui, tour à tour, la porte d'arrière en avant, et d'avant en arrière : et là est le troisième élément du mouvement total, ou *battement* de l'artère.

III. La *dilatation*, la *locomotion* et la *succussion*, pour me servir de l'expression d'Arthaud, le premier qui me paraisse avoir signalé ce fait (2), voilà donc les trois éléments primitifs ou constitutifs, et déterminés par l'expérience, du mouvement total de l'artère.

§ VIII.

I. En physiologie, quand on a, d'une part, les éléments constitutifs d'un phénomène, et, de l'autre, l'organe qui exécute ce phénomène, il ne

(1) C'est-à-dire du thorax vers la tête, et de la tête vers le thorax.

(2) Quoique, à la vérité, d'une manière bien vague.

s'agit plus que de rattacher les éléments du phénomène aux qualités physiques de l'organe. Or, la qualité physique des artères la plus essentielle, relativement au point de vue qui m'occupe, est leur *élasticité*.

II. Bichat, Éverard Home, Béclard, M. de Blainville, ont fait connaître, sous le rapport anatomique, et M. Chevreul, sous le rapport chimique, le tissu particulier, ce tissu *jaune*, *rétractile*, auquel l'artère doit de revenir avec énergie sur elle-même, quand elle a été distendue. M. Magendie a déduit de cette force de retour la nature du jet du sang qui s'échappe d'une artère ouverte, *jet continu*, dit-il, *sous l'influence du resserrement des artères, et saccadé par l'effet de la contraction des ventricules* (1).

III. Or, maintenant, remarquez que, par suite de son *élasticité*, l'artère peut être distendue en largeur, d'où sa *dilatation*; en longueur (2), d'où sa *succussion*, son *élongation* (3); qu'elle peut être flé-

(1) *Précis élémentaire de physiologie*, t. II, 2ᵉ éd., p. 410.

(2) L'*extensibilité* en longueur n'est pas moins remarquable que l'*extensibilité* en largeur. L'aorte du cheval, par exemple, peut être allongée de près d'un tiers en sus de sa longueur ordinaire, et cela, sans que sa membrane *moyenne* se rompe.

(3) Je dis *succussion* ou *élongation*; car l'artère étant fixée par ses deux bouts, un *trait coloré*, marqué sur elle, ne peut, alternativement, se porter en avant et en arrière d'un point fixe donné, sans qu'alternativement elle *s'allonge* et *se raccourcisse*.

chie, redressée, déplacée, d'où sa *locomotion;*
et que, dans tous ces cas, elle revient par elle-
même et par elle seule, à son premier état, et vous
aurez toute cette suite de mouvements inverses et
alternatifs de l'ensemble desquels dérive son mouvement total ou son *battement.*

IV. Remarquez, en outre, que l'*effort impulsif
du sang* et l'*élasticité des parois de l'artère* étant
donnés, tous les mouvements de l'artère en dérivent nécessairement et rigoureusement.

V. En effet, l'artère étant supposée *pleine*, et
dans l'état ordinaire elle l'est toujours, chaque nouvelle quantité de sang poussée par les ventricules
ne peut y pénétrer sans la distendre en *largeur*,
en *longueur*, sans tendre à ramener, avec une
nouvelle force, à la ligne droite, ses flexuosités,
ses courbures, sans déterminer par conséquent
plus ou moins, selon la disposition plus ou moins
flexueuse de l'artère, sa *dilatation*, son *élongation*, sa *locomotion.*

VI. Et de la plénitude de l'artère, et de la tension
de ses parois, et de la continuité de la colonne de
sang qui la remplit, et de la tendance inces-
sante (1) de cette colonne à la ligne droite, il suit
que chaque nouvelle quantité de sang, poussée

____

(1) Et, de plus, *croissante* à chaque nouvelle quantité de sang
poussée par les ventricules.

par les ventricules, ébranle toute cette colonne continue à la fois ; et, simultanément *dilate*, *allonge* et *locomeut* l'artère.

VII. Le *battement*, ou mouvement total de l'artère, est donc un phénomène *un*, mais complexe ; mouvement résultant de tous ceux auxquels se prête l'*élasticité* de l'artère, et, particulièrement, de sa *dilatation*, de sa *locomotion* et de son *élongation*.

§ IX.

Du pouls.

I. Le *pouls* dépend ou de la *dilatation* seule, ou de la *dilatation* compliquée de la *locomotion*, ou enfin de la *dilatation* compliquée de l'*effort du sang* contre la paroi de l'artère, déprimée par le doigt qui l'explore.

II. Selon Galien, selon Harvey, le *pouls*, c'est-à-dire le coup dont est frappé le doigt appliqué sur l'artère qui bat, est le choc produit par les *parois dilatées* de l'artère.

III. Selon Weitbrecht, le *pouls* est le choc produit par toute l'*artère déplacée*, et non par la seule *dilatation de ses parois*.

IV. Pour Arthaud (1), qui nie la *dilatation*, et

(1) Le *pouls* n'est aussi, pour Jadelot, que le *sentiment de l'effort* que fait le sang pour ramener l'artère, déprimée par le doigt.

qui néanmoins retrouve le *pouls* dans les artères mêmes qui, selon lui, n'ont pas de *locomotion*, le *pouls* n'est que l'effet de l'*effort du sang* contre la paroi de l'artère, déprimée par la pression du doigt.

V. D'après ce qui précède, on voit que, dans les *artères droites*, et qui se *locomeuvent* peu, le *pouls* tient surtout à la *dilatation;* que, dans les *artères flexueuses*, et qui se *locomeuvent* avec force, le *pouls* tient surtout à la *locomotion;* et que, dans les cas où le doigt ne se bornant pas à *toucher* l'artère, ou, plutôt, à être *touché* par elle, la presse et la déprime, le *pouls* tient, de plus, à l'*effort du sang* contre la paroi de l'artère déprimée par le doigt (1).

VI. Le *pouls* n'est donc que le *battement* senti par le doigt; et il se complique de tous les éléments (2), de toutes les circonstances qui déterminent ou compliquent le *battement*.

à son *calibre moyen ;* c'est-à-dire au *calibre intermédiaire* entre la *dilatation* et le *resserrement* de l'artère.

(1) Dans ce cas, le doigt *sent le retour de l'artère à son calibre moyen*, plus sa *dilatation ordinaire*. Le *pouls* est donc, ou la *dilatation*, ou la *locomotion* seules, ou la *dilatation*, plus le *retour de l'artère déprimée à son calibre moyen*.

(2) Sauf, toutefois, l'élément de l'*élongation*, qui, par sa nature, n'a nul rapport au *pouls*.

CHAPITRE XXIII.

ACTION DÉTERMINÉE, OU SPÉCIFIQUE,
DE CERTAINES SUBSTANCES SUR CERTAINES PARTIES
DU CERVEAU (1).

§ Ier.

I. On sait, depuis long-temps, que certaines substances, introduites dans les voies digestives ou circulatoires, exercent une action déterminée ou spécifique sur le cerveau.

Mais jusqu'ici on n'a considéré cette action que sur le cerveau pris collectivement et en masse; mais jusqu'ici personne ne s'est même douté, je crois, qu'il y eût des substances qui pussent n'agir que sur telle ou telle partie du cerveau, et n'altérer conséquemment que les fonctions de telle ou telle partie de cet organe.

II. On sait depuis long-temps aussi que les diverses substances dont l'action se porte sur le

(1) Mémoire lu à l'Académie royale des sciences de l'Institut, dans la séance du 24 novembre 1823.

cerveau n'en déterminent pas moins toutes, bien qu'elles agissent toutes sur le même organe, toujours considéré en masse, des phénomènes essentiellement divers.

Les unes produisent la stupeur, la perte des sens, le trouble de l'intelligence ; d'autres, l'ivresse, la perte de l'équilibre, le désordre des mouvements ; quelques unes, des convulsions.

Mais personne aussi n'a même seulement soupçonné, je crois, que cette diversité, que cette spécialité d'effets tînt précisément à l'action spéciale des diverses substances sur les diverses parties du cerveau ; ou, si l'on peut ainsi dire, à l'*affinité élective* de chacune de ces substances pour chacune de ces parties.

III. Les expériences qui suivent ont donc deux principaux objets : l'un, de confirmer, par un nouveau genre d'épreuves, *la spécialité de fonction des diverses parties du cerveau*, établie dans les précédents chapitres de cet ouvrage ; l'autre, de montrer que la *diversité d'action* des diverses substances qui agissent sur le cerveau tient précisément à ce que chacune de ces substances agit spécialement sur une partie différente de cet organe.

IV. Ces expériences ont toutes été répétées sur différents animaux, sur des pigeons, sur des lapins, etc.

Mais, c'est principalement sur des oiseaux, tels que des moineaux, des verdiers, etc., que j'en ai pu suivre le développement jusque dans les plus petits détails.

Le peu d'épaisseur des parois crâniennes n'interpose, sur ces oiseaux, qu'un voile à peu près transparent entre l'observateur et les phénomènes.

La rapidité avec laquelle les substances agissent sur d'aussi petits animaux permet de multiplier les expériences.

On éprouve incomparablement moins de difficulté, enfin, à évaluer la dose convenable, relativement au volume de l'animal.

V. Je remarque, en outre, qu'indépendamment de la dose précise à saisir pour chaque animal, il y a, quand cette dose se trouve dépassée, un moment à saisir pour démêler, dans l'observation, le phénomène principal des phénomènes secondaires, qui alors ne tardent pas à s'y joindre.

VI. L'affinité de chaque substance pour chaque partie est effectivement telle que, lorsqu'une dose trop forte en étend l'action aux parties voisines, c'est toujours néanmoins sur sa partie de prédilection que chaque substance agit primitivement.

VII. Or, on a vu, par mes précédentes expériences, que l'ablation des lobes cérébraux se borne à produire la stupeur et la perte des sens et de l'intelligence, sans troubler, en aucune manière, ni la régularité, ni l'ordonnance des mouvements

L'ablation du cervelet, au contraire, qui abolit l'équilibre des mouvements, laisse l'animal éveillé, et ne trouble ni ses sens, ni son intelligence.

VIII. On savait, d'un autre côté, que l'opium, pris à une certaine dose, se borne à produire la stupeur, la rêvasserie, une certaine *ivresse des sens* : premier effet auquel le trouble des mouvements et les convulsions ne se joignent que lorsque cette dose a été dépassée.

On savait que, dans l'ivresse produite par les liqueurs spiritueuses ou alcooliques, ivresse que, par opposition à la précédente, on pourrait appeler *ivresse des mouvements*, les sens, la volition, l'intelligence, survivent pendant quelque temps à la perte de l'équilibre.

IX. L'étonnante parité de ces phénomènes : la stupeur produite par la lésion des lobes cérébraux comme par une dose déterminée d'opium, l'ivresse produite par la lésion du cervelet comme par une dose déterminée d'alcool ; tout cela m'avait porté à conclure que l'opium dirigeait plus particulièrement son action sur les lobes céré-braux, comme l'alcool sur le cervelet.

X. Il ne s'agissait donc plus que de constater, par des expériences directes :

1° Jusqu'à quel point s'étendait cette parité entre l'*effet* de certaines substances sur certaines parties du cerveau d'une part, et l'*effet* de la lésion mécanique de ces parties de l'autre.

Et 2°, jusqu'à quel point l'action spécifique, c'est-à-dire exclusive, d'une substance donnée sur une partie donnée, laissait après elle des traces dans cette partie.

Tel a été l'objet des expériences suivantes.

§ II.

Expériences sur les lobes cérébraux.

I. Je fis avaler un demi-grain d'extrait aqueux d'opium à un moineau.

Au bout de quelque temps, ce petit animal tomba dans un assoupissement léger : la moindre excitation extérieure suffisait, en effet, pour le ré-veiller.

Il conservait parfaitement, du reste, l'équilibre de ses mouvements, ses sens, son intelligence, et n'offrait aucun signe de convulsions.

II. Je fis avaler, à deux autres moineaux, à peu près un grain du même extrait aqueux d'opium.

Au bout de quinze à vingt minutes, ces deux oiseaux commencèrent à tomber dans un assoupissement, d'abord léger et interrompu; puis de plus en plus profond; puis tellement profond que ni le bruit, ni la lumière, etc., ne les en tiraient plus.

Ils n'entendaient plus, ne voyaient plus, ne donnaient plus aucun signe ni de volonté, ni de perception; ils étaient, en un mot, dans le même état qu'un animal privé de ses deux lobes cérébraux, et seulement privé de ces lobes : car ils conservaient tout leur équilibre; ils marchaient quand on les poussait; quand on les jetait en l'air, ils volaient; ils se tenaient parfaitement d'aplomb sur leurs jambes; et, dès qu'on ne les irritait plus, ils redevenaient immobiles, reprenaient l'attitude d'un sommeil profond, et cachaient, de nouveau, leur tête sous le bord supérieur de leur aile.

III. Il était évident que cette dose d'un grain à un grain et demi à peu près (1) suffisait pour ar-

---

(1) Je dis toujours *à peu près*, parce que, soit en administrant la substance, soit pendant que l'animal l'avale, il s'en perd toujours un peu. Je ne parle pas des cas où il y a vomissement : ces cas ne doivent pas compter. Rien n'est d'ailleurs plus facile que de prévenir ce dernier inconvénient par la ligature du bec ou de l'œsophage.

réter l'action des lobes cérébraux sur ces petits oiseaux. Je voulus voir ce que ferait une dose plus forte.

IV. Je fis donc avaler, à un quatrième moineau, deux grains d'extrait aqueux d'opium.

L'animal s'assoupit bientôt : l'assoupissement, d'abord léger et interrompu, devint rapidement continu et profond ; l'équilibre se perdit ; des convulsions brusques et répétées parurent ; la mort survint.

V. J'ai répété ces expériences sur plusieurs autres petits oiseaux : le résultat a été le même.

VI. Ainsi, 1° une dose légère d'opium se borne à troubler légèrement les fonctions des lobes cérébraux, à peu près comme les troublerait une lésion mécanique superficielle de ces lobes.

2° Une dose plus forte, mais déterminée, produit les mêmes effets que l'ablation des lobes cérébraux.

3° Enfin, une dose trop forte produit d'abord les phénomènes complexes que je viens de décrire, et ensuite la mort.

§ III.

I. On vient de voir qu'une dose déterminée d'extrait aqueux d'opium reproduit tous les effets de l'ablation des lobes cérébraux ; il était naturel d'en conclure que l'opium, à une pareille dose, agissait spécialement sur ces lobes.

Je dis *spécialement ;* car, sous l'action d'une telle dose, les fonctions seules des lobes cérébraux sont perdues : toutes les autres, celles des tubercules bijumeaux, celles du cervelet, celles de la moelle allongée subsistent ; l'iris est mobile, l'équilibre n'est point troublé, la respiration est libre.

II. Il ne s'agissait donc plus que de savoir si cette action spécifique de l'opium sur les lobes cérébraux ne laissait pas après elle, ou même ne déterminait pas immédiatement dans ces organes, une altération matérielle sensible.

§ IV.

I. Je fis avaler, à deux moineaux, un grain d'extrait aqueux d'opium, et un grain et demi à deux autres.

Ces quatre petits oiseaux parurent bientôt plongés dans une léthargie profonde ; toutes leurs facultés intellectuelles étaient perdues. Ils vécurent toute la journée dans cet état : le lendemain matin, je les trouvai morts.

II. Je mis d'abord à nu les os du crâne, et voici ce que j'observai :

Toute la région du crâne qui répond aux lobes cérébraux se trouvait marquée par une tache d'un rouge noirâtre; la portion postérieure du crâne offrait sa couleur ordinaire.

J'enlevai les parois osseuses.

Mais, en enlevant les parois osseuses, j'enlevai la tache, laquelle résultait d'un épanchement sanguin, formé entre les deux lames des os (1).

III. Cet épanchement sanguin, placé dans l'é-paisseur même du crâne, me frappa. Je repro-duisis les expériences auxquelles je devais de l'a-voir observé, sur plusieurs autres moineaux, sur plusieurs verdiers, etc.; le résultat fut constam-ment le même (2).

De plus, je réussis bientôt à suivre à l'œil, pen-dant la vie même de l'animal, la formation et le développement des épanchements sanguins.

IV. Je fis avaler, à un pinson, un grain à peu près d'extrait aqueux d'opium.

Cela fait, je mis à nu les parois osseuses du crâne, en enlevant la peau qui les recouvre : ces parois

(1) Je m'étais trompé dans la première édition de cet ouvrage, en plaçant dans la substance cérébrale le siége de ces taches ou épanchements. Voyez l'*Analyse des travaux de l'Académie des sciences*, pour 1823, p. 52.

(2) Du moins, toutes les fois qu'il y eut un résultat produit; car il arrive souvent que l'animal meurt sans qu'il y ait d'épanchement formé.

offraient, dans toute leur étendue, cette couleur rosacée qui leur est naturelle, et il n'y avait nulle part de traces d'épanchement ou d'engorgement sanguin.

Au bout de seize minutes, l'animal s'assoupit et tomba dans la stupeur; on n'apercevait pourtant encore rien au crâne.

Quelque temps après, une légère tache noirâtre parut dans la région des lobes cérébraux : cette tache s'étendit de plus en plus; à mesure qu'elle s'étendait, la stupeur devenait de plus en plus profonde.

Enfin, la stupeur parvint au dernier degré. Il fallait pincer l'animal avec violence, ou le secouer brusquement, pour le faire sortir un moment d'une léthargie dans laquelle il se replongeait aussitôt.

Il est superflu d'ajouter qu'il ne voyait, ni n'entendait, ni ne donnait aucun signe de volonté ou d'intelligence.

Un petit pinson auquel j'avais enlevé les deux lobes cérébraux, et que j'avais placé à côté du précédent, reproduisait, jusque dans les plus petits détails, tous les phénomènes qu'on vient de voir. Et, à qui n'eût voulu juger que par ces phénomènes, il eût été certainement impossible de distinguer le pinson privé de ses lobes du pinson pris d'opium.

V. J'ai répété cette expérience comparative sur plusieurs petits oiseaux ; je l'ai répétée sur plusieurs pigeons. Constamment, l'altération graduelle des fonctions intellectuelles a correspondu à l'altération graduelle des lobes cérébraux. Constamment, l'altération de l'organe par la substance a reproduit tous les phénomènes de sa lésion mécanique.

VI. J'ajoute que, sur ces pigeons, l'effusion sanguine se dessinait, à travers la lame externe des os du crâne, aussi nettement que sur les petits oiseaux.

VII. De tout cela il suit donc :

1° Que l'opium, à une dose et sous une forme déterminées, agit spécialement sur les lobes cérébraux (1);

2° Que l'action spécifique de l'opium sur ces lobes reproduit exactement tous les phénomènes qui dérivent de leurs lésions mécaniques ;

3° Qu'en agissant spécialement sur ces organes, l'opium n'altère ou n'abolit que les fonctions

(1) Il est inutile d'avertir, au reste, qu'il ne s'agit ici que des lésions du cerveau, et qu'il est conséquemment fait abstraction des altérations que les substances que j'emploie pourraient déterminer sur d'autres parties.

que je leur ai attribuées dans les précédents chapitres de cet ouvrage ;

4° Que l'action de l'opium sur les lobes cérébraux produit un épanchement sanguin, lequel se place entre les deux lames des os qui recouvrent ces lobes;

5° Enfin que, sur les petits oiseaux, on peut suivre à l'œil, et à travers la première lame des os du crâne, le développement de l'effusion sanguine qui se forme dans l'épaisseur de ces os.

§ V.

I. Je fis avaler, à un verdier, un grain d'extrait aqueux de belladona

Plusieurs heures s'étaient déjà écoulées, et il ne paraissait aucun symptôme. Je me décidai donc à faire avaler, au même oiseau, un autre grain d'extrait aqueux de belladona.

Au bout de quelques heures, cette dose ne paraissant guère plus efficace, j'ajoutai à peu près un demi-grain de plus.

Quelque temps après, je m'aperçus que l'animal était tout-à-fait aveugle; et bientôt il tomba dans un assoupissement profond.

II. Je donnai, à un autre verdier, trois grains et demi à peu près d'extrait aqueux de belladona à la fois.

Au bout de vingt minutes, l'animal fut tout-à-fait aveugle; et bientôt encore il tomba dans un assoupissement profond.

III. Le crâne de ces deux verdiers étant mis à nu, je trouvai un épanchement sanguin, de couleur noirâtre, qui répondait à la région des tubercules bijumeaux et à celle des lobes cérébraux (1).

La région du cervelet contrastait par sa blancheur avec les deux autres.

IV. J'ajoute 1°, que l'effusion sanguine, produite par la belladona, a son siége entre les deux lames des os du crâne, comme l'effusion produite par l'opium; et 2° qu'elle paraît et se développe de même pendant la vie de l'animal.

V. Je me bornai à faire avaler deux grains et demi de belladona à un troisième verdier.

Au bout de quelque temps, l'animal perdit la vue; il ne perdit même jamais que la vue, et le lendemain matin il l'avait recouvrée.

Mais, sur ce verdier, je ne vis point d'épanchement sanguin se produire.

(1) J'avais cru d'abord (*voyez* la première édition de cet ouvrage) que l'effusion sanguine, produite par la belladona, se bornait à la région des tubercules bijumeaux. Dans mes nouvelles expériences, je l'ai toujours trouvée embrassant à la fois la région des lobes cérébraux et celle des tubercules. Elle commence même souvent par la région des lobes.

VI. Ainsi donc:

1° L'extrait aqueux de belladona, à une dose déterminée, produit, à peu près, les mêmes effets que l'extrait aqueux d'opium.

2° Agissant sur les lobes cérébraux, comme l'extrait aqueux d'opium, il reproduit de même, ou à peu près du moins, tous les phénomènes de l'altération de ces lobes.

3° Les épanchements qui se forment pendant l'action de la belladona occupent tout à la fois la région des lobes et celle des tubercules.

4° Enfin, l'épanchement produit par l'action da la belladona a toujours son siége dans l'épaisseur des parois du crâne, comme l'épanchement produit par l'opium.

§ VI.

Expériences sur le cervelet.

I. Je fis avaler, à un moineau, quelques gouttes d'alcool.

Ce petit animal présenta bientôt, dans son vol et dans sa démarche, toutes les allures de l'ivresse. Il ne volait plus que d'une manière bizarre et interrompue. Il oscillait, il s'enroulait sur lui-même en volant.

Quand il marchait, ce n'était qu'en chancelant sur ses jambes et par zigzags.

Je lui fis avaler quelques gouttes d'alcool de plus. Il perdit jusqu'à la faculté de se tenir debout, ou dans toute autre position fixe et équilibrée.

On eût dit, aux premières gouttes, qu'il n'avait perdu que la moitié de son cervelet; on eût dit, aux dernières, qu'il l'avait perdu tout entier.

II. Pour suivre, dans tous ses détails, cette dégradation parallèle des fonctions du cervelet par la lésion mécanique d'un côté, par l'action de l'alcool de l'autre, je fis cette expérience comparative.

III. Sur un moineau, je n'enlevai d'abord que les couches superficielles du cervelet; je passai ensuite aux couches moyennes; petit à petit j'arrivai aux couches les plus profondes; je finis par enlever le cervelet tout entier.

En même temps, je fis avaler, à un autre moineau, d'abord, deux ou trois gouttes d'alcool; puis deux autres; puis deux encore : ce qui fit à peu près six ou sept, en tout.

Ces deux petits oiseaux commencèrent par chanceler sur leurs pattes; puis ils ne marchèrent et ne volèrent plus que de la manière la plus bizarre; puis ils ne surent plus ni marcher, ni voler; ils finirent par ne pouvoir plus même se tenir debout.

Jusqu'ici la concordance avait été parfaite. Une

différence essentielle parut alors, c'est que le moineau pris d'alcool, parvenu au dernier degré de l'ivresse, perdit en même temps l'usage de ses sens et de ses facultés intellectuelles ; usage que le moineau privé de son cervelet conserva toujours.

IV. J'examinai le crâne et l'encéphale, non seulement des deux moineaux dont je viens de parler, et que j'avais rendus ivres par l'alcool, mais de plusieurs autres oiseaux, verdiers, pinsons, etc., etc., auxquels j'avais également fait prendre de l'alcool, et sur lesquels j'avais vu de même tous les phénomènes de l'ivresse se développer.

Sur tous ces oiseaux, je trouvai, dans l'intérieur du crâne, et à la base du cervelet, une petite effusion de sang ; et voilà tout ce que je trouvai.

Je ne trouvai jamais d'épanchement sanguin dans les os du crâne.

§ VII.

I. L'action de l'alcool n'est donc pas suivie de la formation d'un épanchement sanguin, entre les deux lames des os du crâne.

Mais, voici quelque chose de plus remarquable. L'action de l'*extrait aqueux d'opium* produit un épanchement sanguin entre les deux lames des os du crâne ; et l'action de la *morphine* n'en produit pas.

II. J'ai fait avaler jusqu'à un, jusqu'à deux grains de morphine à plusieurs verdiers, à plusieurs moineaux ; et, dans tous ces cas, l'animal est mort sans qu'aucun épanchement sanguin entre les deux lames des os du crâne ait jamais paru.

III. L'action d'une substance donnée ne suffit donc pas pour que l'épanchement dont il s'agit se produise. A cette première cause, il faut qu'il s'en joigne une autre, savoir, la gêne de la respiration, laquelle accompagne presque toujours, en effet, l'action de l'opium et de la belladona, employés sous forme d'*extraits*.

IV. Si l'on fait prendre un grain d'extrait aqueux d'opium ou de belladona à un oiseau, à un moineau, à un verdier, par exemple, on voit bientôt les deux mandibules de l'animal se coller l'une à l'autre ; l'animal paraît oppressé ; il ne respire qu'avec effort, qu'avec peine ; et c'est alors seulement qu'un épanchement se produit entre les deux lames des os du crâne.

§ VIII.

I. Ainsi donc :

1° Certaines substances agissent spécialement sur certaines parties du cerveau ;

2° Certaines substances, employées sous une forme donnée, produisent des épanchements sanguins pendant la vie même de l'animal ;

3° L'épanchement, produit alors, répond toujours à la partie du cerveau sur laquelle agit spécialement la substance employée ;

Et 4° enfin, le siége de cet épanchement est toujours dans l'épaisseur même des os du crâne, ou entre les deux lames qui les composent.

CHAPITRE XXIV.

ACTION EXERCÉE PAR CERTAINES SUBSTANCES
IMMÉDIATEMENT APPLIQUÉES SUR LES DIFFÉRENTES
PARTIES DU CERVEAU (1).

—

I. Les lobes cérébraux étant mis à nu, sur un lapin, par l'ablation successive du crâne et de la dure-mère, j'appliquai sur ces lobes de l'huile essentielle de térébenthine.

L'animal n'éprouva d'abord aucun effet; il continuait à se mouvoir comme à l'ordinaire, et conservait toutes ses allures naturelles.

Mais, au bout de quelque temps, la substance appliquée sur les lobes cérébraux, commençant à agir, l'animal parut d'abord agité, puis il prit une attitude fixe et immobile.

Au bout de quelque temps encore, l'action de la substance se développant de plus en plus (car je renouvelais incessamment l'application de l'huile

(1) Mémoire lu à l'Académie royale des sciences, dans la séance du 7 février 1831.

de térébenthine), les phénomènes acquièrent aussi plus d'intensité : tantôt l'animal s'élançait brusquement en avant, tantôt il se mettait à tourner avec une vitesse extrême; et puis tout-à-coup il retombait dans une immobilité complète; il grinçait des dents, sa tête tremblait, souvent il criait, etc.

Dans les moments de repos ou d'immobilité, l'animal voyait et entendait; mais dans les moments d'agitation et d'exaltation, il n'entendait plus, il ne voyait plus; et, soit en s'élançant en avant, soit en tournant sur lui-même, il frappait violemment de la tête contre les objets qui se trouvaient sur son passage.

II. Il était évident que ces allures bizarres de l'animal, cette alternative singulière et d'immobilité complète et de course impétueuse, ces grincements des dents, ces cris, etc., tenaient à l'*influence exaltée* des lobes cérébraux sur le reste de l'économie.

III. Le cervelet d'un lapin étant mis à nu, j'appliquai de l'huile essentielle de térébenthine sur cet organe.

Au bout d'un certain temps, c'est-à-dire dès que les effets de la substance appliquée parurent, l'animal se mit à courir et à sauter avec beaucoup d'agilité.

Cette mobilité singulière ne durait pas toujours; elle était plus ou moins interrompue par des moments de repos; mais elle se renouvelait souvent, et de plus en plus fréquemment, à mesure que l'action de la substance (dont je renouvelais incessamment l'application) s'accroissait de plus en plus.

Du reste, l'animal voyait, il entendait; et, sauf cette tendance si remarquable à courir ou à sauter, il conservait toutes ses fonctions (1).

IV. Je mis les lobes cérébraux à nu sur un lapin : après quoi j'appliquai de l'opium (teinture ou gouttes de Rousseau) sur ces lobes; et, comme dans toutes les expériences qui précèdent, comme dans toutes celles qui suivent, je renouvelai cette application, d'abord jusqu'à ce que les effets de

(1) Une observation commune s'applique à ces deux expériences : c'est que, si l'on prolonge trop long-temps l'action de l'essence de térébenthine, soit sur les lobes cérébraux, soit sur le cervelet, les *effets d'excitation* déterminés par cette substance finissent par s'affaiblir et par s'altérer. Il y a donc un moment où *l'action* de la substance est le plus marquée. Pour les lobes cérébraux, ce moment est celui où les allures de l'animal sont les plus bizarres, ses mouvements les plus impétueux; car, si l'on prolonge indéfiniment *l'application de la substance*, cette impétuosité s'épuise peu à peu, et de plus en plus, jusqu'à ce que l'animal succombe. Pour le cervelet, ce moment est celui où les mouvements de locomotion sont les plus vifs, sans être irréguliers; car cette *application*, trop prolongée encore, trouble ou désordonne ces mouvements.

la substance appliquée parussent, et ensuite jusqu'à ce que ces effets parussent avec toute leur énergie.

Or, dès qu'il en fut ainsi, l'animal devint immobile, et d'une immobilité telle, que j'eus beau le pincer, le piquer, l'irriter, il me fut toujours impossible de le déterminer seulement à changer de place.

Souvent il grinçait des dents; souvent aussi tout son corps était agité de secousses vives et générales; souvent enfin, sa tête et tout son train de devant étaient fortement rétractés en arrière, et cette rétraction allait quelquefois jusqu'à le renverser sur le dos; mais alors il se relevait bientôt pour ne plus bouger encore, jusqu'à une nouvelle perturbation du même genre.

V. J'appliquai de l'opium (teinture de Rousseau) sur le cervelet, mis à découvert, d'un lapin.

Ici le phénomène fut tout-à-fait inverse de celui qu'avait présenté le lapin à cervelet soumis à l'action de l'huile de térébenthine.

On a vu que ce dernier lapin sautait ou courait souvent et avec beaucoup d'agilité; le lapin à cervelet soumis à l'action de l'opium ne marchait plus, au contraire, qu'avec une peine extrême; jamais il ne courait, et, quand il marchait, c'était toujours en se traînant lentement, et comme couché ou appuyé sur son ventre.

VI. La diversité d'action entre ces deux substances, appliquées sur le même organe, était donc complète; c'était l'exaltation des fonctions locomotrices dans un cas; c'était la *torpeur* de ces fonctions dans l'autre.

D'ailleurs, pour les lobes cérébraux, la diversité d'action, entre l'effet de ces deux substances, quoique moins apparente, n'en était pas moins réelle. Ainsi, l'animal à lobes cérébraux soumis à l'action de l'huile de térébenthine, tantôt s'élançait brusquement en avant, tantôt tournait avec rapidité; et, dans les moments mêmes d'immobilité, il était toujours facile de le déterminer à se mouvoir, pour peu qu'on l'y excitât. L'animal à lobes cérébraux soumis à l'action de l'opium, au contraire, était dans une immobilité absolue, sans interruption, et l'on avait beau l'exciter à marcher ou à courir, on n'y parvenait jamais. Il n'y avait pas, enfin, jusqu'à la direction selon laquelle l'un de ces animaux se mouvait, et à la direction selon laquelle l'autre était habituellement *rétracté*, qui ne fussent opposées; car l'animal soumis à l'action de l'huile de térébenthine, s'élançait toujours *en avant*, et l'animal soumis à l'action de l'opium était, au contraire, très souvent porté ou *rétracté* violemment *en arrière*.

VII. Cette opposition si marquée entre leurs effets, me donna l'idée de substituer, après un certain temps de leur action, l'une de ces substances à l'autre.

J'appliquai de l'opium (teinture de Rousseau) sur les lobes cérébraux d'un lapin ; et quand l'*immobilité absolue* et la *rétraction en arrière* furent bien prononcées, je substituai de l'huile de térébenthine à l'opium.

Au bout de quelque temps, l'immobilité ne fût plus aussi complète ; l'animal fit quelques pas, puis il se mit à courir ; et, bien que l'immobilité primitive reparût encore parfois, l'action de l'huile de térébenthine n'en avait pas moins modifié essentiellement l'action de l'opium, et renversé jusqu'à un certain point l'ordre des phénomènes.

VIII. J'appliquai de l'alcool, tantôt sur les lobes cérébraux, tantôt sur le cervelet de divers lapins, et dans tous ces cas l'effet fut, à une moindre intensité près, à peu près pareil à celui qu'avait déterminé l'huile essentielle de térébenthine.

Ainsi, dans les cas où l'alcool portait sur les lobes cérébraux, l'animal se montrait tour à tour agité, immobile, il s'élançait en avant ; mais il faisait tout cela avec moins d'impétuosité que dans

le cas de l'application de l'huile de térébenthine,
et, d'ailleurs, il ne tournait pas sur lui-même :
dans les cas où l'alcool portait sur le cervelet,
l'animal courait et sautait souvent, mais toujours
moins souvent et moins vivement que dans les cas
de l'application de l'huile de térébenthine.

IX. J'ai essayé plusieurs autres substances;
je n'indique ici que celles qui m'ont offert les résultats les plus distincts et les plus tranchés.

X. De ces expériences, il suit : 1° que, de *diverses* substances immédiatement appliquées sur les
mêmes parties du cerveau, chacune a une *action
spéciale* ou plus ou moins *distincte* de l'action des
autres; 2° que cette *action* varie pour chaque
partie, comme varie la *fonction propre* de cette
partie : modifiant les *allures* de l'animal, quand
elle porte sur les lobes cérébraux; modifiant sa
locomotion, quand elle porte sur le cervelet; et
3° qu'en substituant l'une de ces substances à
l'autre, on substitue aussi, dans certains cas, les
uns aux autres, les effets déterminés par chacune
d'elles. Ces effets opposés peuvent donc être
altérés, changés et comme neutralisés les uns par
les autres.

CHAPITRE XXV.

SIÉGE DU PRINCIPE PRIMORDIAL DU MÉCANISME RESPIRATOIRE DANS LES REPTILES.

—

§ Iᵉʳ.

I. Les reptiles peuvent survivre à la décapitation. On le sait depuis long-temps, et surtout depuis Redi.

II. Redi fit couper la tête à une tortue. Cette tortue survécut vingt-trois jours à la décapitation.

« On connaissait qu'elle vivait encore, dit Redi,
» non pas qu'elle changeât de place,... mais parce
» que lorsqu'on lui piquait les pieds de devant ou
» de derrière, elle les retirait en elle-même avec
» beaucoup de force, et faisait divers autres mou-
» vements. Et comme on aurait pu soupçonner,
» ajoute Redi, que ces mouvements étaient l'effet
» d'une sorte d'irritabilité mécanique, je voulus
» éclaircir ce doute. Je fis donc couper la tête à
» quatre autres tortues; et, douze jours après,
» j'ouvris deux de ces tortues. Je vis clairement le
» cœur palpitant et plein de vie, et je remarquai

» le mouvement du reste du sang qui entrait dans
» le cœur et en sortait (1). »

III. Ce que Le Gallois rapporte de ses expériences sur les salamandres et sur les grenouilles
est déjà d'une observation beaucoup plus savante.

« Lorsqu'on a décapité une salamandre sur les
» premières vertèbres, dit Le Gallois, elle peut
» continuer de vivre plusieurs jours; mais quoi-
» qu'elle fasse mouvoir son corps et ses membres
» avec autant de force qu'il en faudrait pour se
» transporter d'un lieu à un autre, elle reste à la
» même place, et on peut la laisser sur une as-
» siette avec un peu d'eau sans craindre qu'elle
» s'échappe. Si l'on examine tous les mouvements
» qu'elle fait, on voit qu'ils sont déréglés et sans
» but. Elle meut ses pattes en sens contraire les
» unes des autres, en sorte qu'elle ne peut avan-
» cer, ou si elle fait un pas en avant, elle en fait
» bientôt un autre à reculons. On observe la même
» chose dans les grenouilles décapitées; elles ne
» savent plus sauter, ou si elles font encore quel-
» ques sauts, ce n'est qu'autant que les pieds de
» derrière rencontrent un point d'appui. Si on les
» place sur le dos, elles s'agitent parfois pour

(1) Voyez Collection académique, tome IV. page 518.

» changer de situation ; mais elles y restent, parce
» qu'elles ne savent plus faire les mouvements
» convenables pour se remettre sur le ventre.
» Tous ces animaux font en général peu de mou-
» vements, à moins qu'on ne les touche, etc. (1). »

IV. De pareils faits ont été plus ou moins bien
vus par tous les physiologistes. Les tortues, les grenouilles, les salamandres, survivent donc à la décapitation. Le fait est certain : mais quelle est la
cause du fait (2)? Il y en a plusieurs, et même la
plupart sont connues.

D'abord, les reptiles vivent long-temps, quoique absolument privés de toute nourriture. J'ai
vu des grenouilles, des salamandres, des lé-
zards, etc., résister à des jeûnes de plusieurs mois.
« Les tortues terrestres vivent, dit Redi, jusqu'à
» dix-huit mois sans manger (3). »

En second lieu, les reptiles peuvent rester fort

(1) *Expériences sur le principe de la vie*, etc., p. IV.

(2) Nul animal à sang chaud ne survit, au contraire, à la décapitation « C'est une chose bien certaine, dit pourtant Le Gallois,
» que les oiseaux continuent de vivre quelque temps, et même de
» marcher et de courir, après qu'on leur a coupé la tête. » *Expériences sur le principe de la vie*, etc., p. 7.

Mais Le Gallois se trompe : faire quelques pas dans une sorte
d'agitation convulsive, continuer un mouvement, effet d'une impulsion déjà donnée, continuer une course commencée, etc., ce
n'est pas là *vivre quelque temps* ; ce n'est pas *survivre*.

(3) *Collection académique*, t. IV, p. 499.

long-temps sans respirer ; et c'est là ce que tout le monde sait encore.

Enfin, au lieu de l'hémorrhagie foudroyante qui suit la décapitation d'un animal à sang chaud, on n'observe, sur les reptiles, qu'une hémorrhagie très faible et qui s'arrête bientôt.

V. Mais, indépendamment de ces causes générales, et, comme je viens de le dire, déjà connues, il y en a une particulière et qui tient à la *position* même du *point vital et central du système nerveux* dans les reptiles.

On a vu, dans le XIe chapitre de cet ouvrage (1), que le *point vital et central du système nerveux* (point duquel émane le principe du mécanisme respiratoire) est situé vers l'origine de la huitième paire, *origine qu'il comprend dans son étendue, commençant avec elle, et finissant un peu au-dessous*.

VI. Or, si je cherche ce point *vital et central* du système nerveux, ce point, *siége du principe du mécanisme respiratoire*, dans les animaux à sang chaud, je le trouve placé assez avant dans le crâne ; et si je le cherche dans les reptiles, je le trouve placé presque hors du crâne.

VII. Le crâne des animaux à sang chaud, c'est-

______

(1) *Voyez*, ci-devant, chap. XI, p. 201.

à-dire des oiseaux et des mammifères, se bombe et se prolonge en arrière, parce que le cervelet de ces animaux est très développé.

Le crâne des reptiles, et particulièrement celui des reptiles batraciens, animaux qui n'ont presque pas de cervelet, se prolonge, au contraire, très peu, ou plutôt se termine brusquement en arrière, du moins par en haut.

VIII. Dans la grenouille, l'origine de la huitième paire est placée tout-à-fait à la partie postérieure du crâne, à une ligne à peu près en arrière du cervelet (1). Or, selon que, dans la décapitation, la *section* de la moelle allongée se trouve *en avant* ou *en arrière* de cette origine, les mouvements respiratoires survivent ou s'éteignent.

§ II.

I. Je coupai la moelle allongée en travers, sur

(1) Dans la grenouille, l'origine de la huitième paire est à une ligne à peu près en arrière du cervelet; déjà, dans l'oiseau, c'est au contraire le cervelet qui dépasse en arrière l'origine de la huitième paire d'à peu près une ligne; dans le lapin, l'origine de la huitième paire est dépassée en arrière par le cervelet d'une manière plus sensible encore; sur un chien de grande taille, je trouve que le cervelet dépasse en arrière l'origine de la huitième paire d'à peu près sept lignes; sur le bœuf, le cervelet dépasse en arrière l'origine de la huitième paire d'à peu près neuf lignes; sur l'homme, il la dépasse de près d'un pouce et demi.

une grenouille. J'avais porté l'instrument sur la partie postérieure du crâne.

Tous les mouvements inspiratoires furent abolis sur-le-champ.

ʰ. L'animal, qui ne respirait plus, continua de vivre pendant plusieurs heures.

Si on le mettait sur le dos, il y restait. Il ne bougeait plus, ou presque plus, de lui-même ; mais si on l'irritait, il s'agitait ; si l'on piquait ses pattes, il les retirait, etc.

La section avait détruit l'origine même de la huitième paire.

II. Sur une autre grenouille, je portai encore mon instrument sur la partie postérieure du crâne, mais un peu moins en arrière.

Les mouvements inspiratoires survécurent à l'opération.

La section avait respecté l'origine de la huitième paire, laquelle était restée unie à la moelle épinière.

III. Enfin, sur une troisième grenouille, l'instrument fut porté tout-à-fait derrière le crâne.

Les mouvements inspiratoires du tronc furent sur-le-champ anéantis ; ceux de la tête survécurent.

La section avait respecté l'origine de la huitième paire, laquelle était restée unie au cerveau.

IV. J'ai répété ces trois expériences sur plusieurs autres grenouilles.

Ainsi donc, 1° le principe du mécanisme respiratoire a dans les reptiles, comme dans les animaux à sang chaud, un siége déterminé;

2° Selon que, dans la décapitation, ce siége reste uni à la moelle épinière ou à l'encéphale, ce sont les mouvements inspiratoires du tronc ou de la tête qui subsistent ou qui s'éteignent;

3° La seule différence qui se trouve, sous ce rapport, entre les animaux à sang chaud et les animaux à sang froid, est que, dans les premiers, ce *point* est placé assez avant dans l'intérieur du crâne, et qu'il est, au contraire, placé tout-à-fait à la partie postérieure du crâne, et presque hors du crâne dans les seconds.

V. Le principe du mécanisme respiratoire a donc son siége tout-à-fait à la partie postérieure du crâne, et presque hors du crâne dans les reptiles; et voilà pourquoi la décapitation, pour peu que la *section* empiète sur le crâne, peut être faite sur les reptiles, sans que les mouvements respiratoires s'éteignent.

§ III.

I. J'ai répété les expériences précédentes sur des salamandres.

II. Il est plus fréquent encore, quand on décapite une salamandre, *d'empiéter* sur le crâne par la *section*, et par conséquent de laisser l'origine de la huitième paire unie à la moelle épinière. L'animal survit alors et respire fort long-temps après la décapitation.

III. Mais, voici un fait particulier, qui ne tient plus à l'encéphale, qui tient à la moelle épinière, et que les salamandres seules m'ont présenté jusqu'ici, même parmi les reptiles.

IV. Si, sur un animal à sang chaud, sur un oiseau, sur un mammifère, par exemple, on divise un point quelconque de la moelle épinière par une section transversale, aussitôt toutes les parties situées au-dessous du point divisé sont frappées de paralysie. Si, par exemple, la section a été faite au-dessus du renflement postérieur de la moelle épinière, aussitôt les jambes de derrière sont frappées de paralysie; l'animal les traîne, mais il ne les meut plus.

V. Il n'en est pas ainsi pour les salamandres. L'animal continue à mouvoir ses jambes et sa queue, quoique la moelle épinière, et même toute la colonne vertébrale, soient coupées fort au-dessus de l'origine des nerfs des jambes et de la queue.

§ IV.

I. Je coupai la colonne vertébrale et la moelle épinière, sur une salamandre (1).

Immédiatement après l'opération, l'animal remuait déjà ses pattes de derrière et sa queue.

Un mois plus tard, il les remuait ou les mouvait beaucoup mieux encore. Il marchait, et faisait avancer tour à tour, pour marcher, chaque jambe de derrière, comme il faisait avancer tour à tour celles de devant.

Cependant la réunion des deux bouts de moelle épinière divisés n'avait point eu lieu.

II. J'ai répété cette expérience sur plusieurs autres salamandres.

Elles ont toutes survécu pendant plusieurs mois.

Et, de plus, elles remuaient toutes de même, et surtout quelques mois après l'opération, leurs jambes de derrière et leur queue.

§ V.

I. L'indépendance, la vie propre des diverses portions de la moelle épinière, dans les salaman-

(1) Les salamandres sur lesquelles ces expériences ont été faites étaient des *salamandres aquatiques*, de l'espèce du *triton crêté*.

dres, est donc un fait constant ; et peut-être ce fait remarquable se lie-t-il, dans ces animaux, au fait plus remarquable encore de la reproduction des parties qu'on leur coupe.

II. Les expériences de Spallanzani et de Bonnet, sur la force de reproduction des salamandres, sont célèbres.

Spallanzani et Bonnet leur ont vu reproduire plusieurs fois de suite le même membre coupé, et ce même membre avec tous ses os, tous ses muscles, tous ses nerfs, tous ses vaisseaux, etc.

§ VI.

I. J'ai répété bien des fois ces belles expériences. J'ai vu se reproduire la queue et les jambes sur bien des salamandres ; et les jambes qui se reproduisaient ainsi, je les avais coupées, tantôt dans la *contiguïté* ou dans l'articulation, tantôt dans la *continuité* ou dans le milieu de l'os même.

II. Sur plusieurs salamandres, le fémur fut coupé dans le milieu de l'os ; l'humérus le fut de même sur plusieurs autres.

Il se reproduisit une nouvelle jambe et un nouveau bras, à partir du point où l'ancienne jambe et l'ancien bras avaient été coupés.

III. Sur plusieurs salamandres, la jambe fut désarticulée à l'articulation de la cuisse avec le bassin; et sur plusieurs autres, le bras le fut a l'articulation de l'humérus avec l'omoplate.

Sur toutes ces salamandres, un nouveau membre *poussa* à partir de l'articulation même d'où l'ancien membre avait été détaché.

IV. Sur plusieurs salamandres, la queue fut coupée. Elle repoussa sur toutes, à partir du point coupé (1).

§ VII.

I. Je suis allé plus loin. J'ai retranché le crâne et le cerveau presque tout entiers, sur plusieurs salamandres.

La section passait entre le cervelet et l'origine de la huitième paire. Tout l'encéphale proprement dit, tout l'encéphale y compris le cervelet, tout l'encéphale moins la seule origine de la huitième paire, était donc enlevé.

La plaie s'est parfaitement cicatrisée.

Ces salamandres ont survécu plusieurs mois à la décapitation ainsi faite; et non seulement elles ont continué de vivre, mais elles ont continué de respirer.

II. Il y a donc deux manières de pratiquer la

(1) Ces expériences appartiennent à un grand travail sur la *reproduction des parties*, travail dont je m'occupe depuis long-temps et que je publierai bientôt.

décapitation sur les reptiles (grenouilles, salamandres, etc.).

Ou la section passe sur le crâne, entre le cervelet et l'origine de la huitième paire : dans ce cas, cette origine de la huitième paire reste unie à la moelle épinière, et l'animal, *ainsi décapité,* continue de vivre et de respirer. J'ai vu des salamandres, *ainsi décapitées,* survivre pendant plus de neuf mois.

Ou la section passe derrière le crâne, et par conséquent derrière l'origine de la huitième paire; et alors l'animal ne *survit* que quelque temps, et ne *respire plus.*

III. Le fait, si singulier, de la survie des reptiles à la décapitation, est donc un fait qui s'explique et par la position reculée de l'origine de la huitième paire dans ces animaux, et par la manière dont la décapitation est faite.

IV. En un mot, et pour revenir aux conclusions générales de mes précédentes expériences sur la moelle allongée (1) :

1° La vie du système nerveux, et par suite la vie de l'animal, tient à un point donné du système nerveux; et ce point du système nerveux est situé à l'origine même de la huitième paire.

---

(1) Voyez, ci-devant, le chapitre XI de cet ouvrage, p. 196.

2° Si ce point est détruit, tous les mouvements respiratoires sont abolis sur-le-champ; s'il reste uni à l'encéphale, ce sont les mouvements respiratoires de la tête qui survivent; s'il reste uni à la moelle épinière, ce sont, au contraire, les mouvements respiratoires du tronc qui survivent;

Et 3° enfin, pour ce qui est des reptiles en particulier, ces animaux ne continuent de *respirer* et de vivre après la décapitation, qu'autant que la section passe sur le crâne et non derrière le crâne (1),

(1) Il arrive souvent, si l'on n'y fait une attention particulière, qu'on laisse, quand on décapite une grenouille ou une salamandre, une portion du crâne tenir aux vertèbres.

Le Gallois l'avait déjà remarqué : « Il peut arriver, dit-il, que » des reptiles continuent de gouverner leurs mouvements..... après » avoir été décapités; mais, si l'on y prend garde, on trouvera que » dans tous ces cas, la décapitation n'a été que partielle, qu'elle a » été faite sur le crâne, et que la partie postérieure du cerveau est » demeurée unie avec le corps.» (*Exp. sur le principe de la vie*, etc. p. 6.)

M. Duméril parle d'un *triton marbré* qu'il a vu survivre plusieurs mois à la décapitation (*Erpétologie générale*, etc., t. I, p. 209); mais la décapitation n'avait emporté, dit M. Duméril lui-même, que *les quatre cinquièmes de la longueur de la tête*. (*Ibid.* t. VIII, p. 185.)

Dans mes expériences sur la décapitation des salamandres, dont il est ici question, je n'avais enlevé que le crâne proprement dit, j'avais laissé la mâchoire inférieure, et je pouvais juger de la continuation des mouvements respiratoires par les mouvements mêmes de la gorge ou de l'hyoïde, vus par en haut.

c'est-à-dire, en d'autres termes, et en termes plus précis, qu'autant que l'origine de la huitième paire a été respectée, et qu'ayant été respectée, elle est, de plus, restée unie à la moelle épinière.

CHAPITRE XXVI.

EXPÉRIENCES SUR L'ENCÉPHALE DES POISSONS.

—

§ Ier.

I. On a vu, par mes expériences sur l'encéphale des animaux supérieurs, que cet organe se compose de quatre parties principales, savoir, le cerveau proprement dit, le cervelet, les tubercules bijumeaux ou quadrijumeaux, et la moelle allongée.

II. Il était curieux de voir jusqu'à quel point l'encéphale des poissons correspondait à celui de ces animaux.

Or, c'est là ce qu'aucun anatomiste n'avait encore fait, et ce qui même n'était point facile par la seule anatomie, l'encéphale des poissons et celui de ces animaux ne se composant pas d'un nombre pareil de parties.

III. L'anatomie suffit pour démêler l'analogie des parties, quand, dans un appareil donné, le

(1) Mémoire présenté à l'Acad. roy. des sciences, dans la séance du 27 décembre 1824.

nombre des parties, comparées d'une classe à l'autre, est le même. Mais l'anatomie ne suffit plus quand le nombre des parties, comparées d'une classe à l'autre, diffère.

IV. Dans ce dernier cas, le seul moyen de résoudre la difficulté est l'expérience ; car l'expérience donne les propriétés, et les propriétés donnent les organes.

V. Dans l'encéphale des poissons, comparé à celui des autres classes, la même partie peut être divisée en deux ou plusieurs autres. Tantôt il manque une partie, tantôt il s'ajoute une partie nouvelle, etc.

VI. Aussi rien n'égale-t-il la divergence des opinions proposées jusqu'ici, touchant la détermination des parties qui *manquent* ou *restent* dans le cerveau des poissons.

Selon les uns, les poissons manquent du cerveau proprement dit ; ils manquent du cervelet, selon les autres. Les deux lobes principaux de leur encéphale, les deux *lobes creux* (1), sont pris,

(1) Le cervelet étant pris pour point de départ (*Voyez* M. Cuvier. *Hist. nat. des poissons*, t. I, p. 420), on voit, en avant du cervelet, deux lobes, lesquels sont presque toujours les plus considérables par le volume, et sont constamment creux : ces deux *lobes creux* sont précédés par deux et quelquefois par quatre lobes, généralement solides. Enfin, en arrière du cervelet, sont d'autres lobes, dont les classes supérieures n'offrent pas même de vestiges.

tantôt pour les tubercules bijumeaux ou quadri-jumeaux, tantôt pour les lobes cérébraux ; tantôt la partie surajoutée, comme on verra tout-à-l'heure, au cerveau des poissons, est prise pour un démembrement du cervelet, etc.

VII. Je le répète donc, les parties qui s'ajoutent ou disparaissent, qui se divisent ou se réunissent, variant d'une classe à l'autre, et l'expérience donnant seule les *propriétés* ou les caractères propres de chacune de ces parties, il est évident que l'expérience seule peut indiquer et démêler, avec précision, quelles sont, dans les diverses classes, les parties ajoutées ou disparues, divisées ou réunies.

VIII. Cela posé, énumérons les parties de l'encéphale d'un poisson donné ; et soumettons-les toutes les unes après les autres à l'expérience.

§ II.

I. Je prends le cerveau de la carpe pour premier exemple.

II. Ce cerveau se compose, indépendamment de la moelle allongée proprement dite, de quatre lobes ou renflements distincts. Les deux premiers, en comptant d'avant en arrière, sont pairs ou doubles ; le troisième est unique ou impair ; un

tubercule médian et deux masses latérales forment le quatrième.

III. Sur une carpe, je mis à nu ces divers renflements par l'ablation du crâne et de l'espèce
de mucosité grisâtre qui les recouvre. Cela fait,
je les soumis tous, l'un après l'autre, à des piqûres plus ou moins profondes.

IV. Je piquai d'abord, de part en part et dans
tous les sens, le renflement antérieur : l'animal
resta impassible.

Je piquai le renflement suivant : il n'y eut pas
de convulsions aux premières couches; mais, aux
couches inférieures, l'animal éprouva des convulsions très vives.

Je passai au troisième renflement : ses piqûres
ne furent point suivies de convulsions; celles du
quatrième en furent, au contraire, suivies.

V. Je répétai cette expérience sur plusieurs autres carpes; le résultat fut le même.

VI. Ainsi, le premier renflement du cerveau
de la carpe ne donne pas des convulsions, le second n'en donne que par ses couches les plus
profondes, le troisième n'en donne pas, et le
quatrième en donne par toutes ses couches, par
les plus superficielles comme par les plus profondes.

VII. Nous venons de voir les propriétés; voyons

les fonctions, du moins autant que cela nous sera possible.

VIII. J'enlevai, sur une carpe, le premier renflement.

Les allures de l'animal ne parurent pas sensiblement altérées.

IX. Sur une autre carpe, j'enlevai le second renflement.

Ce renflement offre ceci de particulier dans la carpe, qu'il s'y compose de deux feuillets superposés, et comme emboîtés l'un dans l'autre.

J'ai déjà dit que la piqûre des couches les plus profondes de ce renflement produit des convulsions.

Son ablation porta une atteinte grave à l'économie générale. L'animal parut très affaibli, il ne se mouvait plus, ne respirait plus qu'avec peine, et presque toujours il restait couché sur le dos ou sur le côté, comme il arrive aux poissons mourants ou malades.

X. J'enlevai, sur une troisième carpe, le troisième renflement.

On a déjà vu que ce renflement ne provoque jamais des convulsions. Quand il fut enlevé, l'animal parut avoir perdu de l'énergie de ses mouvements.

XI. Restait à examiner le quatrième renflement. Je le mis à nu sur une carpe.

Je piquai ensuite, successivement, le tubercule
médian, et chacune des deux masses latérales.
A chacune de ces piqûres, l'animal éprouva des
convulsions vives, et qui portaient principalement sur les couvercles des ouïes, ou *opercules*.

En outre, les piqûres de la masse latérale droite
déterminaient, plus particulièrement, des convulsions dans l'opercule du côté droit; celles de
la masse gauche, dans l'opercule gauche; celles
du tubercule médian en déterminaient dans les
deux opercules tout à la fois.

XII. Sur une cinquième carpe, je coupai la
masse latérale gauche; le jeu de l'opercule gauche fut aussitôt détruit : l'animal ne continuait
plus à respirer que du côté droit.

Je coupai la masse latérale droite; le jeu de
l'opercule droit fut aussitôt détruit, et conséquemment la respiration tout-à-fait éteinte.

XIII. Sur une sixième carpe, je me bornai à
fendre longitudinalement le tubercule médian :
sur-le-champ les deux opercules se fermèrent et
furent frappés d'immobilité.

Cette immobilité complète des opercules dura
cinq ou six minutes; puis de faibles mouve-

ments reparurent et survécurent même pendant assez long-temps.

XIV. J'ai répété bien souvent ces expériences, et toujours avec le même résultat.

XV. Le renflement dont il s'agit est donc l'organe de la respiration; il répond donc à la moelle allongée.

XVI. On voit donc ainsi, sur la carpe, entièrement circonscrit, délimité, et développé en un véritable lobe ou tubercule pareil aux lobes ou tubercules du cerveau et du cervelet, cet organe de la respiration qui, dans les premières classes, paraît à peine constituer un organe à part et distinct de la moelle allongée proprement dite.

§ III.

I. Je passe à l'examen de quelques autres espèces.

II. Je mis à découvert le cerveau d'un brochet.

Ce cerveau se compose de deux lobes antérieurs, lesquels sont pairs ou doubles, et d'un lobe postérieur, lequel est unique ou impair.

La première paire de lobes ne donne pas de convulsions; la seconde n'en donne que par ses couches les plus profondes; le lobe postérieur, qui est le cervelet, n'en donne pas.

III. Je découvris le cerveau d'une lotte. Trois renflements distincts se succèdent dans ce cerveau : les deux antérieurs, pairs ou doubles; le postérieur, unique ou impair.

Les deux premiers peuvent être piqués sur tous les points sans exciter des convulsions.

Les deux seconds ne donnent des convulsions que quand on en pique les couches les plus profondes.

Enfin, le dernier ne produit jamais de convulsions.

La moelle allongée n'offre pas, dans la lotte (1), le tubercule médian qu'elle offrait dans la carpe ; mais les deux masses latérales, quoique moins considérables, subsistent; et, selon qu'on coupe la droite ou la gauche, ou les deux, l'opercule droit ou le gauche, ou les deux, sont paralysés; et de plus, quand on coupe la moelle allongée jusques et y compris ces deux masses d'où naissent les nerfs des branchies, comme dans les animaux supérieurs jusques et y compris l'origine de la huitième paire, la respiration est éteinte.

IV. Le renflement médian de la carpe se retrouve dans la brème, la tanche, et autres espèces du genre cyprin; et partout il occupe le même siége et exerce les mêmes fonctions.

(1) Non plus que dans le brochet.

V. Le cerveau de l'anguille offre une combinaison toute nouvelle : cinq renflements le constituent ; les quatre premiers, pairs ou doubles ; le cinquième, unique ou impair.

Les trois premiers ne donnent pas de convulsions, le quatrième en donne par ses couches les plus profondes, le cinquième n'en donne pas.

§ IV.

I. Ces expériences laissent encore bien des doutes sur la correspondance réelle de l'encéphale des poissons comparé à celui des autres classes.

Quelle est la partie de l'encéphale des poissons qui correspond aux lobes cérébraux, au cerveau proprement dit des autres classes ?

Quelle est celle qui répond aux tubercules bijumeaux ou quadrijumeaux ?

Ces expériences laissent ces deux questions indécises.

Elles semblent indiquer, avec plus de sûreté, la véritable correspondance du cervelet (1).

(1) Lequel se caractérise d'ailleurs, d'une manière si précise, par sa position même. Le cervelet est toujours placé en travers sur la moelle allongée ; et, selon l'expression très juste de M. Cuvier, *il la joint par les côtés, comme ferait un pont.* (Voyez *Hist. natur. des poissons*, t. I, p. 421).

Mais une partie qu'elles donnent surtout avec certitude, c'est la moelle allongée.

II. En comparant les poissons aux animaux supérieurs, on voit donc que le point par lequel le cerveau des premiers diffère le plus essentiellement du cerveau des seconds, est celui par lequel cet organe préside aux mouvements respiratoires. Or, la respiration est précisément ce qui constitue la différence la plus profonde entre la classe des poissons et les autres.

III. En outre, ce point de l'encéphale qui règle la respiration est beaucoup plus développé dans les poissons que dans les classes supérieures; et la raison en est simple, c'est que la respiration est une fonction bien autrement laborieuse pour les animaux aquatiques que pour les animaux aériens: ceux-ci agissent directement sur l'air; les autres n'agissent sur l'air qu'à travers l'eau.

IV. On ne peut s'étonner assez de voir cette merveilleuse correspondance qui, toujours et partout, proportionne avec tant d'exactitude le développement de l'organe à l'énergie de la fonction.

V. L'intelligence se montre au plus haut degré de développement dans les mammifères; les lobes cérébraux dominent dans leur cerveau. Les animaux les plus agiles et les plus mobiles sont les oiseaux; le cervelet est proportionnellement plus développé dans les oiseaux que dans nulle autre classe. Les animaux les plus apathiques sont les reptiles; le cervelet n'est nulle part plus petit que là. Enfin, l'animal dans lequel la respiration exige le plus grand emploi de forces, est le poisson; et le poisson est aussi l'animal dans lequel l'organe, *premier moteur* de la respiration, paraît le plus développé et le plus considérablement accru.

Les diverses parties du cerveau se montrent donc tour à tour dominées ou dominantes, selon que la fonction qui leur correspond s'affaiblit ou se développe.

VI. Il y a plus encore : car, le but final de l'organisation étant la vie, quand un ordre de moyens manque, il arrive toujours qu'un autre y supplée. Par exemple, l'intelligence supplée au défaut de ténacité de la vie dans les animaux supérieurs; dans les animaux inférieurs, c'est, au contraire, la ténacité de la vie qui supplée au défaut de l'intelligence. Où les lobes cérébraux dominent, la moelle allongée est évidemment réduite; et à mesure que ces lobes diminuent, la moelle allongée s'accroît.

VII. Bien des considérations resteraient à indiquer encore : je termine par celle-ci.

On se souvient que, dans mes précédentes expériences, j'ai fait voir que l'encéphale se compose de deux ordres de parties essentiellement distinctes : de ces parties, les unes sont susceptibles de provoquer immédiatement des convulsions ; les autres n'en sont pas susceptibles.

Les parties qui produisent des convulsions (les tubercules bijumeaux ou quadrijumeaux et la moelle allongée) concourent plus directement à la *conservation* de la vie. Celles qui ne produisent pas de convulsions (le cerveau proprement dit et le cervelet) concourent plus directement, au contraire, aux *relations* de la vie.

Or, ces dernières parties, ces parties de *relation*, ces parties non susceptibles de produire des convulsions, sont visiblement prédominantes dans les mammifères et les oiseaux ; elles commencent à être dominées dans les reptiles, le sont encore plus dans les poissons, et finissent, dans la série des animaux invertébrés, par entièrement disparaître.

CHAPITRE XXVII.

RECHERCHES SUR LES CONDITIONS FONDAMENTALES
DE L'AUDITION (1).

§ Ier.

I. Je commence par rappeler en peu de mots l'ensemble des parties qui composent l'oreille. Je m'occupe surtout ici de celle des oiseaux.

II. Tout le monde sait que, dans ces animaux, un méat externe très court (2) précède la membrane du tympan; qu'à cette membrane adhère la chaîne des osselets; que l'extrémité de cette chaîne va fermer l'ouverture du vestibule; qu'à ce vestibule aboutissent les trois canaux semi-circulaires et le limaçon; et que, dans ces dernières parties, le vestibule, les canaux et le limaçon, vient se ramifier le nerf auditif.

III. Les parties que j'ai nommées en dernier

___

(1) Mémoire présenté à l'Académie royale des sciences, dans la séance du 27 décembre 1824.

(2) Une glande folliculaire, plus ou moins volumineuse selon les espèces, et située dans ce méat, y sécrète la matière sébacée ou cérumineuse.

lieu composent le *labyrinthe*, ou oreille interne ;
la cavité interposée entre le tympan d'une part
et le labyrinthe de l'autre, forme ce qu'on appelle
caisse ou moyenne oreille. Tout ce qui vient
après la caisse forme l'oreille externe.

IV. Il suffit d'avoir rappelé ces objets : je passe
tout de suite aux expériences.

§ II.

I. Je mis bien à nu sur un pigeon, et sur les
deux oreilles à la fois, toute la membrane du
tympan, en enlevant successivement la peau, les
muscles, les ligaments, et les petites portions d'os
qui en recouvrent plus ou moins la circonférence.
Cela fait, je détruisis complétement cette membrane dans les deux oreilles. L'audition ne parut
pas troublée.

II. J'observe, avant d'aller plus loin, que, dans
toutes ces expériences, j'ai toujours opéré simultanément sur les deux oreilles ; quand on n'opère
que sur une oreille, il faut boucher l'autre. Mais,
comme on n'est jamais sûr de l'avoir exactement
bouchée, il vaut infiniment mieux soumettre en
même temps les deux oreilles aux mêmes épreuves,
et les maintenir ainsi constamment dans le meme
état.

III. Je me hâte d'avertir encore que, dans les

épreuves auxquelles on soumet l'animal pour s'assurer s'il entend ou non, on doit apporter la plus grande attention à empêcher que l'agitation de l'air, produite par le choc qui cause le bruit, ne vienne se mêler à l'effet des ondulations sonores. J'interpose toujours un écran entre le point où le bruit est produit, et le point que l'animal occupe; et j'évite avec le plus grand soin tout choc qui pourrait communiquer le moindre ébranlement, soit à l'appartement, soit à l'objet sur lequel l'animal repose.

IV. Enfin, une troisième précaution, non moins essentielle, est de boucher exactement les yeux à l'animal, afin qu'on ne soit point exposé à croire qu'il entend lorsqu'il ne fait que voir; et que d'ailleurs ne voyant plus, il soit plus attentif au moindre bruit qu'il pourrait entendre.

V. Sur un second pigeon, je détruisis les deux tympans : l'animal entendit.

J'enlevai, des deux côtés, la première portion de la chaîne des osselets, c'est-à-dire la portion qui correspond au manche du marteau, ou même au marteau : l'animal entendit encore. J'enlevai l'étrier : l'animal entendit toujours. Mais, ce qu'il importe de remarquer ici, l'audition, qui jusque là n'avait point paru sensiblement affaiblie, le fut alors beaucoup.

VI. J'ai répété cette expérience graduelle sur un troisième pigeon : le résultat a été le même. Je l'ai répétée sur plusieurs autres ; et les resultats obtenus d'abord se sont reproduits toujours.

VII. Ainsi, ni l'ablation du tympan, ni celle des premiers osselets, ni celle de l'étrier même, n'abolit l'ouïe ; mais celle de l'étrier l'affaiblit beaucoup : dernière circonstance qui m'a engagé à tenter l'expérience que je vais dire. Puisque en effet la perte de l'étrier affaiblit d'une manière notable l'énergie de l'audition, il était curieux de voir si, avec la restitution de la partie enlevée, ne se restituerait pas aussi l'énergie de la fonction.

VIII. Dans cette vue, je me bornai à détruire sur un pigeon la portion antérieure du tympan. Après quoi je saisis avec de petites pinces la tige de l'étrier ; et j'enlevai doucement cet osselet du petit tube (1) dans lequel il s'enfonce avant d'arriver jusqu'à la fenêtre ovale.

Cela fait, j'examinai l'animal : son audition était très affaiblie.

L'étrier n'avait pas été détaché de la portion

---

(1) C'est dans ce petit tube, seconde et plus interne portion de la caisse, que se trouvent, séparées par une mince cloison osseuse, les deux fenêtres *ronde* et *ovale* : la *fenêtre ronde*, entrée du limaçon dans la caisse ; la *fenêtre ovale*, entrée du vestibule dans la caisse.

du tympan à laquelle il adhère; je le repris avec les petites pinces; je le replaçai dans son petit tube; j'examinai de nouveau l'animal : l'audition avait repris un peu de son énergie.

IX. Je répétai cette expérience sur deux autres pigeons; le résultat fut le même.

X. Je passai à l'examen des deux orifices (fenêtres *ronde* et *ovale*), par lesquels le limaçon et le vestibule s'ouvrent dans la caisse du tympan.

XI. Après avoir successivement enlevé sur un pigeon le tympan et les osselets, je détruisis, avec la pointe d'un stylet aigu, la membrane fine et lisse qui ferme ces deux orifices. L'audition parut notablement affaiblie, mais elle persistait encore.

XII. Arrivé ainsi au vestibule et au limaçon, ou au centre de l'appareil auditif, en allant d'avant en arrière, par le tympan, les osselets et les deux fenêtres, il s'agissait d'explorer à leur tour les parties situées du côté opposé à celui qu'occupent les précédentes, et de revenir au centre de l'appareil par un chemin contraire à celui déjà suivi, c'est-à-dire en allant d'arrière en avant, et par les canaux semi-circulaires.

XIII. Ces canaux n'étant enveloppés, dans les oiseaux, que par une simple cellulosité osseuse, il est fort aisé de les mettre à nu. Je les découvris donc bien exactement sur un pigeon, et je les coupai ensuite l'un après l'autre avec de petits ciseaux très fins.

A chacune de ces sections, l'animal parut souffrir beaucoup; et il survint de plus un phénomène si singulier, qu'à cause de sa singularité même, et pour ne point interrompre d'ailleurs l'histoire de l'audition, j'ai cru devoir le décrire à part.

Les canaux semi-circulaires étant rompus, non seulement l'animal entendait encore, mais il paraissait souffrir lorsqu'il entendait. Évidemment, le bruit l'agitait et l'importunait; l'audition semblait même plus vive, ou du moins l'animal en exprimait plus vivement les signes, à cause sans doute de la souffrance qu'il ressentait à l'occasion du bruit.

XIV. Cette expérience a été répétée sur plusieurs autres pigeons, et toujours le résultat a été semblable.

XV. Il ne restait plus à examiner que le vestibule et le limaçon. Mais, pour bien apprécier le rôle propre de ces parties centrales de l'appareil, on sent combien il importait de pénétrer jusqu'à elles sans blesser aucune des parties voisines.

Heureusement, une petite ouverture communique de l'intérieur du vestibule à cette cellulosité osseuse dont j'ai déjà parlé, et qui enveloppe les canaux semi-circulaires. Quand on remue le manche du marteau par le tympan, on voit, à travers cette petite ouverture, la platine de l'étrier qui se meut; et, réciproquement, quand, par cette petite ouverture, on meut la platine de l'étrier, on voit le manche du marteau et le tympan se mouvoir.

C'est de cette ouverture que j'ai profité pour pénétrer dans le vestibule.

XVI. Sur un pigeon, j'agrandis d'abord petit à petit cette ouverture, au moyen d'un stylet très fin.

La cavité intérieure du vestibule étant ainsi mise à nu, l'animal entendait encore.

Je détruisis alors peu à peu, avec la pointe du stylet, l'expansion nerveuse qui, comme je l'ai déjà dit, se porte dans le vestibule, et par le vestibule dans les canaux semi-circulaires : l'animal n'entendit plus que très faiblement.

Je poussai cette destruction jusqu'à l'expansion nerveuse du limaçon : l'animal n'entendit plus du tout.

XVII. J'ai répété bien souvent cette expérience. Constamment la simple mise à nu de l'intérieur du vestibule n'a que faiblement altéré l'ouïe; constamment la destruction de l'expansion nerveuse du vestibule n'a altéré ce sens qu'en partie; et constamment la destruction complète et de cette expansion et de l'expansion nerveuse du limaçon, l'a complétement détruit.

XVIII. Une remarque particulière, et que je ne dois pas omettre, c'est que la destruction des parois du vestibule, de la membrane des fenêtres ronde et ovale, de l'étrier, c'est que cette destruction, dis-je, bien qu'elle n'abolisse pas sur-le-champ l'audition, finit toujours, au bout d'un temps plus ou moins long, par la détruire. L'étrier est, de toutes ces parties, celle dont la perte entraîne le plus tard la perte de l'audition.

XIX. Je reviens aux canaux semi-circulaires, et au fait singulier que j'ai annoncé plus haut.

J'ai déjà dit que la section de ces canaux s'accompagne toujours d'une douleur très vive. Cette douleur s'accroît ou se reproduit chaque fois qu'on pique avec le bout d'une aiguille les parties contenues dans ces canaux. Mais ce qui paraît de plus singulier, soit quand on coupe, soit quand on pique ces parties, c'est un mouvement horizontal de la tête, d'une brusquerie et d'une violence telles qu'il est presque impossible de s'en faire une idée sans l'avoir vu.

XX. Pour suivre ce curieux phénomène dans tous ses détails, je découvris avec soin les canaux semi-circulaires, sur un pigeon ; et je coupai ensuite, avec de petits ciseaux très fins, le canal horizontal des deux côtés.

Chacune de ces sections fut accompagnée d'une douleur aiguë, et d'un mouvement horizontal de la tête, laquelle se portait de droite à gauche et de gauche à droite avec une rapidité inconcevable.

Ce mouvement ne durait pas toujours : quelquefois la tête restait un moment en repos; mais, pour peu que l'animal voulût se mouvoir, le branlement singulier de la tête revenait soudain.

L'animal voyait, entendait, et paraissait conserver toutes ses facultés intellectuelles. Son corps était dans un parfait équilibre durant la simple station; mais, dès que l'animal commençait à marcher, la tête recommençait à s'agiter; et cette agitation de la tête s'accroissant avec les mouvements du corps, toute démarche, tout mouvement régulier, finissaient par devenir impossibles, à peu près comme on perd l'équilibre et la stabilité de ses mouvements quand on tourne quelque temps sur soi-même, ou qu'on secoue violemment la tête.

Quelquefois effectivement l'animal se bornait à tourner sur lui-même; et, en tournant, il perdait l'équilibre, il tombait, et se roulait et se débattait long-temps sans pouvoir réussir à se relever et à se tenir d'aplomb.

XXI. La ressemblance frappante de cette dernière partie du phénomène avec les phénomènes qui suivent les lésions du cervelet pouvait faire croire à quelque lésion, sinon directe, du moins indirecte de cet organe. J'examinai donc le cervelet avec le plus grand soin; il parut dans un état d'intégrité parfaite.

XXII. Pour établir, avec plus de précision encore, l'indépendance du phénomène que je décris, de toute lésion, au moins directe, soit du cervelet, soit de toute autre partie de l'encéphale, j'eus recours aux précautions suivantes.

Je mis bien exactement à nu les canaux semicirculaires sur un pigeon; puis je coupai le canal horizontal des deux côtés.

Je choisis ce canal pour sujet de mon expérience, parce qu'il est le plus éloigné de l'encéphale, surtout du cervelet; et en le coupant je mis toute mon attention à éviter la moindre secousse qui eût pu se communiquer aux parois du crâne.

Malgré ces précautions, la section des deux canaux fut suivie du branlement impétueux de la tête.

Quand ce branlement s'arrêtait, on pouvait toujours le reproduire, soit en piquant avec la pointe d'une aiguille les parois internes des canaux, soit en excitant l'animal à se mouvoir.

Le branlement était toujours plus vif au moment où il commençait; puis il allait en se ralentissant, et finissait peu à peu par cesser tout-à-fait. Mais les choses ne se passaient ainsi qu'autant que l'animal restait en repos; quand il marchait, au contraire, le branlement était toujours d'autant plus vif que l'animal cherchait à marcher plus vite.

XXIII. J'avais constaté l'absence de toute lésion ou plutôt de toute blessure directe du cervelet; mais il restait une cause particulière de lésion à examiner encore.

En rompant avec des ciseaux, comme je l'avais fait jusqu'ici, les canaux semi-circulaires, on rompt inévitablement la petite artère qui rampe sur leur côté externe; et cette rupture amène bientôt un épanchement de sang qui gagne rapidement le cervelet, la moelle allongée, et toute la cellulosité osseuse des parois postérieures du crâne. Il importait donc d'éviter la complication qui pouvait résulter de cet épanchement.

A cet effet, les canaux semi-circulaires étant mis à nu sur un pigeon, j'ouvris l'un de ces canaux, l'horizontal, par le côté opposé à celui qu'occupe l'artère, et sans ouvrir l'artère par conséquent.

Tout épanchement étant évité ainsi, je piquai les parties internes de ce canal ; la douleur et l'agitation de la tête suivirent tout aussitôt, et de la même manière que dans les expériences précédentes ; à cela près, néanmoins, que l'agitation fut bien moindre dans ce cas que dans le cas de la rupture complète du canal.

XXIV. En parlant tout-à-l'heure de la destruction de l'expansion nerveuse contenue dans le vestibule et le limaçon, j'ai omis de dire que l'animal paraissait à peu près insensible à cette destruction. Mais toutes les fois qu'on pousse le stylet jusque vers les orifices des canaux semi-circulaires, les signes de douleur et les branlements de tête qui caractérisent la lésion de ces canaux reparaissent.

§ III.

I. En résumant tout ce qui précède, on voit :

1° Que ni la destruction du tympan, ni celle de la première portion de la chaîne dite des osselets, n'altèrent gravement l'ouïe ;

2° Que l'ablation de l'étrier l'affaiblit beaucoup ;

3° Que la destruction de la membrane qui ferme les fenêtres ronde et ovale (l'étrier toujours enlevé) l'affaiblit encore davantage ;

4° Que la restitution de l'étrier semble restituer à l'ouïe quelque énergie;

5° Que la rupture des canaux semi-circulaires rend l'audition douloureuse (1), et s'accompagne, de plus, d'une agitation brusque et violente de la tête ;

6° Que la mise à nu de l'intérieur du vestibule n'altère point notablement l'ouïe;

7° Que la destruction de l'expansion nerveuse contenue dans le vestibule, et qui du vestibule se rend dans les canaux semi-circulaires, ne détruit ce sens qu'en partie, et que la destruction complète et de cette expansion et de l'expansion nerveuse du limaçon le détruit complétement (2).

II. Les conditions fondamentales de l'audition se déduisent tout naturellement, comme on voit, de ces résultats. La partie la plus essentielle à cette fonction est évidemment l'expansion nerveuse du limaçon. C'est même à la rigueur la

______

(1) Du moins immédiatement : cette sensibilité douloureuse de l'ouïe se dissipe à mesure que la plaie se cicatrise.

(2) Je n'ai pu réussir à détruire l'expansion nerveuse du limaçon sans toucher, plus ou moins, à celle du vestibule : mais 1° l'ouïe n'est détruite que lorsque les deux expansions nerveuses du vestibule et du limaçon sont détruites; et 2° la destruction des nerfs des canaux semi-circulaires, c'est-à-dire des ramifications mêmes de l'expansion nerveuse du vestibule, ne détruit pas l'ouïe. L'expansion nerveuse du limaçon est donc le véritable nerf de l'ouïe.

seule partie indispensable : car toutes les autres peuvent être ôtées ; pourvu que celle-là subsiste, l'audition subsiste.

Toutes les autres parties ne concourent donc qu'à l'étendue, à l'énergie, aux modifications accessoires de la fonction, ou à la conservation de l'organe.

III. D'un autre côté, en faisant une application de ces dernières expériences à la recherche des différentes causes de la surdité, on voit :

1° Qu'il y a une cause immédiate et absolue de la surdité, savoir, la destruction du nerf ou de l'expansion du nerf qui se rend dans le limaçon;

Et 2° qu'il y a plusieurs causes d'affaiblissement progressif, et, par suite, de perte plus ou moins éloignée de l'ouïe : la destruction de l'étrier, celle des orifices du vestibule et du limaçon, celle des parois du vestibule, etc.

IV. Enfin, on peut se souvenir que, dans mes expériences sur le cerveau, j'ai fait voir que l'audition se perdait par l'ablation des lobes cérébraux, sans qu'aucune partie de l'oreille fût réellement atteinte, et qu'ainsi la perte de l'organe du sens est complétement distincte de la perte de l'organe de la perception.

§ IV.

Addition touchant le phénomène qui suit la section des canaux semi-circulaires.

Je coupai, le 15 novembre 1824, sur un pigeon, le canal semi-circulaire horizontal des deux côtés. Cette section fut aussitôt suivie de ses deux phénomènes accoutumés : le branlement horizontal de la tête, et le tournoiement de l'animal sur lui-même.

Il importait de voir ce que deviendraient et ces singuliers phénomènes, et un pareil animal, si on le laissait vivre. Celui-ci fut bientôt guéri des suites immédiates de l'opération ; ses deux plaies furent bientôt complétement cicatrisées ; mais le branlement de la tête, et le tournoiement persistèrent toujours ; le branlement seul diminua de fréquence et d'intensité.

Le 10 janvier 1825, cet animal fut présenté aux Commissaires de l'Académie. Le mouvement horizontal de la tête, quoique devenu moins brusque et moins violent qu'immédiatement après l'opération, persistait cependant toujours, et se reproduisait surtout toutes les fois qu'on excitait l'animal à se mouvoir.

Quant au tournoiement, il n'avait presque rien perdu de sa première intensité, et se renouvelait aussi toutes les fois qu'on faisait mouvoir l'animal avec rapidité.

Ce tournoiement s'opérait tantôt à gauche, tantôt à droite, mais le plus souvent à droite.

Le 17 mai (époque de la première impression de cette *Addition*), le branlement et le tournoiement persistaient toujours au même degré et avec les mêmes caractères.

Du reste, l'animal conservait tous ses sens, toutes ses facultés; et comme il avait été nourri avec beaucoup de soin, il avait beaucoup engraissé.

Il restait à examiner l'état intérieur des parties. Je sacrifiai donc cet animal que j'étudiais depuis si long-temps et avec tant d'intérêt.

Les os du crâne enlevés étaient reproduits; les deux canaux coupés étaient oblitérés aux points de leur section. Les parties cérébrales paraissaient dans un état d'intégrité parfaite; et ni les lobes cérébraux, ni les tubercules bijumeaux, ni la moelle allongée, ni le cervelet n'offraient, sur aucun point, ni la moindre lésion, ni la moindre altération sensibles.

CHAPITRE XXVIII.

EXPÉRIENCES SUR LES CANAUX SEMI-CIRCULAIRES DES OISEAUX (1).

§ Ier.

I. La disposition des canaux semi-circulaires de l'oreille dans les oiseaux, nommément dans les pigeons, a été très bien indiquée par M. Cuvier (2). Ces canaux, au nombre de trois, deux verticaux et un horizontal, forment, avec le vestibule et le limaçon, ce qu'on a nommé *l'oreille interne* ou le labyrinthe.

II. Dans les pigeons, le plus grand de ces trois canaux est le supérieur; il est vertical et obliquement dirigé d'arrière en avant. Le moyen est horizontal. L'inférieur est vertical; il est dirigé d'avant en arrière, et il croise l'horizontal.

III. Or, quand on coupe, sur un pigeon, le canal horizontal des deux côtés, il survient, sur-

(1) Mémoire lu à l'Acad. roy. des sciences, le 11 août 1828.

(2) *Leçons d'anatomie comparée.* Paris, 1805, t. II, p. 465.

le-champ, un mouvement brusque et impétueux de la tête de droite à gauche et de gauche à droite.

Quand on coupe un canal vertical, il survient, sur-le-champ, un mouvement brusque et impétueux de la tête de bas en haut et de haut en bas.

Et quand on coupe, tout à la fois, le canal horizontal et un canal vertical, il survient, sur-le-champ, un mouvement brusque et impétueux de la tête tantôt de droite à gauche et de gauche à droite, et tantôt de bas en haut et de haut en bas.

IV. J'ai déjà fait connaître, en 1824, les principaux effets de la section du canal horizontal (1); j'ai constaté depuis les effets de la section des canaux verticaux : les expériences que l'on va lire ont eu pour objet de suivre ces deux ordres d'effets dans tout leur détail.

§ II.

I. Je coupai le canal horizontal du côté gauche, sur un pigeon : il parut, sur-le-champ, un léger mouvement de la tête de droite à gauche et de gauche à droite. Ce mouvement dura peu : l'animal reprit son allure habituelle ; il avait tous ses

(1) *Voyez* le chapitre précédent, page 445.

sens, toute son intelligence, tout l'équilibre de ses mouvements.

Je remarque qu'au moment de la section, l'animal parut éprouver une vive douleur : il en fut de même, à chaque section, dans chacune des expériences qui suivent.

II. Je coupai le canal horizontal de l'autre côté : le mouvement horizontal de la tête reparut soudain, mais avec une rapidité, une impétuosité telles que l'animal, perdant tout équilibre, tombait et roulait long-temps sur lui-même sans pouvoir réussir à se relever.

Ce violent mouvement de la tête, de droite à gauche et de gauche à droite, ne durait pas toujours. Quand l'animal était en repos, la tête y était aussi ; mais dès que l'animal se mouvait, le mouvement de la tête recommençait ; et ce mouvement devenait toujours d'autant plus fort que l'animal cherchait à se mouvoir plus vite.

Ainsi, dans la simple station, l'animal conservait son équilibre ; il le perdait, dès qu'il voulait marcher ; il le perdait encore plus, s'il voulait marcher vite ; il le perdait tout-à-fait, s'il voulait courir ou voler.

La simple station était donc encore possible ; la marche l'était déjà moins ; la course et le vol étaient tout-à-fait impossibles.

Aux moments de la plus grande violence du mouvement de la tête, tous les mouvements de l'animal étaient confus et désordonnés.

Le globe de l'œil et les paupières étaient dans une agitation extrême et presque perpétuelle.

L'animal craignait évidemment le mouvement; aussi, abandonné à lui seul, ne bougeait-il presque pas de place. Très souvent il se bornait à tourner sur lui-même, tantôt d'un côté, tantôt de l'autre.

Du reste, il voyait très bien; il entendait; il conservait tous ses instincts, toute son intelligence; il buvait et mangeait de lui-même, quoique avec la plus grande peine.

Je l'ai étudié près d'une année dans cet état; la plaie de la tête s'était entièrement cicatrisée; il était devenu fort gras : mais tous les phénomènes de mouvement horizontal de la tête, de rotation sur lui-même, de trouble et de perte de l'équilibre; tous ces phénomènes, ou plutôt la réapparition de tous ces phénomènes au moindre mouvement un peu rapide de l'animal; tout cela a constamment subsisté.

III. Je coupai le canal vertical inférieur (celui qui croise l'horizontal) du côté gauche, sur un pigeon; il parut aussitôt un léger mais rapide mou-

vite, il tombait et roulait sur le dos; presque toujours, il restait à la même place, le sommet de la *tête renversée* appuyé par terre ou contre les barreaux de sa cage : en un mot, le mouvement vertical de la tête, et les effets de ce mouvement sur tous les autres mouvements du corps; tout cela a toujours subsisté, et toujours avec une intensité à peu près égale.

V. Les deux canaux verticaux inférieurs avaient été coupés, sur le pigeon précédent, au-dessous du point où chacun croise le canal horizontal de son côté : je les coupai, sur un autre pigeon, au-dessus de ce croisement; le résultat fut à peu près le même.

VI. Je les coupai enfin, sur un autre pigeon, et au-dessus et au-dessous de ce croisement; et le résultat fut encore le même, à cette différence près pourtant que le mouvement de la tête fut beaucoup plus violent après cette double section qu'il ne l'avait été dans tous les cas précédents où la section était simple.

VII. Je coupai le grand canal vertical, ou le canal vertical supérieur, du côté gauche, sur un pigeon; il y eut aussitôt un léger mais rapide mouvement de la tête de haut en bas et de bas en haut : ce mouvement fut de courte durée, mais bientôt après il se reproduisit.

L'animal, abandonné à lui-même, marchait et se tenait debout avec équilibre; il éprouvait seulement, de temps en temps, un mouvement comme de culbute en avant : on a vu que, dans le pigeon précédent, le mouvement était, au contraire, comme de culbute en arrière.

VIII. Je coupai le canal vertical supérieur de l'autre côté : sur-le-champ, mouvement brusque et violent de la tête de haut en bas et de bas en haut : ce mouvement entraîne, comme dans les précédentes expériences, le trouble de l'équilibre ; il cesse de même par moments quand l'animal est en repos; il recommence de même quand l'animal se meut ; enfin, il s'accroît toujours d'autant plus que l'animal cherche à se mouvoir plus vite; et il s'accompagne toujours et de la rotation du globe de l'œil et de l'agitation convulsive des paupières.

L'animal ne tourne point sur les côtés, comme le pigeon aux deux canaux horizontaux coupés; il ne se renverse point sur le dos en tombant sur sa queue, comme le pigeon aux deux canaux verticaux inférieurs coupés; il tombe, au contraire, sur la tête, et fait ainsi la culbute en avant, à l'inverse du précédent qui la faisait en arrière.

J'ai conservé ce pigeon, dans cet état, près d'une année entière.

IX. Je coupai, sur un autre pigeon, les deux canaux, horizontal et vertical inférieur, des deux côtés, au point de leur jonction ou de leur croisement : il survint, sur-le-champ, un mouvement brusque et violent de la tête, mêlé de la direction horizontale et de la verticale, mais où l'horizontale dominait pourtant : aussi l'animal tournait-il parfois sur lui-même.

X. Enfin, sur un autre pigeon, je coupai tous les canaux, verticaux et horizontaux, des deux côtés ; et il survint aussitôt un mouvement fougueux et désordonné de la tête dans tous les sens, de haut en bas, de bas en haut, de droite à gauche, de gauche à droite.

Ce mouvement était d'une violence inouïe ; il troublait et désordonnait l'équilibre de tout l'animal, qui n'obtenait plus quelques moments de repos qu'en appuyant sa tête par terre.

XI. J'ai répété toutes ces expériences sur plusieurs autres pigeons : les résultats ont toujours été les mêmes, à quelques légères différences près dans le degré de violence des phénomènes ; c'est pourquoi je me borne à rapporter le détail de celles qui précèdent.

§ III.

I. Jusqu'ici je m'étais borné à opérer, tout d'un

coup, la section des canaux semi-circulaires. J'essayai de faire l'expérience d'une autre façon.

II. Sur un pigeon, après avoir mis le canal horizontal des deux côtés à nu, j'ouvris le canal osseux des deux côtés, sans toucher aux parties internes de ce canal. Il ne survint aucun effet sensible.

Je piquai alors, avec une aiguille, les parties contenues dans ce canal; l'animal témoigna aussitôt une vive douleur, et le mouvement horizontal de la tête parut; mais il était plus faible que dans le cas de la section complète du canal.

III. Je mis, sur un autre pigeon, le canal vertical inférieur des deux côtés à nu; j'ouvris ensuite le canal osseux des deux côtés; l'animal n'éprouva aucun effet.

Je piquai les parties contenues dans le canal osseux : l'animal témoigna qu'il souffrait, et le mouvement vertical de la tête parut aussitôt; mais plus faible que dans le cas de la section complète du canal.

IV. J'ai répété ces expériences sur plusieurs autres pigeons : j'ai toujours vu qu'on peut détruire impunément le canal osseux, même sur divers points. Au contraire, dès qu'on pique les parties contenues dans ce canal, l'animal donne des marques d'une vive sensibilité, et la tête commence à s'agiter.

De plus, si, après avoir piqué ces parties et avoir conséquemment produit par cette piqûre une certaine douleur et une certaine agitation de la tête, on attend que cette douleur et cette agitation se soient calmées, et qu'on renouvelle alors la piqûre, la douleur et l'agitation de la tête renaissent.

V. C'est donc dans les parties des canaux semi-circulaires contenues dans les canaux osseux, parties qui, comme l'ont montré les recherches de Comparetti, de Scarpa, de M. Cuvier, constituent les véritables canaux semi-circulaires, ou plutôt, et à parler plus exactement, c'est dans l'expansion du nerf qui se déploie sur elles, que se trouve le véritable siége des singuliers phénomènes qui viennent d'être décrits.

§ IV.

I. En résumant tout ce qui précède, on voit : 1° que la section du canal horizontal des deux côtés est constamment suivie d'un violent mouvement horizontal de la tête ; que la section d'un canal vertical, soit supérieur, soit inférieur, des deux côtés, est suivie d'un violent mouvement vertical de la tête ; et que la section des canaux horizontaux et verticaux tout à la fois est suivie d'un mouvement horizontal et d'un mouvement

vertical tout ensemble; 2° que la section du canal
d'un seul côté, quel que soit le canal coupé, vertical ou horizontal, est toujours suivie d'un effet
beaucoup moindre que celle du même canal des
deux côtés; 3° que l'effet de la section (1) des canaux
semi-circulaires n'empêche pas l'animal de vivre,
mais que cet effet subsiste tant que l'animal vit;
et 4° enfin, que c'est dans les canaux membraneux
enveloppés par les canaux osseux, c'est-à-dire
dans les véritables canaux semi-circulaires et dans
leur expansion nerveuse, que réside le principe
de cet effet.

II. Il est surprenant sans doute de voir des parties d'une structure aussi délicate et d'un aussi
petit volume que les canaux semi-circulaires,
exercer une action si puissante sur l'économie; il
ne l'est pas moins de voir des parties qui, par

______

(1) Du moins de la simple section : car la destruction ou le broiement, plus ou moins profonds, des canaux semi-circulaires en-
traînent un tel désordre et une telle violence dans les mouvements,
que l'animal s'épuise en vains efforts, ne peut plus ni boire ni manger, et finit au bout de quelque temps par succomber. Ainsi, la
violence des effets est toujours subordonnée au degré de la lésion.
Dans le cas d'une simple piqûre, le mouvement de la tête est léger;
il est beaucoup plus fort dans le cas d'une section; il est plus
fort encore dans le cas d'une section double; il est au plus haut
degré de violence enfin dans le cas de broiement ou de destruction
complète.

leur position dans l'oreille, semblaient ne devoir jouer qu'un rôle spécial et borné à l'audition, avoir une influence si marquée sur les mouvements ; il ne l'est pas moins enfin de voir la section de chacune de ces parties déterminer un ordre ou une direction de mouvements toujours si parfaitement conformes à la direction de la partie coupée.

Ainsi, la section des canaux horizontaux détermine un mouvement horizontal ; celle des canaux verticaux, un mouvement vertical. De plus, l'un des deux canaux verticaux, l'inférieur, est dirigé d'avant en arrière ; sa section détermine un mouvement d'avant en arrière, ou de culbute en arrière : l'autre canal vertical, le supérieur, a une direction d'arrière en avant ; sa section détermine un mouvement d'arrière en avant, ou de culbute en avant.

III. D'un autre côté, bien que les phénomènes qu'amène la section des canaux semi-circulaires aient une analogie très marquée avec les phénomènes du cervelet, ces deux ordres de phénomènes n'en sont pas moins distincts.

IV. Dans plus de vingt expériences sur ces canaux, je me suis constamment convaincu de l'intégrité complète et absolue du cervelet.

Il est évident, d'ailleurs, que si le branlement

de la tête n'était pas un phénomène propre aux canaux semi-circulaires, la direction de ce branlement ne varierait pas comme varie la direction de ces canaux.

Enfin, la lésion du cervelet n'est suivie, dans aucun cas, d'un pareil branlement de la tête, soit vertical, soit horizontal, quoique, comme je l'ai précédemment montré, l'animal, après cette lésion, exécute les mouvements les plus confus et les plus désordonnés.

V. Le branlement impétueux de la tête qui vient d'être décrit est donc un phénomène propre aux canaux semi-circulaires. En outre, ce phénomène est d'autant plus important à considérer qu'il n'est pas rare de le voir constituer un symptôme plus ou moins dominant dans plusieurs maladies, soit de l'homme, soit des animaux ; et c'est sans doute un progrès de diagnostic, qui ne sera pas perdu pour la thérapeutique, que la détermination du siége d'un aussi singulier symptôme.

VI. J'ai répété les expériences qui précèdent, sur des poules, sur des moineaux, sur des verdiers, sur des bruants, sur des chardonnerets, sur des linottes, sur des mésanges, etc. ; le résultat a toujours été le même, du moins quant au fond et à toutes les circonstances essentielles du phénomène (1). Le phénomène qui suit la section des canaux semi-circulaires est donc un phénomène constant et général dans la classe des oiseaux.

VII. Il me reste à indiquer les effets de la section de ces canaux dans les autres classes, et particulièrement dans celle des mammifères; ce sera l'objet d'un autre chapitre.

(1) Ainsi, par exemple, on a vu qu'après la section des canaux horizontaux, le pigeon *tourne presque toujours sur lui-même*, qu'après celle des canaux verticaux inférieurs il fait souvent plusieurs *culbutes en arrière les unes à la suite des autres*, et qu'après celle des canaux verticaux supérieurs il en fait souvent *en avant*. Tous ces mouvements ont lieu dans le vol comme dans la marche; mais dans les petits oiseaux (mésanges, bruants, verdiers, etc.), qui volent beaucoup plus qu'ils ne marchent, c'est presque toujours dans le vol qu'ils ont lieu, ce qui ajoute un nouveau degré de rapidité, et par-là même de singularité aux phénomènes. Du reste, même mouvement horizontal de la tête après la section des canaux horizontaux; même mouvement vertical après la section des canaux verticaux; même cessation de ces mouvements durant le repos; même reproduction des mouvements de la tête par tous les mouvements du corps; et même trouble de tous ces mouvements (vol, marche, course, etc.) par le mouvement de la tête.

CHAPITRE XXIX.

EXPÉRIENCES SUR LES CANAUX SEMI-CIRCULAIRES
DES MAMMIFÈRES (1).

—

§ Ier.

I. J'ai fait connaître, dans le précédent chapitre, les effets singuliers qui suivent la section des canaux semi-circulaires de l'oreille, dans les oiseaux. Il importait de voir jusqu'à quel point ces effets se reproduisent ou se modifient dans les autres classes, et surtout dans les mammifères.

II. Mais, dans les mammifères, les canaux semi-circulaires sont tellement enveloppés par la substance dure et compacte du rocher que, pour les atteindre, il faut absolument commencer par les débarrasser et les dégager de cette substance.

III. Or, c'est là une première opération qui, sur l'animal vivant, ne peut se faire sans une grande difficulté; difficulté qui serait insurmon-

(1) Mémoire lu à l'Acad. roy. des sciences, le 13 octobre 1828.

table peut-être s'il n'y avait quelques espèces où le rocher se trouve beaucoup moins épais et moins dense qu'il ne l'est généralement, et si on ne pouvait en outre, même dans ces espèces, remonter à un âge où il n'ait pas encore acquis toute la dureté et toute la consistance qu'il doit avoir plus tard.

IV. Sous ces deux rapports d'âge et d'espèce, de jeunes lapins m'ont paru les animaux les plus propres à mes nouvelles expériences : d'abord, dans les lapins comme dans tous les rongeurs, le rocher demeure à tout âge beaucoup moins épais et moins dense que dans la plupart des autres familles des mammifères, et, en second lieu, les lapins, comme tous les rongeurs, commencent déjà à marcher, à courir, à sauter, à se tenir d'aplomb, à se mouvoir enfin avec une certaine énergie, à un âge encore fort jeune, et conséquemment avant que l'ossification du rocher soit complète. Il y a donc ainsi, dans ces animaux, un moment où l'ossification du rocher n'est pas trop avancée, et où les mouvements sont pourtant assez énergiques; et c'est ce moment qu'il faut choisir pour l'expérience.

V. Dans les animaux carnassiers, au contraire, dans le chat, dans le chien, par exemple, d'une part, la locomotion se développe trop tard; d'au-

tre part, l'ossification du rocher avance trop vite :
d'où il suit que, quand le rocher serait assez tendre
pour se prêter à l'expérience, les mouvements de
l'animal sont trop faibles, et que, quand les mouvements seraient assez forts, le rocher n'est plus
assez tendre.

VI. Pour les lapins, l'âge que j'ai trouvé le plus
favorable à l'expérience est celui d'un mois et
demi à deux mois à peu près ; c'est sur des lapins
d'environ cet âge que les expériences qui suivent
ont été faites.

§ II.

I. Sur un lapin âgé d'à peu près deux mois, je
commençai par dégager et par mettre à nu le canal
horizontal des deux côtés ; après quoi je coupai le
canal horizontal du côté gauche.

Sur-le-champ, l'animal fut pris d'un mouvement de la tête de gauche à droite et de droite à
gauche ; ce mouvement, comme dans les pigeons
précédemment opérés, cessait pendant le repos ;
il recommençait dès que l'animal se mouvait ; il
devenait toujours d'autant plus fort que l'animal
cherchait à se mouvoir plus vite ; il n'avait peut
être pas autant de rapidité que dans les pigeons,
mais il eut plus de constance. On se souvient que,
dans les pigeons, le mouvement de la tête qui suit

la section du canal horizontal d'un seul côté ne dure qu'un instant : dans ce lapin, au contraire, plusieurs heures après l'opération, ce mouvement, quoique affaibli, persistait encore.

Je remarque en outre qu'au moment de la section du canal, l'animal donna des signes de douleur; remarque qui s'applique à toutes les expériences qui suivent.

Le mouvement de la tête s'accompagnait toujours d'une agitation très vive des yeux et des paupières; mais dès que la tête était en repos, les yeux et les paupières y étaient aussi.

Dans l'état de repos, la tête était presque toujours portée du côté gauche, rarement dans sa position naturelle, jamais à droite. Enfin, l'animal tournait souvent sur lui-même, et toujours du côté gauche.

II. Je coupai le canal horizontal de l'autre côté : aussitôt le mouvement horizontal devint plus violent; il l'était même parfois au point qu'il emportait de droite à gauche et de gauche à droite, non seulement la tête, mais les jambes de devant et avec elles tout le train antérieur de l'animal.

Ce mouvement troublait et désordonnait tous les autres mouvements, surtout tous les mouvements rapides; aussi, quand l'animal voulait courir, il tombait et roulait à terre.

Dans l'état de repos, le mouvement de la tête cessait ; mais dès que l'animal, ou seulement la tête de l'animal se mouvait, il recommençait, et toujours avec d'autant plus de force que le mouvement à propos duquel il recommençait était plus rapide.

Constamment les oscillations horizontales de la tête, après avoir acquis tout d'un coup, à l'occasion d'une excitation quelconque, une certaine étendue et une certaine rapidité, diminuaient peu à peu ensuite de rapidité comme d'étendue, puis ne constituaient plus qu'un léger tremblement, et puis finissaient par disparaître.

Le globe des yeux et des paupières, comme dans le cas précédent du seul canal du côté gauche coupé, étaient dans une agitation perpétuelle tant que la tête se mouvait ; cette agitation était d'autant plus vive que la tête se mouvait plus vite ; et quand la tête cessait de se mouvoir, l'agitation des yeux et des paupières cessait aussi.

Mais ce qui est à remarquer, c'est que la tête, qui, après la section du seul canal du côté gauche, était presque toujours tournée à gauche, avait, depuis la section du second canal, repris sa position naturelle sur la ligne médiane ; et que l'animal qui, dans le premier cas, tournait toujours du côté gauche, tournait maintenant tantôt d'un côté et tantôt de l'autre.

J'ai conservé ce lapin ; il mangeait de lui-même, et, quelque faible qu'il fût encore à cause de son jeune âge, il a néanmoins survécu durant plus d'un mois. Le branlement de la tête et la rotation de l'animal sur lui-même, tantôt d'un côté, tantôt de l'autre, ont toujours subsisté ; mais le branlement de la tête était devenu moins vif, et, par suite, tous les autres mouvements de l'animal moins troublés et moins désordonnés.

III. Sur un lapin du même âge que le précédent, et après avoir débarrassé de même les canaux horizontaux de la substance du rocher qui les enveloppe, je coupai d'abord le canal horizontal du côté droit.

Le mouvement de la tête (avec tous ses effets sur les autres mouvements du corps) reparut à l'instant, comme dans le précédent lapin, mais avec cette différence que cette fois-ci la tête était presque toujours tournée à droite, et que c'était toujours aussi du côté droit que l'animal tournait.

IV. Je coupai le canal horizontal du côté gauche : aussitôt la tête reprit sa position sur la ligne médiane, et l'animal tourna tantôt d'un côté, tantôt de l'autre.

V. Les deux canaux verticaux postérieurs ayant été mis à nu sur un troisième lapin, je coupai le canal du côté gauche.

Ces canaux répondent aux canaux inférieurs ou externes des oiseaux ; mais ils ne croisent plus, dans les mammifères, les canaux horizontaux.

A peine la section fut-elle opérée qu'il survint un mouvement de la tête de bas en haut et de haut en bas. Ce mouvement cesse dans le repos ; il se renouvelle par le moindre mouvement, et il s'accroît toujours d'autant plus que les autres mouvements sont plus rapides.

Dans leur plus grande violence, les oscillations de la tête sont très étendues ; ces oscillations s'affaiblissent ensuite peu à peu : un moment avant de cesser, il n'y a plus qu'un léger tremblement qui représente tout-à-fait le tremblement de la tête qui s'observe dans certains vieillards.

Quelquefois la tête, dans son mouvement de bas en haut et de haut en bas, fait comme un demi-tour à droite ou à gauche : très souvent aussi le mouvement de bas en haut emporte en arrière tout le corps de l'animal, et le fait tomber presqu'à la renverse.

Ce commencement de culbute en arrière, joint au mouvement de la tête et qui n'en est qu'un degré plus fort, trouble la station, la marche et surtout la course.

Les yeux et les paupières sont dans une agitation qui dure tant que le mouvement de la tête dure; et qui, comme dans les cas précédents, cesse dès que ce mouvement cesse.

De plus, ce mouvement de la tête, mouvement qui s'évanouit presque aussitôt dans les pigeons, dans le cas d'un seul canal coupé, persistait encore dans ce lapin, plusieurs heures après l'opération.

VI. Je coupai le canal vertical postérieur du côté droit : aussitôt le mouvement vertical de la tête devint plus violent; les mouvements de culbute en arrière plus fréquents et plus forts, et par suite tous les autres mouvements de l'animal, la marche, la course, le saut, plus troublés et plus désordonnés.

Enfin, et comme à l'ordinaire, le mouvement de la tête cesse dans le repos, et renaît par le mouvement : il en est de même pour la rotation du globe des yeux; elle renaît avec le mouvement de la tête et disparaît avec ce mouvement.

Ce lapin, quoique très jeune encore et conséquemment très faible, surtout pour une pareille expérience, a pourtant survécu durant sept à huit jours. Il mangeait de lui-même; et, tant qu'il a vécu, le mouvement de la tête a subsisté.

VII. Il restait à tenter enfin la section du troisième et dernier canal, ou du canal vertical antérieur (c'est le supérieur ou interne des oiseaux). Mais dans les lapins, animaux qui jusqu'ici s'étaient si bien prêtés à mes expériences, le cervelet offre, sur le côté de chaque hémisphère, un petit lobe qui passe sous ce canal. Le point par lequel ce petit lobe adhère à l'hémisphère se rétrécit en un pédicule pour se laisser ceindre par le canal, lequel embrasse ce pédicule comme l'embrasserait un anneau : sorti de cet anneau, le lobule du cervelet s'épanouit et se développe, en sorte que le canal se trouve ainsi comme caché dans un profond sillon entre l'hémisphère, d'une part, et l'épanouissement du lobule, de l'autre. Il m'a été tout-à-fait impossible, quelques précautions que j'aie prises, de couper ce canal sans blesser plus ou moins ce lobule (1), et sans compliquer plus ou moins, dès lors, les effets propres de l'une de ces parties des effets de l'autre (2).

(1) Ou le point de l'hémisphère du cervelet auquel ce lobule adhère.

(2) Le lobule latéral du cervelet se trouve dans tous les rongeurs, le rat, la souris, le lérot, etc.; il est à peine marqué dans les carnassiers, le chat, le chien, etc. Il se trouve aussi dans les

VIII. Heureusement qu'au fond ce qui importait, c'était de voir si le phénomène singulier qui suit la section des canaux semi-circulaires dans les oiseaux, se reproduisait dans les mammifères, c'est-à-dire si, d'abord, la section d'un canal quelconque était suivie d'un mouvement quelconque; et si, ensuite, la direction du canal coupé déterminait toujours la direction du mouvement produit.

IX. Or, quant au premier point, il eût suffi, à la rigueur, de pouvoir atteindre un seul des trois canaux; et, quant au second, il suffisait de pouvoir atteindre et le canal horizontal, et un canal vertical quel qu'il fût, puisque c'était de l'opposition principale entre la direction de ces deux canaux que devait naître le principal contraste des phénomènes.

X. J'ai voulu voir pourtant si, sur des lapins d'un âge moins avancé que ceux sur lesquels j'avais opéré jusqu'ici, je ne pourrais pas réussir à atteindre enfin isolément le canal vertical antérieur. En effet, à mesure qu'on remonte d'âge en âge vers l'époque de la naissance, le cervelet et le

oiseaux; il est même assez développé dans l'oie, le canard, par exemple; il l'est moins dans le dindon, la poule, la caille, etc.; et moins encore dans le pigeon, les passereaux, les oiseaux de nuit, etc.

lobule du cervelet, moins développés, dépassent de moins en moins le canal, et s'opposent ainsi, de moins en moins, à ce qu'on l'atteigne.

XI. Après plusieurs essais, je suis parvenu, sur des lapins de douze à quinze jours à peu près, à couper quelquefois le canal vertical antérieur sans blesser le cervelet ; mais, à cet âge même, je n'ai pu, la plupart du temps, le couper sans blesser plus ou moins cet organe.

XII. Dans les cas de cette complication de lésions, les effets du cervelet masquant plus ou moins les effets propres du canal, je n'ai pu obtenir qu'un résultat confus.

Dans les cas, au contraire, où la section du canal a été simple et dégagée de toute complication de lésion du cervelet, j'ai constamment vu se reproduire et le mouvement de la tête de haut en bas et de bas en haut, et la propension à culbute en avant qui accompagnent la section de ce canal dans les oiseaux.

XIII. En outre, dans les lapins, au mouvement vertical de la tête, qui est le seul qui s'observe alors dans les oiseaux, se joignait parfois un mouvement horizontal de cette partie, et quelquefois aussi l'animal tournait sur lui-même.

§ III.

I. J'ai répété les expériences qui précèdent, soit sur le canal horizontal, soit sur le canal vertical postérieur, soit sur le canal vertical antérieur, sur plusieurs lapins : le résultat a toujours été le même.

II. Ainsi donc :

1° Dans les lapins, comme dans les pigeons, la section des canaux horizontaux est suivie d'un mouvement horizontal, et la section des canaux verticaux, d'un mouvement vertical de la tête.

De plus, la section du canal horizontal est suivie d'un tournoiement de l'animal sur lui-même ; celle du canal vertical postérieur, d'un mouvement de culbute en arrière ; et celle du canal vertical antérieur, d'un mouvement de culbute en avant.

2° Tous ces mouvements, soit de branlement de la tête, soit de tournoiement, soit de culbute, ont moins de violence dans les lapins que dans les pigeons.

Ainsi le branlement de la tête est moins impétueux : l'animal tourne sur lui-même avec moins de rapidité : il éprouve un commencement de culbute, mais la culbute n'est pas complète ; et, à plus forte raison, n'y a-t-il pas plusieurs culbutes à la suite les unes des autres, comme dans les pigeons.

3° Dans les lapins comme dans les pigeons, le mouvement de la tête cesse dans le repos; il renaît par le mouvement, et il s'accroît toujours d'autant plus que les autres mouvements sont plus rapides.

4° Les mouvements qu'entraîne la section des canaux semi-circulaires sont toujours les mêmes pour les mêmes canaux, toujours différents pour les différents canaux, dans les lapins, comme dans les pigeons; et c'est une chose digne de remarque sans doute qu'il y ait précisément autant de directions différentes de ces mouvements qu'il y a de directions principales ou cardinales de tout mouvement : d'avant en arrière et d'arrière en avant; de haut en bas et de bas en haut; de droite à gauche et de gauche à droite.

5° Le mouvement de la tête (et tous les effets de ce mouvement) qui suit la section d'un seul canal, soit vertical, soit horizontal, m'a paru avoir plus de constance dans les lapins que dans les pigeons.

6° Enfin, le mouvement de la tête, suite de la section des deux canaux, soit verticaux, soit horizontaux, persiste toujours dans les lapins comme dans les pigeons, quoique moins énergiquement dans les premiers que dans les seconds ; et dans les uns comme dans les autres, bien qu'il persiste, il n'empêche pas l'animal de vivre et de conserver tous ses sens et toute son intelligence.

III. Les mouvements singuliers que détermine la section des canaux semi-circulaires se reproduisent donc dans les mammifères comme dans les oiseaux.

Ces mouvements constituent donc un phénomène qui, jusqu'ici, se montre aussi général qu'il est étonnant.

CHAPITRE XXX.

DIRECTION DES MOUVEMENTS DE L'ANIMAL RÉGIE PAR LA DIRECTION DES FIBRES DE L'ENCÉPHALE.

—

§ Ier.

I. J'ai décrit, dans les deux précédents chapitres, les singuliers effets de la section des canaux semi-circulaires.

II. De ces canaux, au nombre de trois, deux sont verticaux, le troisième est horizontal.

En outre, des deux canaux verticaux, l'un est dirigé d'arrière en avant; l'autre est dirigé d'avant en arrière.

III. Or, quand on coupe le canal horizontal, l'animal tourne sur lui-même; quand on coupe le canal vertical *antérieur* (1), l'animal fait une suite de culbutes en avant; et quand on coupe le canal vertical *postérieur* (2), l'animal fait une suite de culbutes en arrière.

(1) *Antérieur*, on dirige d'arrière en avant.
(2) *Postérieur*, on dirige d'avant en arrière.

IV. La section de chaque canal détermine donc une suite de mouvements, lesquels s'exécutent dans le sens même de la direction du canal. Il y a donc un rapport donné, un rapport constant entre la direction de chaque canal semi-circulaire et la direction du mouvement produit par la section de chaque canal.

V. Quelle peut être la cause de ce rapport?

Assurément cette cause n'est pas dans le canal même. Cette cause vient de plus loin; le canal l'emprunte d'ailleurs; et cet autre organe, cette autre partie, cette partie plus profonde d'où il l'emprunte, ne peut être que l'encéphale.

§ II.

I. C'est ce qu'il a été facile de pressentir dès mes premières expériences sur les canaux semi-circulaires.

II. M. Cuvier, en rendant compte de ces expériences à l'Académie, s'exprimait ainsi : « Les » résultats des expériences de M. Flourens ont, » disait-il, une ressemblance frappante avec ceux » que notre confrère M. Magendie a obtenus, » en coupant le pont de Varole. L'Académie se » souvient sans doute d'avoir vu des lapins sur » lesquels il avait pratiqué cette opération tour-

» ner sur eux-mêmes, à peu près comme nous
» l'avons vu sur ceux de M. Flourens. Cette res-
» semblance d'effets est due peut-être aux rap-
» ports intimes du nerf acoustique avec les jambes
» du cervelet; mais ce n'est que par des expé-
» riences encore plus nombreuses et plus va-
» riées, portant sur le nerf même et sur les parties
» voisines de l'encéphale, que l'on parviendra à
» connaître le véritable point d'où partent ces mou-
» vements, si réguliers dans leur désordre (1). »

III. M. Cuvier indiquait ici le rapport qui
lie les effets de la section des canaux semi-circulaires aux effets de la section du pont de Varole. Il
avait indiqué ailleurs le rapport qui lie les effets
de la section du pont de Varole aux effets de la
lésion même du cervelet.

« Cette expérience (la section du pont de Va-
» role, pratiquée par M. Magendie) correspond,
» disait-il, avec celles que M. Flourens a faites sur
» le cervelet, et leur sert en quelque sorte de
» complément (2). »

IV. C'est donc dans l'encéphale : on peut déjà
même aller plus loin : c'est surtout dans le cervelet
que se trouve la première et fondamentale cause

<hr>

(1) Rapport fait à l'Académie des sciences dans la séance du 24
novembre 1828.

(2) *Analyse des travaux de l'Acad. des sc.*, année 1824, p. 69.

des mouvements singuliers qui suivent la section des canaux semi-circulaires.

§ III.

I. Le cervelet, organe impair, organe unique, et le seul organe impair, le seul organe unique de l'encéphale, si l'on excepte les deux petits corps nommés *glandes pinéale* et *pituitaire*, est placé en travers sur la moelle allongée.

II. Il embrasse cette moelle allongée, base de l'encéphale, par ses deux jambes ou pédoncules; et, de plus, ces deux pédoncules se continuent en avant avec les pédoncules mêmes du cerveau, et en arrière avec la moelle épinière.

III. Chaque pédoncule du cervelet se partage donc en trois autres, dont l'un se dirige transversalement, l'autre d'arrière en avant, et l'autre d'avant en arrière.

IV. Les *fibres* ou *pédoncules transverses* du cervelet forment une sorte de *pont* (1), lequel passe sous la moelle allongée, et l'embrasse.

Les *fibres* qui se dirigent d'arrière en avant, les *pédoncules postéro-antérieurs* (2), vont du cervelet vers les tubercules bijumeaux ou quadriju-

(1) *Pont de Varole ou protubérance annulaire.*
(2) *Processus cerebelli ad testes.*

meaux, et s'unissent ou se continuent avec les *pédoncules* mêmes du cerveau (1).

Les *fibres* qui se dirigent d'avant en arrière, les *pédoncules antéro-postérieurs*, vont du cervelet à la moelle épinière.

V. Les pédoncules du cervelet se divisent donc en trois ordres de fibres; et le cervelet est comme le point central, le nœud d'où ces trois ordres de fibres dérivent.

§ IV.

I. Passons de ces premiers résultats donnés par l'examen anatomique aux résultats que donnent les expériences physiologiques.

II. Si l'on coupe le *pont de Varole*, c'est-à-dire le faisceau de fibres tranverses, l'animal roule sur lui-même selon l'axe de sa longueur.

La section des fibres ou *pédoncules transverses* détermine donc la rotation de l'animal sur lui-même.

C'est précisément, ou fort à peu près du moins, ce que fait la section du canal semi-circulaire horizontal.

III. Si l'on coupe les pédoncules cérébraux.

____

(1) *Corps restiforme, crus cerebelli ad medullam oblongatam, processus ad medullam spinalem.*

pédoncules auxquels s'unissent, comme je viens de le dire, les fibres ou *pédoncules antérieurs* du cervelet, l'animal se précipite en avant avec force.

La section des fibres ou *pédoncules antérieurs* détermine donc une suite de *mouvements en avant*. Et c'est aussi ce que fait la section du canal vertical supérieur ou antérieur.

IV. Si l'on coupe, enfin, les fibres ou *pédoncules postérieurs* du cervelet, l'animal recule, il fait ou tend à faire une suite de culbutes en arrière.

La section des fibres ou *pédoncules postérieurs* du cervelet détermine donc une suite de *mouvements en arrière*. Et c'est encore ce que fait la section du canal vertical inférieur ou postérieur.

V. Soit que l'on considère la direction des *fibres nerveuses* coupées, soit que l'on considère la direction des *canaux semi-circulaires* coupés, il y a donc toujours un rapport donné, un rapport frappant entre la direction des *fibres* ou des *canaux* coupés, et la direction des *mouvements* produits.

§ V.

I. En 1822, je fis connaître les effets de la lésion du cervelet.

II. En 1825, M. Magendie fit connaître les

effets de la section du *pont de Varole* et des *pédoncules cérébraux* (1).

III. J'avais déjà fait connaître, dès 1824 (2), les effets de la section des canaux semi-circulaires.

IV. J'ai cherché enfin, par les expériences de ce chapitre, à démêler la vraie cause, la cause primitive de ces différents effets ; et je la trouve dans la *direction des fibres de l'encéphale.*

§ VI.

I. J'ai coupé, sur plusieurs lapins, le *pont de Varole*, tantôt d'un côté, tantôt de l'autre ; et, dans tous ces cas, l'animal s'est mis à rouler sur lui-même, selon l'axe de sa longueur (3).

La section du *pont de Varole*, c'est-à-dire la section des *fibres transverses* du cervelet, détermine donc la rotation de l'animal sur lui-même.

II. Sur plusieurs lapins, j'ai blessé, j'ai coupé les pédoncules cérébraux au point où les corps

(1) Voyez *Journal de physiol. expérim.*, t. IV, p. 399. J'avais, à cette époque même, en 1825, observé ces effets depuis long-temps ; mais je ne les avais pas encore publiés.

(2) Du moins en partie. Je les fis connaître plus complétement en 1828. *Voyez* les trois chapitres qui précèdent.

(3) Et toujours du côté lésé. Les *pédoncules* du cervelet et le *pont de Varole* ont un *effet direct*. Les parties supérieures du cervelet (les *vrais lobes*) ont seules un *effet croisé*.

striés leur adhèrent. L'animal s'est violemment élancé en avant.

La section des *pédoncules* du cerveau, c'est-à-dire des *fibres droites* de l'encéphale, détermine donc une suite de mouvements d'arrière en avant.

III. Sur plusieurs autres lapins, j'ai blessé les *pédoncules postérieurs* ou *rétrogrades* du cervelet; et l'animal s'est mis à reculer.

La section des fibres *postérieures* ou *rétrogrades* du cervelet détermine donc une suite de mouvements d'avant en arrière.

IV. Enfin, sur plusieurs lapins, j'ai blessé isolément la partie postérieure du lobe médian du cervelet.

Cette partie du cervelet est l'origine des *pédoncules postérieurs* ou des fibres rétrogrades de cet organe (1).

L'animal a fait aussitôt une suite de mouvements comme de culbute en arrière.

V. J'ai blessé, sur un canard, la partie supérieure et médiane du cervelet. L'animal a perdu l'équilibre de ses mouvements; mais il a continué à se porter en avant.

VI. J'ai blessé, sur un autre canard, la par-

______

(1) Les pédoncules postérieurs du cervelet, ou *corps restiformes*, forment, avec la partie postérieure du lobe médian du cervelet, le système des *fibres rétrogrades* de cet organe.

tie postérieure du lobe médian du cervelet; et l'animal s'est mis à reculer.

VII. J'ai blessé, sur différents pigeons, tantôt la partie postérieure (1) du lobe médian du cervelet, tantôt les pédoncules qui du cervelet vont à la moelle épinière; et dans tous ces cas, l'effet a été le même; l'animal a toujours reculé.

VIII. Ainsi donc, si l'on blesse les fibres *transverses* de l'encéphale, l'animal tourne sur lui-même; si l'on blesse les fibres *postéro-antérieures*, l'animal se porte en avant; si l'on blesse les fibres *antéro-postérieures* ou *rétrogrades*, l'animal se porte en arrière.

La *direction des mouvements* produits par la section des *fibres de l'encéphale* est donc toujours déterminée par la *direction de ces fibres*.

§ VII.

I. Il en est de même, comme je le disais tout-à-l'heure, pour les canaux semi-circulaires. C'est la direction de chaque canal qui détermine le sens du mouvement produit par la section de ce canal.

(1) Le point du cervelet dont la lésion détermine les mouvements en arrière répond au troisième *lobule* ou *fascicule* de la partie postérieure du lobe médian, en comptant d'arrière en avant.

La section du canal horizontal ou *transverse* détermine des mouvements de rotation ou de droite à gauche, et de gauche à droite; la section du canal *postéro-antérieur*, des mouvements en avant; la section du canal *antéro-postérieur*, des mouvements en arrière.

II. A quoi tient donc, enfin, cette force singulière des canaux semi-circulaires? Elle tient aux rapports des nerfs de ces canaux avec les fibres de l'encéphale.

III. Le nerf acoustique qui se rend dans l'oreille par le trou auditif interne, n'est pas un nerf simple; c'est un nerf complexe, et qui se compose de deux nerfs très distincts : le *nerf du limaçon* et le *nerf des canaux semi-circulaires* (1).

Le premier de ces nerfs, le nerf du limaçon, est le *vrai nerf auditif;* le limaçon est le *vrai siége* du sens de l'ouïe (2).

(1) Deux anastomoses lient les uns aux autres les trois nerfs (le nerf du limaçon, celui des canaux semi-circulaires et le facial) qui s'étaient réunis pour se porter dans le trou auditif interne : la première va du nerf du limaçon au nerf des canaux semi-circulaires; la seconde va du nerf des canaux semi-circulaires au nerf facial.

(2) *Voyez* ci-devant, chapitre XXVII, p. 450. J'ai dit, dans la Note de la page que je cite ici, que je n'avais pu parvenir à détruire, sur des pigeons, l'expansion nerveuse du limaçon, sans toucher plus ou moins à celle du vestibule. J'y suis parvenu sur des lapins,

IV. L'autre nerf, le nerf des canaux semi-circulaires, n'est pas un *nerf des sens :* la section des canaux semi-circulaires ne détruit pas l'ouïe; elle la rend même plus vive, puisqu'elle la rend douloureuse.

V. Le *nerf des canaux semi-circulaires* est un nerf spécial et propre. Il forme une *paire* nouvelle, une *paire* de plus, à joindre à la liste des *paires crâniennes* ou *encéphaliques*. Il est doué de la faculté singulière d'agir sur la direction des mouvements.

Parvenu à l'entrée des canaux semi-circulaires, ses *éléments primitifs*, car il naît par trois racines distinctes (1), *s'isolent* et se divisent de nouveau en trois branches, une pour chaque canal.

Et c'est la branche nerveuse qui pénètre dans chaque canal qui est la *partie active* du canal, la partie dont la section produit l'effet, la partie

c'est-à-dire sur des mammifères, animaux dans lesquels le limaçon est en effet beaucoup plus développé. J'ai détruit, sur plusieurs lapins, le limaçon sans toucher au vestibule. L'ouïe a été détruite ; et les mouvements singuliers qui suivent la section des canaux semi-circulaires n'ont point paru. Le limaçon est donc le *vrai siège* du sens de l'ouïe.

(1) Le *vrai nerf acoustique*, le *nerf du limaçon*, n'a, au contraire, qu'une seule racine. Cette racine est postérieure, et se porte, par-dessus le *corps restiforme*, jusqu'à la ligne médiane du quatrième ventricule.

dont la direction détermine, lors de la section, la direction du mouvement produit.

VI. Il ne s'agit plus que de voir comment chacune de ces branches nerveuses se comporte avec l'encéphale, leur source et origine commune.

§ VIII.

I. Si l'on suit dans l'encéphale le *nerf des canaux semi-circulaires*, on le voit bientôt (toujours accompagné du *nerf acoustique*, avec lequel pourtant il ne se confond jamais) arriver à l'encéphale, et là se diviser de nouveau, comme je viens de le dire, en trois branches ou faisceaux nerveux.

II. L'un de ces faisceaux va aux fibres transverses du cervelet ou *pont de Varole;* l'autre aux fibres droites de l'encéphale, c'est-à-dire aux pédoncules cérébraux ; l'autre aux fibres postérieures du cervelet ou *corps restiformes* (1).

(1) Je ne fais qu'indiquer ici ces *directions* diverses des *fibres* de l'encéphale et des *racines* du nerf des canaux semi-circulaires. Pour faire bien comprendre toutes ces *directions* de *fibres* et de *racines*, il faudrait des descriptions détaillées et des figures. On trouvera ces descriptions et ces figures dans mes *Recherches sur la structure du cerveau;* ouvrage qui forme le complément nécessaire de celui-ci, et qui est sous presse.

III. Voilà donc trouvée la cause des singuliers effets des canaux semi-circulaires :

D'une part, la section de chaque canal produit un mouvement dont la direction est toujours la même que celle du canal coupé ;

D'autre part, la direction des mouvements produits par la section des fibres du cervelet et de l'encéphale est toujours la même que celle des fibres coupées ;

Enfin, les filets nerveux du nerf des canaux semi-circulaires ont leur origine dans ces fibres de l'encéphale, lesquelles sont, tour à tour, *transverses* ou *droites*, *antérieures* ou *postérieures*, et dont les effets sont *opposés* comme les directions.

IV. C'est donc de ces *fibres opposées*, c'est donc de ces *fibres intimes et profondes de l'encéphale*, que le *nerf des canaux semi-circulaires* naît et tire le principe de sa force et de son action.

CHAPITRE XXXI.

FORCES MODÉRATRICES DES MOUVEMENTS.

§ Ier.

I. En décrivant, dans les trois précédents chapitres, les effets qui suivent, d'une part, la section
des canaux semi-circulaires, et, de l'autre, la section des *fibres opposées* de l'encéphale (1), j'ai dit
que la section de tel ou tel canal, que la section
de tel ou tel genre de fibres *détermine* tel ou tel
mouvement.

II. Ce mot *détermine* n'est peut-être pas tout-
à-fait exact. Je me serais exprimé d'une manière
plus juste, en disant que la section *laisse éclater* le
mouvement (2).

(1) Ou dirigées en sens opposé.

(2) M. Chevreul, dans une savante et profonde analyse de mes
expériences, a déjà dit : « C'est l'*absence* de ces canaux, et non
» leur *présence*, qui est la cause des phénomènes si singuliers
» décrits par M. Flourens : c'est donc hors de ces canaux qu'il faut

III. En effet, l'action des *canaux semi-cir-culaires* et des *fibres opposées* de l'encéphale est beaucoup plus une action qui *modère*, une force qui *régit*, qui *contient* qu'une force qui *pousse* et qui *détermine*.

IV. Tant que les *canaux semi-circulaires* et les *fibres opposées* de l'encéphale sont *entiers*, les mouvements sont *modérés* ou *contenus*; au contraire, dès qu'on coupe, dès qu'on blesse les *canaux semi-circulaires* ou les *fibres opposées* de l'encéphale, les *mouvements impétueux* éclatent.

V. Il y a donc dans les *canaux semi-circulaires*, il y a dans les *fibres opposées* de l'encéphale, une force qui *contient* et *modère* les mouvements.

§ II.

I. Et cette force se compose de plusieurs forces. Il y a, dans les *canaux semi-circulaires* et dans les *fibres opposées* de l'encéphale, plusieurs forces qui *contiennent* et qui *modèrent*. Il y a autant de *forces modératrices* distinctes qu'il y a de mouvements opposés possibles.

II. L'animal se meut en avant, en arrière, à

» cherche, cette cause; et dès lors il faut les considérer, non comme
» des organes qui *produisent* les phénomènes en question, mais
» comme des organes qui les *empêchent*, au contraire, de se ma-
» nifester. » *Journal des Savants*, année 1831, p. 10.

droite, à gauche, il tourne sur lui-même, etc. ; et il y a autant de *forces modératrices* opposées qu'il y a de ces mouvements divers.

III. Si vous considérez les canaux semi-circulaires, le canal *antérieur* (1) *modère* les mouvements d'arrière en avant ; le canal *postérieur* (2), les mouvements d'avant en arrière ; le canal *horizontal*, les mouvements de gauche à droite et de droite à gauche.

IV. Si vous considérez les fibres de l'encéphale, les fibres *postéro-antérieures* (3) *modèrent* les mouvements en avant ; les fibres *antéro-postérieures* ou *rétrogrades*, les mouvements en arrière ; les fibres *transverses*, les mouvements de rotation, de tournoiement, les mouvements de gauche à droite e de droite à gauche.

V. Il y a donc, soit dans les canaux semi-circulaires, soit dans les fibres de l'encéphale, autant de *forces modératrices* opposées qu'il y a de directions principales ou cardinales des mouvements (4).

(1) Ou dirigé d'arrière en avant.

(2) Ou dirigé d'avant en arrière.

(3) Ou dirigées d'arrière en avant.

(4) *Voyez*, sur les directions principales des mouvements et sur les forces qui les produisent, ce que dit M. Magendie dans un article très remarquable, intitulé : *Influence du cerveau sur les mouvements. Précis élément. de physiologie.* T. I, p. 402. Paris, 1833.

§ III.

Le système nerveux n'est donc pas seulement le *principe excitateur* des mouvements ; il en est le principe *régulateur;* il en est le principe *modérateur*. Et remarquez que chacun de ces effets, l'effet *excitateur*, l'effet *régulateur*, l'effet *modérateur*, est produit par une partie distincte.

II. L'effet *excitateur* est produit par toutes les parties du système nerveux qui, étant piquées ou irritées, provoquent immédiatement des contractions musculaires, par la moelle épinière, par la moelle allongée, par les nerfs.

L'effet *régulateur* émane du cervelet.

L'effet *modérateur* réside enfin, tout à la fois, et dans les *canaux semi-circulaires*, et dans les *fibres opposées* de l'encéphale.

§ IV.

I. Il y a donc, dans le système nerveux, des parties qui *excitent* le mouvement ; il y en a d'autres qui le *modèrent;* il y en a une qui le *régularise* et le *coordonne.*

II. A considérer le système nerveux dans l'ensemble de ses forces et de ses actions, on voit d'abord que la moitié à peu près du système est affectée à la *motilité,* et l'autre moitié à la *sensibilité.*

III. Des belles recherches de M. Bell, il suit, comme nous avons vu, que chaque nerf (1) est composé de deux nerfs, l'un pour le sentiment, l'autre pour le mouvement; que la moelle épinière est composée de deux moelles, l'une pour la sensibilité, l'autre pour la motilité : le système nerveux se compose donc de deux moitiés, et de deux moitiés à peu près égales, l'une pour la sensibilité et l'autre pour la motilité.

Au-dessus de ces deux moitiés du système nerveux sont le *grand* et le *petit cerveau,* le *cerveau antérieur* et le *cerveau postérieur,* le *cerveau proprement dit* et le *cervelet* (2) : le cerveau proprement dit, siége de l'intelligence, et le *cervelet,* siége du principe qui règle et coordonne les mouvements.

Entre la moelle épinière et l'encéphale, est le point *central* du système nerveux; ce point au-

____

(1) Du moins chaque nerf de la moelle épinière, plus la cinquième paire de l'encéphale. *Voyez* l'ouvrage de M. Bell : *The nervous system of the human body,* etc. 1836.

(2) On a successivement donné tous ces noms à ces deux organes.

quel il faut que toutes les autres parties tiennent pour vivre, dont il suffit qu'elles soient détachées pour mourir, et qui est tout à la fois et le *principe du mécanisme respiratoire* et le *nœud vital du système.*

Enfin, dans les *canaux semi-circulaires* et dans les *fibres opposées* de l'encéphale, résident les *forces modératrices* des mouvements.

CHAPITRE XXXII.

MÉTHODE EXPÉRIMENTALE EMPLOYÉE DANS MES RECHERCHES SUR L'ENCÉPHALE.

§ Ier.

I. Tout, dans les recherches expérimentales, dépend de la méthode; car c'est la méthode qui donne les résultats. Une méthode neuve conduit à des résultats nouveaux; une méthode rigoureuse à des résultats précis; une méthode vague n'a jamais conduit qu'à des résultats confus.

II. En se bornant, comme on le faisait avant moi, à ouvrir le crâne par un trépan, et à porter un trois-quarts ou un scalpel dans le cerveau par cette ouverture, on ne savait jamais ni quelles parties on blessait, ni conséquemment à quelles parties il fallait rapporter les phénomènes qu'on observait.

III Les compressions, employées par tant

d'observateurs, ne s'opposaient pas moins à ce qu'on obtint des *résultats simples*, c'est-à-dire des *fonctions propres*; car il est presque impossible de comprimer une partie du cerveau sans toucher à quelque autre, et souvent même à plusieurs autres.

IV. Ce qui manquait donc, c'était une *méthode expérimentale* qui, isolant convenablement les parties, en isolât rigoureusement les propriétés.

V. C'est aussi par la recherche d'une pareille méthode que j'ai commencé.

Deux points principaux constituent celle que je me suis donnée. Le premier, de mettre d'abord à nu l'encéphale par l'ablation de ses enveloppes; le second, de n'intéresser que l'une après l'autre, et toujours l'une à l'exclusion de l'autre, chaque partie ainsi mise à nu et sous les yeux de l'expérimentateur.

§ II.

I. Ce qui fait le caractère de ma nouvelle méthode expérimentale est donc l'isolement des parties.

Le but de l'expérimentateur étant, en effet, de parvenir à la détermination précise de la fonction propre de chaque partie, il est évident qu'il ne pourra obtenir cette fonction propre, dégagée de toute autre, qu'autant qu'il aura d'abord isolé ou dégagé de toute autre la partie même de laquelle cette fonction dépend.

II. Or, je le répète, c'est là ce qui ne pouvait être fait par aucune des méthodes d'expérimentation employées jusqu'à moi.

III. On se contentait de répéter, depuis des siècles, des expériences incomplètes ; on multipliait, on reproduisait, sans fin, des résultats confus ; et personne ne voyait que, pour arriver à des résultats précis et distincts, c'était la méthode expérimentale même qu'il fallait d'abord changer et refaire.

IV. Et cette méthode qui met à nu toutes les parties d'un appareil pour permettre à l'expérimentateur d'atteindre séparément chacune de ces parties, je ne l'ai pas seulement appliquée à l'encéphale, je l'ai appliquée à l'oreille, et principalement aux *canaux semi-circulaires*.

V. Ces canaux sont enveloppés par un os : il m'a fallu les dégager d'abord de cet os, comme, dans mes expériences sur le cerveau, il m'avait fallu d'abord dégager ce cerveau du crâne : et ces canaux, et ce cerveau, une fois mis à nu, j'ai pu atteindre séparément, et à volonté, et à coup sûr, chacune de leurs parties, et démeler ainsi le rôle propre de chacune d'elles.

§ III.

I. Je reviens à mes expériences sur l'encéphale.

Je l'ai déjà dit : tout, dans ces expériences, consiste à isoler les parties pour isoler les fonctions.

Avec les méthodes employées avant moi, on n'était jamais sûr de n'intéresser qu'une partie donnée ; on n'était donc jamais sûr, avec ces méthodes, d'obtenir une fonction propre.

II. Pour donner une idée de la manière dont on a conçu et pratiqué, pendant si long-temps, les expériences sur l'encéphale, je vais citer ici deux ou trois de celles de Rolando, c'est-à-dire de celles-là mêmes dont on a le plus parlé à propos des miennes.

Rolando dit : « J'ai observé qu'après avoir dé-
» chiré tantôt les tubercules bijumeaux, tantôt
» une portion des couches optiques, il se mani-
» festait des phénomènes qui démontraient que
» les muscles de l'animal ne se mouvaient plus en
» sens direct, mais avec une espèce d'irrégularité

» tout-à-fait semblable aux mouvements d'un
» homme ivre (1). »

Rolando dit encore : « Après avoir trépané les
» deux os pariétaux d'une poule avec une espèce
» de petite spatule, j'emportai de chacun des hé-
» misphères du cerveau une grande quantité de
» la substance cendrée qui entre dans leur com-
» position. L'animal paraissait *souffrir* un peu dès
» le principe ; mais après une vingtaine de mi-
» nutes il commençait à *marcher*, à *boire*, et à
» *manger* quelques miettes de pain : il était néan-
» moins un peu étourdi et comme dans un *état*
» *d'ivresse* ; et quand il voulait prendre une miette
» de pain, *il se trompait facilement, et ne pou-*
» *vait parvenir à la saisir qu'après avoir donné*
» *deux ou trois coups de bec* (2). »

Enfin dans une autre expérience sur les hémisphères d'un coq, Rolando dit : « A mesure que
» j'attaquais plus profondément ces parties, l'a-
» nimal devenait stupide et restait plus calme. A
» la fin, il s'assoupit, se coucha par terre pendant
» quelque temps : une heure après, il se releva,
» restant sur ses pieds immobile comme une sta-
» tue ; et il n'y avait ni bruit, ni aliments, ni eau,

____

(1) *Voyez* le *Journal de physiologie expérimentale*, de M. Magendie ; avril 1823.

(2) *Ibid.*

» ni piqûres, qui pussent lui faire faire le plus
» petit mouvement (1). »

III. Voilà donc trois expériences : dans l'une,
l'*ivresse* dérive des couches optiques et des tubercules bijumeaux ; elle dérive des hémisphères
cérébraux dans l'autre. Dans l'une, la mutilation
des hémisphères cérébraux produit l'*assoupissement* et l'*immobilité;* dans l'autre, elle produit
l'*ivresse.* Dans l'une, l'animal est *stupide* et
calme durant la mutilation, et il paraît *souffrir*
dans l'autre; dans l'une enfin, ni le *bruit*, ni les
aliments, ni l'*eau ne peuvent faire faire à l'animal le plus petit mouvement;* dans l'autre, l'animal *boit* et *mange.*

Ainsi, tantôt, selon Rolando, les lobes cérébraux
produisent l'*assoupissement*, et tantôt ils produisent l'*ivresse;* quelquefois l'animal est *stupide* et
calme; quelquefois il *souffre*, et puis il *boit* et
mange : enfin, c'est tantôt des couches optiques, tantôt des tubercules bijumeaux, tantôt des
lobes cérébraux que le phénomène de l'*ivresse*
dérive.

Rolando confond donc tous les phénomènes,
comme il confond tous les organes d'où ces phénomènes dérivent; et cela parce que sa méthode

____

(1) *Ibid.*

n'isole rien. Avec une *méthode isolatrice*, il eût vu que l'assoupissement tenait à la lésion des lobes cérébraux; l'excitation des contractions musculaires, à la lésion des tubercules bijumeaux ou quadrijumeaux; l'ivresse ou le désordre des mouvements, à la lésion du cervelet.

§ IV.

I. La première condition est donc d'isoler les parties.

II. La seconde est, dans certains cas, d'enlever les parties en entier.

III. On a vu en effet qu'une portion, même très limitée, des lobes cérébraux, suffit à l'exercice de leurs fonctions. On a vu, de plus, qu'il suffit de conserver l'un des deux lobes pour que l'intelligence entière soit conservée.

IV. Or, avant moi, on n'enlevait jamais les lobes cérébraux en entier; on se bornait à les mutiler tantôt un peu plus, tantôt un peu moins; souvent même on n'en mutilait qu'un.

Et l'on voit assez tout ce que devait laisser de vague et d'incertain dans les résultats, une manière d'opérer aussi incomplète.

§ V.

I. Je viens de dire qu'on se bornait à *mutiler* les diverses parties du cerveau, sans les enlever en entier.

Et il ne faut pas oublier qu'on ne les *mutilait* jamais que par une ouverture, plus ou moins étroite, pratiquée au crâne.

II. Or, en n'agissant ainsi sur les diverses parties du cerveau que par une petite ouverture faite au crâne, non seulement on n'était jamais sûr, comme je le disais tout-à-l'heure, de ne pas intéresser une partie pour une autre, le cervelet pour les lobes cérébraux, la moelle allongée pour le cervelet, etc., mais on compliquait toujours, ou du moins on courait toujours le risque de compliquer les *lésions* ou *blessures directes* par des *épanchements*.

III. Il faut donc prévenir les *épanchements;* et c'est encore là ce que fait ma méthode. En enlevant en effet, comme le veut ma méthode, toute la voûte du crâne pour mettre tout le cerveau à nu, on prévient toujours, à coup sûr, sinon tout épanchement, du moins toute compression possible par les épanchements, c'est-à-dire toute complication possible des effets des *lésions* par les effets des *épanchements.*

§ VI.

I. Ainsi donc, la *méthode* que j'ai employée : 1° *isole les parties;* 2° *retranche,* quand il le faut, *des parties entières;* et 3° *prévient* toujours *la complication des effets des lésions par les effets des épanchements.*

II. J'ai commencé par me donner cette *méthode;* et c'est elle ensuite qui m'a donné tous les faits contenus dans cet ouvrage, savoir : que le *cerveau proprement dit* (1) est le siége exclusif de l'intelligence, et le *cervelet,* le siége exclusif du principe qui coordonne les mouvements de locomotion; que la conservation d'un seul lobe cérébral suffit pour la conservation de l'intelligence entière; que la perte d'un seul lobe n'entraîne que la perte de la vision de l'œil du côté opposé au lobe enlevé; qu'il y a deux moyens de faire perdre la vision sans sortir de la masse cérébrale : l'un, l'ablation des tubercules bijumeaux, c'est la perte du *sens* de la vue; l'autre, l'ablation des lobes cérébraux, c'est la perte de la *perception* de la vue ou de la *vision;* qu'il y a, dans les centres nerveux, un point,

____
(1) *Lobes* ou *hémisphères cérébraux.*

lequel a quelques *lignes à peine* d'étendue, et auquel il faut pourtant que toutes les autres parties *tiennent pour vivre;* qu'un ordre nouveau de forces réside dans les *canaux semi-circulaires* et dans les *fibres opposées* de l'encéphale, etc., etc.

§ VII.

I. Or, pour peu qu'on y pense, on verra bientôt que tous ces faits que je rappelle ici, sont des *faits simples*, *faits simples* qu'il a fallu démêler des faits complexes auxquels ils se trouvaient joints.

II. En physiologie, lorsqu'on se trompe, c'est presque toujours parce qu'on n'a pas assez vu toute la complication des faits.

III. Car, au fond, tout, dans le mécanisme de la vie, est complexe, et les phénomènes et les organes.

Il faut donc décomposer les phénomènes, c'est-à-dire en démêler toutes les circonstances diverses; il faut décomposer les organes, c'est-à-dire en démêler toutes les parties distinctes.

En un mot, il faut arriver aux faits simples.

IV. L'art de démêler les faits simples est tout l'art des expériences.

FIN.

TABLE DES MATIÈRES.

—

FIN DE LA TABLE.

9 782329 410838